主编 李土生 江波 高洪娣 张勇

公益林定位研究网络

浙江省公益林建设与管理丛书

Locational Research Network of the Public Welfare Forests

U0333989

中国林业出版社

内容提要
Abstract

本书是"浙江省公益林建设与管理丛书"中的一册，是介绍浙江省公益林定位研究站及其网络建设情况的专著。

本书对浙江省公益林森林生态系统定位研究网络进行了一个全面的展示。详细介绍了公益林定位研究网络建设规划的总体情况；天目山站、凤阳山站和钱江源站 3 个国家级森林生态定位研究站的建设规划及建设现状；西湖站、桐庐站、淳安站、开化站、龙游站、磐安站、莲都站和定海站 8 个省级森林生态定位研究站的建设及其研究现状。同时，附录中收集了近 5 年各科研院所、大专院校等科技人员依托定位研究网络开展的研究成果。

本书可供林业、生态、环保等生产、教学、科学研究人员和林业管理、公益林管理部门的工作人员参考。

浙 江大地60%以上的面积覆盖着各种各样的森林，这些森林为我们人类提供着初级生产、养分循环、土壤形成、气候调节、水分调节、水源净化、生态旅游、文化传承等众多的物质及非物质的服务功能，从而保障了浙江省国土的生态安全、生活的物质基础、人类的健康环境以及人与自然的和谐共处。

历史上木材经济曾长期是浙江山区国民经济的支柱、财政收入的主体、农民生活的依托，山区对森林资源的消耗远远超过了其生产与恢复的能力，使得浙江的森林资源和生态环境的保护一直承受着巨大的压力，其结果难免导致资源减少，生态受迫，环境恶化。20世纪末期，浙江的国民经济与社会发展进程明显加快，生态环境保护与恢复的需求日益增强，浙江省委、省政府审时度势，及时做出了"建设生态省、打造绿色浙江"等重大决策，逐步确立了林业在可持续发展战略中的重要地位，在生态建设中的首要地位以及在应对气候变化中的特殊地位，在森林的众多功能中，更加突出了森林的生态系统服务功能，由无偿使用森林生态效益向有偿使用森林生态效益转变。1999年全省开展了公益林建设试点，2001年启动实施了3000万亩(1亩≈667m²)公益林，2004年建立了森林生态效益补偿制度，2010年又将公益林规模扩大到4000万亩，使公益林的面积占全省国土面积的26%，占林业用地面积的40%，公益林建设投资之巨、规模之大、覆盖面之广史无前例。这一历史性的转变意义重大、影响深远，林业建设由此进入了一个新的发展阶段。

得益于十年的公益林建设、保护与发展，浙江的生态建设成就已然显现。一是资源保护与生态安全的理念渐入人心，人们懂得了纯净的水质、清洁的大气、优美的景观、丰富的动植物资源以及平衡的生态环境都有赖于对森林资源良好的保护，保护森林资源和生态环境成了人们自觉的行动；二是森林资源增长十分明显，蓄积量、生物量、碳汇量十年间快速增长，林分郁闭度、林木混交度、森林健康度、景观自然度、生物多样性极大提升；三是森林生态系统的服务功能逐步增强，公益林每年发挥的生态效益价值超千亿元，一大批重点生态功能区的森林资源和生态环境得到了有效保护和恢复。十年来，林业和财政等相关部门通力合作，精心组织、规范运作、严格监管，不断探索与完善公益林建设中的区划布局、科学经营、政策保障、管护网络、信息管理、资源监测等管理体系，确保了森林生态效益补偿基金制度的全面落实。"浙江省公益林建设与管理丛书"的编写出版，既系统总结了前期的相关工作与管理成果，很好地反映了浙江省公益林建设管理的历程，又为今后的公益林建设管理提供了科学依据。

　　森林资源的培育和生态环境的保护是林业永恒的主题，需要我们长期艰苦的努力。最近，浙江省委根据新形势、新要求，又做出了推进生态文明建设的重大决策部署，谱写了生态文明建设的新篇章。希望广大林业工作者，肩负起推进生态文明建设的历史使命，共同关心、共同参与、共同建设、共同享有，通过立体构架建设森林生态家园、多点布局发展森林生态产业、齐抓共管保护森林生态资源、多措并举推进集体林权制度改革，弘扬森林生态文化，着力做好"森林浙江"的大文章，推进生态文明建设，把一个美好的家园留给子孙后代。

浙江省林业厅厅长

2010 年 8 月

森林生态系统长期定位研究通过在典型森林地段建立长期观测台站及样地，对森林生态系统的组成、结构、生产力、养分循环、水分循环和能量利用等动态变化格局与过程进行长期研究，以阐明生态系统发生、发展、演替的内在机制及其动态平衡的过程，是被国内外公认的对生态系统研究最有效的方法之一。

浙江省公益林定位研究网络始建于 2005 年，在浙江省森林生态效益补偿基金的支撑下，由浙江省林业生态工程管理中心和浙江省林业科学研究院牵头，联合相关单位陆续开展该网络的规划、建设和研究工作。该网络先行在钱塘江流域的开化县、淳安县、磐安县、龙游县、桐庐县等地设立站点，后又在西湖区、定海区及莲都区设点拓展，5 年建成 8 个省级森林生态定位站。2009 年，天目山国家级自然保护区、凤阳山国家级自然保护区和钱江源国家森林公园申请成功列入国家级森林生态定位站。由此，全省定位研究网络已构建成北起杭嘉湖平原、南至武夷山脉、东起舟山海岛、西至怀玉山脉，覆盖各主要森林类型的观测研究体系。

本书重点介绍了浙江省公益林定位研究网络中 3 个国家级森林生态定位站的建设规划及 8 个省级森林生态定位站的建设情况，并整理了历年来各站点的观测数据和阶段性研究成果，以期能为森林生态系统定位研究和生态建设提供参考与借鉴。由于作者水平所限，文中难免有疏漏乃至错误之处，敬请读者批评指正。

编　者

2012 年 8 月

目 录

CONTENTS

5 省级森林生态定位站

附 录：

1

CONSTRUCTION PLAN FOR LOCATIONAL RESEARCH
NETWORK OF THE PUBLIC WELFARE FORESTS

公益林定位研究网络建设规划

　　根据浙江省自然地理与植被类型分布特征等因素，统筹布局全省公益林森林生态系统定位研究网络。该网络包括3个国家级定位站和8个省级定位站，覆盖了全省主要流域、重要区位和典型植被类型。本章重点介绍了该网络的建设必要性、总体布局、建设内容及其主要研究内容。

1.1 建设背景

1.1.1 国内外建设概况

1.1.1.1 国外建设概况

欧美等国是开展生态定位研究最早的地区。早在 19 世纪中叶,在农林领域就开展了野外定位研究,并建立了生态定位研究站。1843 年,英国建立了世界上第一个生态系统定位站——洛桑试验站(Rothamsted Experiment Station),对土壤肥力和肥料效益进行长期定位实验研究,迄今已有 160 多年的历史,该研究开创了农林领域野外定位试验的先河。之后,生态定位研究伴随生态学的发展在世界各国逐步展开。截止目前,持续观测 60 年以上的长期定位试验站已有 30 多个,主要集中在欧洲、俄罗斯、美国、日本、印度等国家,这些被称为"经典性"的长期定位试验站,对土壤—植物系统中养分循环和平衡、施肥对土壤肥力演变及环境的作用、农业生态与病虫害,农业统计与计算机软件等方面进行了长期而系统的观测研究,并做出了科学的评价。

森林生态系统的定位研究也有几十年的历史。1939 年,美国在南方热带雨林建立 Laguillo 试验站,这是最早的森林生态系统试验站。其他著名的研究站还有美国的 Baltimore 生态研究站、Hubbard Brook 试验站、Coweeta 水文实验站,前苏联的台勒尔曼、坚尼别克,瑞典的斯科加贝,德国的黑森,瑞士的埃曼泰尔等,这些台站的研究内容基本上都以生态系统自身和系统外循环有关功能及过程为主。20 世纪 60 年代后,尤其是 80 年代以来,随着全球生态环境问题的日益严重和计算机信息技术的飞速发展,生态定位研究从基于单个站的观测研究,向跨国家、跨区域、多站参与的全球化、网络化观测体系发展,国际上相继建立了一系列以解决人类所面临的资源、环境和生态系统等方面问题为目的的国家、区域和全球性的长期监测研究网络。

在国家尺度上的长期监测研究网络主要有美国的长期生态学研究网络(US-LTER)、美国国家生态观测网络(NEON)、英国环境变化监测网络(ECN)、加拿大生态监测与评价网络(EMAN)、捷克国家生态稳定陆地(TSES)监测网络等。其中,US-LTER 和 ECN 是目前国际上最有影响的两个网络,它们在监测和研究本国生态环境限制及未来变化趋势、揭示一些重要的长期生态学问题方面取得了重要成果,并已经应用于国家资源、环境管理政策的制定和实施。US-LTER 建立于 20 世纪 70 年代后期,90 年代得到了飞速的发展,站点的规模由最初的 6 个扩大到现在的 26 个,包括 9 个森林生态定位站;US-LTER 覆盖了广泛的生态系统类型、环境条件和人类活动景观,地理分布范围也很广,从阿拉斯加到南极洲,从加勒比海到法属玻利尼西亚,包括农业土地、高山、沙漠、森林、草原、海洋、湖泊、岛屿、海岸泻湖、海岸森林、珊瑚礁、河口湿地、淡水、溪流和城市景观等;该网络的站点在初级生产模式与调控、种群空间与时间分布、有机物富集的模式与调控、通过土壤地下和表层水输入的无机物运动过程与模式、干扰的模式与频率等核心领域均做出了很大的贡献。ECN 建立于 1992 年,由 14 个共同组织发起,现有 9 个研究中心、54 个陆地和淡水生态系统站(其中陆地生态系统站 12 个,淡水生态系统站 42 个)、260 个长期试验和过程研究点;该网络所涉及学科包括气象学、地表水化学、大气化学、地表径流和化学、土壤溶解化学、降雨化学等;目前,ECN 正在发展一个新的有针对性的监测网络—

环境变化生物多样性网络(ECBN),主要用来评估气候变化造成的影响和大气污染对生物多样性的影响,这与现有的环境变化监测网络结合起来将大幅度增加其空间覆盖。

在区域尺度上的长期监测研究网络主要有亚洲通量观测网络(Asia Flux)、东南亚农业生态系统网络(SUAN)、欧洲生态网(EECONET)等。在全球尺度上主要有全球陆地观测系统(GTOS)、全球气候观测系统(GOOS)、国际地圈生物圈计划(IGBP)、联合国陆地生态系统监测网络(TEMS)、国际长期生态研究网络(ILTER)等。其中在全球尺度上最著名的是 ILTER 网络,该网络是在 1993 年由 US-LTER 在国际范围内组建的,其主要目标是促进和加强对跨国和跨区界的长期生态现象的了解以及与多个生态站和多个学科科学家之间的交流,改进更大时空尺度上的预测性模拟,提高观测与实验结果的可比性。现已有 15 个国家或地区加入了国际长期生态研究网络(ILTER)。

当前,国际长期生态观测与研究正处在更新换代的关键时期。欧盟、美国、英国、澳大利亚等国家和区域研究网络发展迅速,并得到政府强有力的支持,能力建设的投入不断增加,尤其是美国长期生态学研究网络(US-LTER)和美国国家生态观测网(NEON)值得关注。美国长期生态学研究网络(US-LTER)通过 3 年多的研讨和论证,制定了未来 10 年的发展规划,将建立超级计算机基础设施(Cyber-infrastructure)作为新的技术平台,将社会经济的观测与研究纳入到生态站的观测与研究范畴,并将发展服务于社会和环境的综合科学(ISSE)作为未来的核心工作。美国国家科学基金会(NSF)通过大型研究设备和设施建设的专项经费,支持美国国家生态观测网络(NEON)建设,拟建设一个总部和 20 个核心站,形成基于无线传感器网络、对地观测和流动观测相结合的高技术研究平台。

1.1.1.2 中国建设概况

(1)建设历程

中国森林生态系统定位站建设起步较晚。在 20 世纪经过了 50~60 年代的起步、70~80 年代的快速发展和 90 年代以来的日臻完善过程,逐步形成了规模大、档次高、网络完善、科研活跃的森林生态系统定位研究网络体系。1959 年,中国科学院吴征镒先生在云南西双版纳组织建立中国第一个森林生态定位站;1960 年,中国林业科学研究院蒋有绪院士在四川米亚罗(现为卧龙)建立了中国林业系统的第一个森林生态定位站;60 年代、70 年代先后在吉林长白山、广东鼎湖山、黑龙江凉水帽儿山、湖南会同、海南尖峰岭、广东鹤山、陕西火地塘、甘肃祁连山等地建站;80 年代又陆续在江苏下蜀、江西大岗山、山西太岳、北京东灵山、西藏林芝建站;进入 90 年代,建站的有内蒙古根河、新疆天山、福建武夷山、贵州开阳等。

进入 21 世纪,国家更加重视野外科学观测研究工作。2003 年 6 月党中央、国务院出台了《关于加强林业发展的决定》,明确指出要突出抓好林业野外重点观测台站建设;《国家林业科技创新体系建设规划纲要(2006~2020 年)》也明确提出"根据林业科学实验、野外试验和观测研究的需要,新建一批森林、湿地、荒漠生态站,初步形成覆盖主要生态区域的科学观测研究网络"。在国家大力支持生态定位研究的背景下,中国森林生态定位站的建设规模不断扩大,研究水平不断提高,并呈现了明显的网络化发展趋势。目前,已建成运行的最具有影响力的大尺度生态定位研究网络有两大系统网络,研究范围覆盖了全国主要森林生态系统类型。

中国森林生态系统定位研究网络(CFERN)。1978 年,国家林业局正式制定了《全国森林生态系统研究发展规划草案》;1982 年，在山东泰安召开了"森林生态系统定位研究规划"会议，并在 1992 年，修订规划并组成了专家组，随后成立了由 11 个站组成森林生态系统定位研究网络;2003 年 3 月，国家林业局组织召开了"全国森林生态系统定位研究网络工作"会议，会议明确了森林生态定位站及其网络建设在林业科技创新中的重要地位，正式研究成立中国森林生态系统定位研究网络(简称 CFERN)，这标志着中国森林生态定位站网进入了加速发展、全面推进的关键时期;为进一步加强中国陆地生态系统的研究，2008 年，国家林业局制订了《国家林业局陆地生态系统定位研究网络中长期发展规划(2008~2020 年)》，根据规划的统一部署，CFERN 所属森林生态定位站布局采用《中国森林》中森林分区的原则(8 个一级分区，48 个二级分区)，规划到 2020 年森林生态定位站最终达到 99 个的建设规模，逐步形成全球范围内在国家尺度拥有站点数量最多的超大型生态系统长期连续野外观测体系。截止 2011 年，CFERN 已发展成为横跨 30 个纬度、代表不同气候带的由 73 个森林生态定位站组成的网络，基本覆盖了中国主要典型生态区。从热带雨林区的尖峰岭森林生态定位站到寒温带针叶林区的根河森林生态定位站是一条沿热量梯度变化的研究样带;从东部森林区的武夷山森林生态定位站到新疆干旱荒漠区的天山森林生态定位站是一条沿水分梯度变化的研究样带，整个范围涵盖了从寒温带到热带、湿润地区到极端干旱地区的最为完整和连续的植被和土壤地带系列，是最典型的受热量和水分驱动的纬度、经度地带系统，基本反映了温度和水分驱动的森林植被梯度变化规律。网络南北两端和东西两端主要站点直线距离超过 3700km，与国家生态环境建设的决策尺度相适应，能够监测长江、黄河、雅鲁藏布江、松花江(嫩江)等流域森林生态系统的变化和效益，分析森林在中国生态环境建设中的地位和作用。此外，CFERN 还与中国湿地生态系统定位研究网络(CWERN)、中国荒漠生态系统定位研究网络(CDERN)一起构成了国家林业局生态系统观测与研究网络，是国家林业局管辖的国际著名大型生态系统观测与研究网络之一。

中国生态系统研究网络(CERN)。于 1988 年开始组建成立，目前，该研究网络生态定位站的总数已增加到 40 个，由 16 个农田生态系统试验站、11 个森林生态系统试验站、3 个草地生态系统试验站、3 个沙漠生态系统试验站、1 个沼泽生态系统试验站、2 个湖泊生态系统试验站、3 个海洋生态系统试验站和 1 个城市生态站组成。森林生态系统试验站主要有：云南西双版纳站(热带雨林)、广东鹤山站(南亚热带常绿阔叶林)、广东鼎湖山站(南亚热带常绿阔叶林)、湖南会同站(中亚热带常绿阔叶林)、北京东灵山站(暖温带松栎混交林)、吉林长白山站(温带红松阔叶混交林)和四川贡嘎山站(高山针叶林)、四川茂县站(青藏高原东部高山峡谷区)等。这些森林生态定位站与草原和农业等生态系统主副定位站联网，共同实现中国各类型生态系统的监测研究。

(2)研究领域

回顾中国森林生态定位研究的历程，在森林生态定位站建设初期，主要是结合当地的自然条件和生产实际开展专项、半定位研究;20 世纪 70 年代后又广泛吸收欧美等国的生态系统理论和监测方法，开展了系统水平的物流、能流定位研究;80 年代后期，随着森林生态定位站的不断完善和扩大，林业部门依托国家科技攻关项目和林业生态工程建设项目，分别在三北、长江、黄河、沿海、太行山等生态林业工程区监测研究防护林体系的生态功能及环境效益;另外，在荒漠化地区、重要的湿地以及三峡库区也开展了大气、植被、土壤、水文等多方面的系统观测研究。

中国自建立第一个森林生态定位站以来，在森林生态系统结构和功能、优化管理、恢复与重建、可持续经营模式化等方面取得了显著的成绩。中国森林生态系统定位研究网络（CFERN）的各站点，更是因地制宜地结合自身的特点和研究条件有重点地对森林生态系统的特征、森林生态系统的功能、森林生态系统的效益评价及管理、开发利用等领域开展了研究，从个体、种群、群落和系统 4 个水平上同步对森林生态系统结构和功能进行长期、全面的监测，使森林生态定位站的研究实现了由定性到定量，由单一静态向综合动态过程研究的发展，成功实现了个别站点由纵向研究向区域性、全球性的横向网络化联合研究的跨越，数据采集逐渐实现了自动化、标准化、规范化。

从"十五"后期，在长期定位观测的基础上，国家林业局组织了上百名专家，利用各森林生态定位站几十年来积累的上百亿个观测数据，运用生态学、森林植物学、气象学、水土保持学、经济学和统计学等理论方法，结合全国森林资源清查基础数据，定量分析、评估了全国森林生态系统涵养水源、保育土壤、固碳释氧、积累营养物、净化大气环境 5 种主要生态服务功能。经测算，"十五"期间，中国森林生态系统涵养水源为 4457.75 亿 $m^3 \cdot a^{-1}$，固土 643 552.65 万 $t \cdot a^{-1}$，减少氮损失 1197.19 万 $t \cdot a^{-1}$，减少磷损失 628.57 万 $t \cdot a^{-1}$，减少钾损失 10 403.05$t \cdot a^{-1}$，减少有机质损失 21 091.24 万 $t \cdot a^{-1}$，固碳 31 929.74万 $t \cdot a^{-1}$，释氧 102 844.46 万 $t \cdot a^{-1}$，吸收二氧化硫 2 800 718.18 万 $kg \cdot a^{-1}$，提供负氧离子 1.54×10^{27}个 $\cdot a^{-1}$，吸收氮氧化物 138 241.61 万 $kg \cdot a^{-1}$，这些结论都是建立在中国森林生态系统长期定位观测研究的基础上，为社会提供了一个有理有据的中国森林生态系统功能报告，为尽快将自然资源和环境因素纳入到国民经济核算体系、实现绿色GDP、促进生态效益补偿机制的建立提供科学依据。

（3）发展方向

为使中国森林生态系统定位研究网络更好地服务于林业生态建设，在全国的定位研究网络中长期规划中强调指出，在以下方面将进一步加强。一是进一步完善网络布局。中国现阶段森林生态定位站的数量还相对不足，空间分布也不尽合理，因此，在 CFERN 的基础上，数量上还要加密，研究类型上要实现多样化；同时加强不同尺度的森林生态系统定位研究网络体系建设，特别是省级和流域水平上的网络建设，建设过程中应采取"自上而下"和"自下而上"的方法，实现定位监测及成果的尺度转换。二是进一步提升科学研究水平。要加大资金投入力度，改善定位站的仪器装备，实现监测仪器的先进化和自动化；制订、完善统一的站网建设标准，并制定出一套系统、科学、完善的实验观测方法、数据采集和数据管理的统一规范、数据统计与分析的标准体系，实现数据和信息输入、输出的标准化；加强研究队伍建设，提高开展高水平科学研究的人才储备。三是大力推进观测研究平台建设。积极构建科学研究合作平台、数据信息交流平台和生态定位研究成果的社会服务平台，并积极开展与国内外的合作交流，以提升中国森林生态系统定位研究网络的整体水平。

1.1.1.3 浙江省建设概况

浙江省在森林生态定位研究方面前人也做了大量的工作，但真正开始规模化森林生态定位站及其网络化建设是伴随着公益林的建设而发展的。公益林是指以生态效益和社会效益为主体功能，依据国家和省有关规定划定的森林、林木以及宜林地，目前约占全省森林面积 40%的省级以上公益林是发挥森林生态功能的主体部分，因此，在公益林区布设森林生态定位站并逐步构建定位研究网络具有十分重要的意义。

(1)浙江省公益林建设概况

1996 年，林业部下发《关于开展林业分类经营改革试点工作的通知》(林策通字[1996]69 号)，要求根据社会对林业生态和经济两方面的需求开展林业分类经营，即将森林划分为公益林和商品林，目的就是要用少部分的商品林所生产的木材承担起大部分的生产任务，使所处生态重要或脆弱地区的公益林能更好地起到生态防护功能。自此，公益林建设在全国拉开序幕。

浙江省公益林建设与全国同步。1996 年在建德市开展了林业分类经营试点工作；2000 年省政府召开林业工作会议，明确提出了到 2010 年建设 200 万 hm^2，到 2020 年建设 333.33 万 hm^2公益林的目标；并于 2001 年编制下发了《浙江省生态公益林建设规划纲要》，纲要按照自然条件、生态环境、经济社会特征和生态环境的需要，在地域上将全省公益林体系划分为浙东北平原绿化农田防护林区、浙西北山地水源涵养林保护区、浙中丘陵盆地森林生态治理区、浙南山地森林生态保护恢复区和浙东南沿海防护林体系建设区五大生态治理区，同年即组织全省各地开展了公益林区划界定工作，全面启动实施公益林建设。截止 2011 年，全省共界定省级以上公益林 260.70 万 hm^2，其中，国家级公益林 93.12 万 hm^2，省级公益林 167.58 万 hm^2。主要分布在江河源头及两岸、大型水库、自然保护区、森林公园、东海沿岸、通道两侧及水土流失地区。

同时，全面启动公益林森林生态效益补偿制度，补偿标准从 2004 年的每亩 8 元提高到 2011 年的 19 元。截止 2011 年底，全省各级财政已累计投入公益林补偿资金 37 亿多元。通过实行分类经营，建立森林生态效益补偿制度，改善了人民的生存环境、提高了人民的生活质量、维护了林权人的合法权益，对实现浙江省经济社会可持续发展具有重要意义。

(2)浙江省公益林定位研究网络建设历程

早在 1986 年，浙江省林业科学研究院在淳安千岛湖马尾松林区就设立过定位观测场，率先开展了马尾松林气候生态效应的定位研究，取得了许多有关马尾松林气候、水文生态效应等方面的科学数据和信息。1987 年，该院又在杭州午潮山设置了长期定位观测站，并开展了国家自然科学基金重大项目"中国森林生态系统结构与功能规律研究"。同时，浙江林学院与中国科学院南京土壤研究所合作，对杭州北高峰木荷常绿阔叶林等作了两年的定位研究，内容涉及降水分配、凋落物动态、生物地球化学循环、土壤微生物、生长过程和生物量等。另外，华东师范大学于 1983 年在宁波天童森林公园开展定位研究，并于 1992 年正式设立天童生态实验站。

进入 21 世纪，为了满足国家及行业需求，提升浙江省森林生态环境监测能力，加快浙江省生态环境建设步伐，浙江省林业厅于 2000 年启动了"浙江省重点公益林生态状况监测与评价"项目，在 23 个试点县设置了 228 个固定标准地，开展生物量调查和土壤调查等研究，并在开化、常山、龙游、桐庐、宁海、三门、海盐等县设立标准径流场 39 个、小集水区 8 个、小气象站 3 个，对全省森林及公益林的效益进行了初步评估；在 2002 年又设立了"浙江省自然保护区专项资金"，用于支持浙江省自然保护区开展多样性研究。前期的这些工作，为公益林定位研究网络建设奠定了一定的基础。

浙江省公益林定位研究网络正式建设始于 2005 年，先行在钱塘江流域的开化、龙游、桐庐、磐安、淳安等设点，后又在海岛、城市及高海拔地区设点扩展，5 年建成 8 个省级森林生态定位站。2009 年，又在天目山国家级自然保护区、凤阳山国家级自然保护区和钱江源国家森林公园筹建国家级森林生态定位站。2010 年 2 月，3 个站的建设与发展规划顺利通过国家林业局组织的专家评审，同年 11 月国家林业局正式批复其可行性研究报告，自此，这 3 个站也正式纳入全省森林生态系统定位研究网络。

1.1.2　建设必要性

1.1.2.1　为保障国土生态安全和生态建设提供支撑

当前，浙江省经济、社会发展已经进入新的历史时期，林业建设肩负着新的使命，林业发展面临新的挑战，维护生态安全、气候安全、资源安全、能源安全都要求林业有一个新的发展，通过建设森林生态定位站及其网络，研究有效的生态系统管理理论和技术，探索森林生态建设的关键技术和优化模式，并提供相应的造林和森林经营示范样板，促进生态系统良性循环，减轻自然灾害的损失，为资源利用、环境保护与社会发展提供优化示范，这些都将极大地加强生态安全保障和促进林业的健康、可持续发展。

1.1.2.2　为林业科学重大理论研究和生态工程建设提供支撑

在解决林业重大科学问题上，诸如"森林对减缓气候变化的作用"、"森林生态系统服务功能评估"、"种群生境质量评价"、"森林生态系统内部竞争变化、系统的抗干扰能力以及系统的响应形式"等一系列科学研究，都需要依靠森林生态定位站网长期观测积累的数据来保障，需要定位观测研究成果来支撑，森林生态定位站网是研究此类重大理论问题不可替代的研究平台。另外，通过森林生态定位站网这一平台开展研究工作，进行大尺度科研协作，能够为林业生态工程建设关键问题和瓶颈技术提供基础理论支撑，同时也为林业生态工程建设的效益与评估提供不可或缺的重要基础数据，从而客观、真实地反映工程建设的成果。

1.1.2.3　为履行国际环境公约提供支撑

中国是世界上最大的发展中国家，其环境问题一直受到国际社会的广泛关注。目前，中国已经签署的国际环境条约、公约和协议已达 30 多项，内容广泛，涉及应对全球气候变化、生物多样性保育、湿地保护、荒漠化防治等。近年来，特别是以温室气体排放为核心的气候变化问题已深入到国际政治和外交层面，中国在参与国际气候的谈判时，亟待组织全面系统的科学研究，解决应对气候变化及国际谈判面临的关键科学问题。通过森林生态定位站网的建设研究，准确地了解和预测中国生态和环境的动态变化，是中国履行国际公约和维护国家权益的基本需要，能切实维护中国负责任大国的国际形象。

1.1.2.4　为完善森林生态效益补偿制度提供依据

先行实施的森林生态效益补偿机制是以面积确定补偿资金，还未充分考虑到森林生态质量的高低，森林生态效益的评价是建立森林生态效益补偿机制的基础。通过公益林定位研究网络的建设，对不同区域、不同林分类型生态系统结构、生态过程与服务功能开展研究，建立森林生态效益观测与评价体系，准确测算森林生态系统功能的物质量及其价值量，一方面为按生态质量进行补偿提供科学数据和技术支持，进一步促进生态效益补偿机制的完善，另一方面为开展绿色 GDP 核算奠定良好的基础，推动国家将自然资源和环境因素纳入国民经济核算体系。

1.2 指导思想与建设依据

1.2.1 指导思想

以科学发展观为指导，以满足林业发展与生态建设需求为目标，以开展森林生态定位站设施建设为重点，以提高观测研究能力和管理水平为核心，强化基础数据的监测和资料积累，依托高校和科研院所的学科优势和人才队伍优势，全面推进定位研究网络建设，为"森林浙江"及生态文明建设提供科技支撑及决策依据服务。

1.2.2 建设依据

(1)《全国生态环境保护纲要》(国务院，2000)

(2)《中共中央国务院关于加快林业发展的决定》(国务院，2003)

(3)《森林生态系统定位观测指标体系(LY/T 1606-2003)》(国家林业局，2003)

(4)《林业建设项目竣工验收实施细则》(国家林业局，2005)

(5)《森林生态系统定位研究站建设技术要求(LY/T 1626-2005)》(国家林业局，2005)

(6)《国家林业科技创新体系建设规划纲要(2006～2020年)》(国家林业局，2006)

(7)《国家中长期科学和技术发展规划纲要(2006～2020年)》(科技部，2006)

(8)《林业科学和技术中长期发展规划(2006～2020年)》(国家林业局，2006)

(9)《林业固定资产投资建设项目管理办法》(国家林业局，2006)

(10)《陆地生态系统水环境观测规范》(中国生态系统研究网络科学委员会，2007)

(11)《生态系统大气环境观测规范》(中国生态系统研究网络科学委员会，2007)

(12)《地面气象观测规范第17部分：自动气象站观测(QX/T 61-2007)》(中国气象局，2007)

(13)《森林生态系统服务功能评估规范(LY/T 1721-2008)》(国家林业局，2008)

(14)《国家林业局陆地生态系统定位研究网络中长期发展规划(2008～2020)》(国家林业局，2008)

(15)《森林生态系统定位研究站数据管理规范(LY/T 1872-2010)》(国家林业局，2010)

(16)《森林生态系统长期定位观测方法体系(LY/T 1952-2011)》(国家林业局，2011)

(17)《浙江省生态环境建设规划》(浙江省人民政府，2000)

(18)《浙江省生态公益林监测实施办法(试行)》(浙江省林业厅，2006)

(19)《浙江生态省建设规划纲要》(浙江省人民政府，2003)

(20)《浙江省公益林管理办法》(浙江省人民政府，2009)

1.3　建设目标与建设布局

1.3.1　建设目标

到 2015 年，初步建成浙江省公益林定位研究网络体系。定位站建设在数量上达到 12 个，其中国家级站 3 个，省级站 9 个，在地域上达到在主要流域主要分区上都有分布。加强基础设施和仪器设备建设，培养一定数量的技术骨干，整合相关学科的优势力量，全面开展各项指标的观测，争取在北—中亚热带森林生态系统研究方面取得一定优势和特色，达到国内同类研究的先进水平，并在某些领域取得重要进展和突破。

到 2020 年，进一步提升观测研究设施，科学完善网络布局与研究内容，大力提升科学研究层次，完成 3 个省级站的新建任务，使定位研究网络达到 15 个森林生态定位站的建设规模，构建成以 3 个国家级站为中心站，国家级站、省级站及辅站相结合的三级观测研究体系，并实现跨站联网集成性研究。在人才建设及科研上，以能力建设为中心，吸引一批在本领域具有较大影响和发展潜力的科技人才、国内外具有重要影响的学术带头人，瞄准国际研究前沿，取得一系列原创性成果，力争在部分领域取得突破性进展并在国际上产生影响，着力解决一批国家急需的生态建设、环境保护、林业可持续发展等方面的关键生态学问题。最终建成布局合理、机制完善、设施一流、创新能力突出、成果先进的公益林定位研究网络。

1.3.2　建设布局

1.3.2.1　布局原则

(1) 统筹规划，特色鲜明

从观测研究的全局出发，结合全省各区域自然环境、地理特征及植被类型特点，在定位研究网络的布点、观测研究内容的设置、设施与资金及人员的分配等方面，采取统一规划，强调网络建设的统一性、完整性，并使每个森林生态定位站的观测研究具有各自鲜明的特色。

(2) 突出重点，分步实施

按照先主后次、先重后轻、稳步推进的原则，在钱塘江流域、瓯江流域、东部沿海等重要区位和重点森林生态系统类型区优先建设森林生态定位站，开展重要、特殊区域的森林生态环境的监测研究，同时兼顾其他中小流域和次重要区位。

(3) 整合资源，节约资金

在满足观测研究要求的前提下，通过科学配置、合理布局，本着实用性和可操作性，整合现有基础设施及资源，尽可能利用原有基础，以期达到最好的建设、观测与研究效果和最佳的综合效益。

(4) 注重大局，服务社会

以国家和地方生态环境建设面临的重大科学问题为驱动，面向经济、社会和科技发展前沿，坚持科学服务于社会，通过定位研究网络及专项观测平台的建设，为国家和区域生态安全服务。

(5)着眼长远，规范运行

本着立足当前、着眼长远、因地制宜、统筹兼顾的原则，从宏观上坚持把定位研究网络的建设作为一项长期的战略任务和宏大系统工程，统一建设技术标准、观测指标体系、数据管理规范，实现观测设施、仪器设备、实验数据等资源的共享，促进观测研究的深入开展及网络的可持续发展。

1.3.2.2 总体布局

依据建设的指导思想和布局原则，浙江省公益林定位研究网络的3个国家级站，分别建在天目山国家级自然保护区、凤阳山国家级自然保护区、钱江源国家级森林公园，即天目山站、凤阳山站和钱江源站；为构建"一站多点，科学布局"的森林生态定位站，天目山站还将已建成的临安市雷竹观测点和安吉县的毛竹观测点作为其辅站；钱江源站还包括建德辅站和富阳辅站两个辅站的建设。8个省级站分别位于桐庐、淳安、开化、龙游、磐安5个县及西湖、莲都、定海3个区，即桐庐站、淳安站、开化站、龙游站、磐安站、西湖站、莲都站和定海站（图1-1、表1-1）。规划到2020年，再在钱塘江流域和东部沿海分别建设1个省级站，瓯江流域建设2个省级站，进一步完善定位研究网络。

从流域布局来分析，全省森林生态定位网络基本涵盖了全省主要流域范围，广泛分布于钱塘江流域、瓯江流域及东部沿海，在钱塘江流域的上、中、下游建设6个省级站和2个国家级站，在瓯江流域建设4个省级站和1个国家级站，在东部沿海建设2个省级站。

从自然地理特征布局来分析，浙江省的气候带为从最北端的北亚热带一直过渡到最南端的中亚热带，东西地理位置上则从舟山海岛一直到内陆的浙赣交接处。全省森林生态定位研究网络的各站点选址也充分考虑了这两方面的因素，天目山站位于浙江省最北端的北亚热带地区，凤阳山站位于最南端的中亚热带地区，而钱江源站则处于北亚热带与中亚热带的过度气候带以及最西端的两省交接处，定海站处于浙江省最东端的海岛，其余各省级站点都穿插建设在上述4个站边界范围内。另外，网络内各站监测研究的海拔跨度大，天目山主站观测的海拔跨度在300～1500m之间，凤阳山站在450～1900m之间，钱江源站主站在160～1450m之间，省级站从85～1138m不等（表1-1）。

从植被类型布局分析，全省森林生态定位研究网络基本上覆盖了浙江省的主要森林植被类型。国家级站的建设地涵盖了常绿阔叶林、常绿落叶阔叶混交林、针叶林、针阔叶混交林、竹林、山地矮林、灌丛等浙江省典型的森林植被类型。而省级站因建设规模相对较小，主要侧重某一类型或几种类型进行监测，主要涵盖落叶阔叶林、常绿阔叶林、针阔混交林及毛竹林等不同森林类型。其中西湖站观测研究的植被类型为常绿阔叶林、落叶阔叶林、针阔混交林，桐庐站、淳安站、开化站和磐安站都为常绿阔叶林，龙游站为常绿阔叶林和毛竹林，定海站为阔叶林、经济林和毛竹林，莲都站为松阔混交林和人工林（表1-1）。

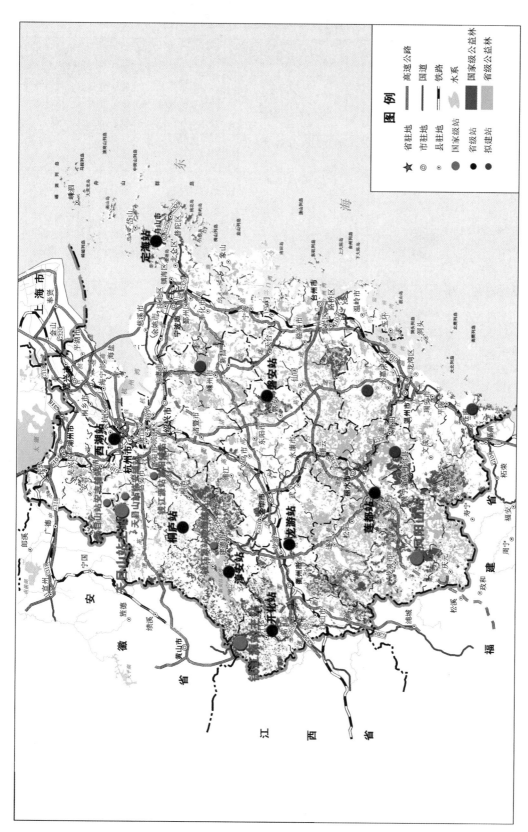

图 1-1　浙江省森林生态定位站分布

表 1-1 浙江省森林生态定位站建设情况

森林生态定位站	建设进度	建站地点	经纬度	流域分布	观测海拔跨度(m)	主要观测研究的森林类型
天目山站主站	在建	天目山国家级自然保护区	东经 119°24′~119°28′ 北纬 30°18′~30°24′	钱塘江流域	300~1500	常绿阔叶林、常绿落叶阔叶混交林、落叶阔叶林、针叶林、竹林
天目山站安吉辅站	已建	安吉县山川乡毛竹现代科技园区	东经 119°40′25.7″ 北纬 30°28′34.5″	钱塘江流域	350	毛竹林
天目山站临安辅站	已建	临安市太湖源镇雷竹园区	东经 119°34′104″ 北纬 30°18′169″	钱塘江流域	185	雷竹林
凤阳山站	在建	凤阳山国家级自然保护区	东经 119°06′~119°15′ 北纬 27°46′~27°58′	瓯江流域	450~1900	常绿阔叶林、常绿落叶阔叶混交林、针阔混交林、针叶林、山顶矮曲林
钱江源站主站	在建	开化县开化林场齐溪分场	东经 118°01′~118°38′ 北纬 28°54′~29°30′	钱塘江流域	170~1450	常绿阔叶林、杉木林、经济林
钱江源站建德辅站	在建	建德市新安江林场铜官分场	东经 118°34′~119°15′ 北纬 29°22′~29°50′	钱塘江流域	160~1150	常绿阔叶林、常绿落叶阔叶混交林、松木林
钱江源站富阳辅站	在建	富阳市庙山坞自然保护区	东经 119°56′~120°02′ 北纬 30°03′~30°06′	钱塘江流域	20~530	常绿阔叶林、毛竹林、灌丛
西湖站	已建	西湖区午潮山试验林场	东经 120°0.4′~120°10′36″ 北纬 30°11′20″~30°11′28″	钱塘江流域	230~260	常绿阔叶林、落叶阔叶林、针阔混交林
桐庐站	已建	桐庐县百江镇奇源村	东经 119°20′45″~119°22′12″ 北纬 29°49′6″~29°49′40″	钱塘江流域	50~160	常绿阔叶林
淳安站	已建	淳安县石林镇富溪林场	东经 119°5′28″~119°9′20″ 北纬 29°28′18″~29°49′20″	钱塘江流域	110~170	常绿阔叶林
开化站	已建	开化县林场城关分场	东经 118°23′3″~118°24′2″ 北纬 29°7′22″~29°8′18″	钱塘江流域	120~200	常绿阔叶林
磐安站	已建	磐安县大盘镇圆塘林场	东经 120°34′31″~120°35′19″ 北纬 29°1′29″~29°2′24′	钱塘江流域	850~950	常绿阔叶林
龙游站	已建	龙游县溪口镇、社阳乡	东经 119°10′5″~119°16′25″ 北纬 28°50′29″~28°57′35″	钱塘江流域	90~220	常绿阔叶林、毛竹林
莲都站	已建	莲都区峰源林场	东经 119°45′19″~119°45′36″ 北纬 28°13′12″~28°13′52″	瓯江流域	900~1200	针阔混交林、人工林
定海站	已建	舟山市林场长岗山森林公园	东经 122°6′51″~122°7′27″ 北纬 30°1′49″~30°2′30″	东部沿海	60~200	常绿阔叶林、针阔混交林、毛竹林

　　从监测研究内容布局来分析，每个站的研究特色都有所不同，构成了研究内容多样的公益林定位研究网络。在国家级站中，天目山站的研究特色为干扰状况下森林生态系统的研究；凤阳山站则针对山地森林生态系统进行研究；而钱江源站侧重于过渡区天然恢复森林生态系统的研究。在省级站中，西湖站是对城市森林研究的森林生态定位站；莲都站是高海拔地区的特色站；定海站主要是研究防风功能、消减盐雾危害的海岛站；龙游站以毛竹林定位研究为特色；淳安站以生态旅游对森林生态系统的影响为特色；开化站以河流源

头区森林管理策略为特色；磐安站重点研究森林生产力及森林的碳汇功能；桐庐站则主要研究森林水文与森林土壤特征。

1.3.2.3　组织体系

浙江省公益林定位研究网络的组织体系主要由森林生态定位站组成的观测体系和管理体系组成(图1-2)。

观测体系主要是根据浙江省公益林分布现状和定位研究网络格局，在现有的森林生态定位站(国家级站主站和辅站、省级站)及定位专项研究的基础上构成的。

管理体系主要依托在浙江省林业厅领导下的浙江省公益林定位研究网络研究团队。为吸引更多优秀人才，发挥团队力量，产出更多科研成果，由浙江省林业生态工程管理中心、浙江农林大学、南京林业大学、浙江省林业科学研究院、中国林业科学研究院亚热带林业研究所等单位组建了浙江省公益林定位研究网络研究团队。研究团队下设管理委员会、学术委员会，各站分设站长、站办公室和观测研究小组。管理委员会是管理协调机构，主要任务为加强对全省公益林定位研究网络的统一领导，协调、指导各站更好地开展科学研究、公共服务和对外交流工作；学术委员会是开展科学研究的评议和决策机构，对各站学科发展方向、研究方向和研究目标进行审查、评议，听取站点建设年度报告和科研工作进展汇报，对成果水平、开放水平、人才培养、国际国内合作与交流以及管理等方面的工作进行检查和监督。各站站长负责生态站行政事务、科研、人才培养及其他各类学术活动；站办公室负责日常事务和后勤保障，协调与其他部门关系等具体事宜，并对实验室、观测研究设施进行管理和协调；根据观测研究的需要，各站下设森林水文、森林土壤、森林经营、森林生物、观测技术等多个观测研究小组，开展相关观测研究。

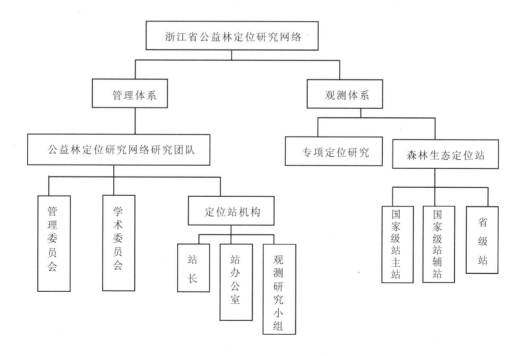

图1-2　浙江省公益林定位研究网络组织体系

1.4 建设内容

1.4.1 基础设施建设

基础设施建设主要包括综合实验楼、地面气象观测场、森林小气候观测场、综合观测塔、通量观测塔、地表径流场、测流堰、水量平衡场、永久性固定大样地及固定样地等。

1.4.1.1 综合实验楼

综合实验楼建设在国家级站内，省级站则建设相对简单的定位研究实验室。综合实验楼为砖混结构，建筑面积在 $500m^2$ 左右，天目山站、凤阳山站、钱江源站 3 个国家级站的综合实验楼规划建筑面积分别为 $536m^2$、$500m^2$ 和 $400m^2$，分上下两层，设置实验准备室、化学分析室、数据管理办公室、小型会议室、文献档案室、标本室、成果展示室及生活用房等。

1.4.1.2 地面气象观测场

地面气象观测场应设在能较好地反映本区较大范围气象要素特点的地方，四周必须空旷平坦，10m 范围内不能种植高秆植物；观测场还应设在最多风向的上风方向，且与边缘和四周孤立障碍物距离大于该障碍物高度的 3 倍以上。天目山站的地面气象观测场设在天目山南大门附近，凤阳山站设在凤阳山大田坪附近，钱江源站主站设 2 个，2 个辅站分别各设置 1 个。地面气象观测场的规格统一为 25m×25m，内设有标准自动气象站、人工气候箱等设备。

1.4.1.3 森林小气候观测场

森林小气候观测场建设地的气候、土壤、地形、地质、生物、水分和林分、树种等必须具有广泛的代表性，不能跨越 2 个林分，要避开道路、小河、防火道、林缘。天目山站规划建设 3 个森林小气候观测场，凤阳山站 3 个，钱江源站 8 个；在每个省级站内已分别建成 1 个森林小气候观测场。观测场规格均为 16m×20m，场内设置美国 Campbell 自动气象站等设备。

1.4.1.4 森林群落监测样地

在典型植被类型区内选择交通相对方便、受人为干扰较少的地段，设置固定样地，样地的形状为正方形或长方形，相互垂直的两边一边要平行于山脚，一边平行于坡面，用 4cm×6cm×80cm 水泥桩分别埋于 4 个角及对角线交点。在天目山站设置固定样地 20 块，样地的规格均为 50m×30m；凤阳山站设置 28 块，规格为 50m×50m；钱江源站为 30 个，规格为 20m×20m；省级站样地的规格基本上都为 20m×30m。在布设好的样地中，沿样地的对角线设置 3 个 2m×2m 固定样方，对角线两端及中点各 1 个，用于对灌木（下层木）、草本的调查。

另外，在天目山站和凤阳山站还要建设 1 块 $6hm^2$ 的永久性固定大样地；在西湖站、莲都站、定海站每个站内已设置 1 块 $1hm^2$（100m×100m）的永久性固定大样地，大样地主要用于大尺度森林生态系统动态研究。

1.4.1.5 地表径流场

地表径流场指进行野外或人工模拟降雨土壤侵蚀试验的一个试验场，用于研究不同林分类型产流、产沙过程及其规律。天目山站与凤阳山站分别建设 4 个地表径流场，钱江源站建设 8 个；省级站中桐庐、淳安、开化、磐安每个站已各建成 9 个地表径流场，龙游站为 10 个。径流场的建设内容主要包括围堰、测量水池以及观测辅助用房，国家级和省级站中的径流场的围堰的规格均为 20m×5m，四周用水泥砖墙围砌，高出地面 10cm，地下部分 30cm，径流场下部建封闭的水池及测量装置。

1.4.1.6 测流堰

在森林集水区出口处，通过修建一定的水工建筑来测定森林集水区水流流量的设施。森林集水区是在代表性森林类型上的自然闭合的封闭区，集水区与周围没有水平的水分交换（自然分水线清楚、底层为不透水层、地质条件一致），面积为 1 万~200 万 m² 之间，以保证森林生态系统的全部水分从所修筑的测流堰流出。在天目山站建设测流堰 2 个，凤阳山站 2 个，钱江源站位 4 个，规格根据流域面积大小设计。

1.4.1.7 水量平衡场

水量平衡场是一个有代表性且与周围没有水平方向的水分交换的封闭小区，其自然地质地貌、植被要与试验区相类似，目的为揭示流域水分运动规律和各种水分分配状况。水量平衡场的地上部分形状、结构、尺寸与坡面径流场相类似，四周用混凝土筑隔水墙直插入不透水层、地面上高出 25cm；地表水和地下水的集水槽分开装置。天目山站建设水量平衡场 3 个，规格为 25m×25m；凤阳山站 2 个，规格也为 25m×25m；钱江源站 6 个，规格为 10m×20m。

1.4.1.8 综合观测塔及通量观测塔

综合观测塔的观测场选择与森林小气候观测场一样，观测塔钢架结构，塔上配备自动化传感器，对温度、湿度、风速、辐射、光、水汽通量、热通量等进行连续观测。天目山站和凤阳山站各建设 1 个综合观测塔，高均为 40m，钱江源站建设 2 个，高 30m；西湖站现已建成 1 个，塔高 36m。

另外，在天目山站安吉辅站毛竹林内现建有 1 个 40m 高的通量观测塔，在临安辅站雷竹林内建有 1 个 20m 高的通量观测塔。通量观测塔按高度分层，均安装 Campbell 开路涡动相关通量系统、CO_2 廓线观测系统和常规气象梯度观测系统，主要观测竹林地气交界面附近的辐射通量、能量通量、物质通量、土壤热通量和气象要素等。

1.4.2 仪器设备购建

仪器设备购建主要包括气象因子观测仪器、植物因子观测仪器、土壤因子观测仪器、水文因子观测仪器、大气因子观测仪器以及实验室常用分析仪器（详细介绍见附录 3）。

1.4.2.1 气象因子观测仪器

气象因子观测仪器主要包括标准自动气象站、CAWS1000-GWS 梯度自动观测系统和 Campbell 自动气象站等。

1.4.2.2 植物因子观测仪器

植物因子观测仪器主要包括 LAI-2200 植物冠层分析仪、VERTEX 超声测高、测距仪、TDP 插针式植物茎流计、LI-6400XT 便携式光合仪、Imaging-PAM 叶绿素荧光成像系统、LA-S 型植物年轮分析系统、WP4-T 露点水势仪、TCR 全站仪、Dynamax 包裹式植物茎流测量系统、TRU 树木雷达检测系统、HPFM 植物导水率测定仪、2000 型全自动纤维素分析仪、CI-600 植物根系生长监测系统、SC-1 稳态气孔计、LI-3000C 型植物叶面积分析仪、

3005 型植物水势压力室、Li-250A 光照计、SPECTROTEST 便携式光谱仪、LT/ACR-2002 型人工气候室、原状根部取样钻、自制树干碳排放测定系统、Dynamax-DEX 植物生长测量系统等。

1.4.2.3　土壤因子观测仪器

土壤因子观测仪器主要包括 Trime-T3 土壤水分测定仪、AquaSorp 土壤等温水分特征曲线快速测量仪、LI-8150 土壤碳通量自动测量系统、Lysimeter/KL2 自动称重蒸渗仪。

1.4.2.4　水文因子观测仪器

水文因子观测仪器主要包括 YSI Level Scout 水位跟踪者、Tiasch 干湿沉降收集仪、DS5X 多参数水质分析仪、DIK6000 人工模拟降雨器、7852 型自动记录雨量计、Odyssey 自动水位记录仪、H-F-1 地表径流量测量系统等。

1.4.2.5　大气因子观测仪器

大气因子观测仪器主要包括 KEC-900 大气负离子连续测定仪、EC150 开路 CO_2/H_2O 分析仪、LI-7700 开路式 CH_4 分析仪、PN1000 便携式二氧化硫检测仪、GD80-NO_x 便携式氮氧化物检测仪、DUSTTRAK TM DRX 8533 粉尘仪、YQ-8 多路气体采样器、XLZ-300 型红外线气体分析仪、LAS 大口径闪烁仪等。

1.4.2.6　实验室常用分析仪器

实验室常用分析仪器主要包括 Hach DR1010 COD 测定仪、K9860 全自动凯氏定氮仪、FP650 火焰光度计、C862 电导仪、UV-3501S 紫外可见分光光度计、LWY-84B 控温式远红外消煮炉、GGX-800 原子吸收分光光度计、FUTURA 连续流动分析仪、BT-9300Z 激光粒度分析仪、SPAD-502Plus 叶绿素测定仪、1101 光合蒸腾作用测定系统、PCR 仪、BS323S 精密电子天平等。此外还有一些其他常用仪器，包括 GPS、显微镜、冰箱、恒温震荡器、数显生化培养箱、气浴高压灭菌锅、离心机、pH 计、森林罗盘仪、烘箱、冰箱、蒸馏水器、土钻、环刀、土壤筛、移液枪、照相机、数据采集和网络传输设备等。

1.4.3　网络标准体系建设

规范化、标准化建设是森林生态定位网络实现联网观测、比较研究和数据共享的前提，是保障网络规范有序运行的必要条件。自 2006 年建站以来，参照国家相关规定规范，依据全省实际，浙江省一直在探索建立本省定位监测指标体系(附录 4)，以便对森林植被的状况、动态；森林生态系统的结构、功能、效益；森林生态系统的健康状况从个体、种群、群落、系统 4 个水平进行全面的监测，深入研究森林生态系统的结构和森林生态系统的服务功能，寻求进行森林系统健康管理和实现可持续发展的有效途径。2010 年国家级站开始建设后，随着 CFERN 管理中心对国家级站管理的更高规范和要求，按照全省大尺度长期观测研究、专项基础研究和应用技术研究的不同要求，在原有基础上逐步完善网络各类标准体系建设，进一步提升全省森林生态定位网络的建设层次。

1.4.4　网络管理体系建设

森林生态定位研究网络管理体系建设是促进网络按预定目标健康运行，提高管理效率和业务运行效率的保障。一是注重规章制度体系建设，自 2006 年建站以来，就陆续建立健全了《浙江省公益林生态定位站规章制度》、《浙江省公益林生态定位站数据管理和共享办法》等方面的规章制度，对定位研究的运行体系、运行机制及管理体系进行规范。二是加强数据管理共享体系建设，及时汇总数据监测和研究成果，为全省公益林生态定位站建设项目及全省公益林效益监测项目服务。三是完善业务管理人员培训体系建设。自 2006 年以来，陆续在龙游站、开化站、桐庐站、淳安站、定海站、磐安站等地开展定期的定位站监测工作培训会，聚集各个站点的一线监测管理人员进行具体工作及监测技术的探讨交流及业务培训，注重各个站点的相关学习交流和定期工作汇报，提高专业技能。2010 年国家级站开始建设后，通过创建浙江省森林生态定位研究团队，设立管理委员会、学术委员会等机构，进一步完善原有网络管理体系，发挥组织管理优势，充分激发各层次人才作用，更好地促进网络的健康发展。

1.5　主要研究内容

1.5.1　长期观测研究

1.5.1.1　森林小气候长期定位观测

利用森林生态定位站内设置的标准自动气象站及林内自动气象站，对各站区内小气候指标开展长期观测，如空气温湿度、降水、风向风速、太阳辐射、地表温度、土壤温湿度、空气负离子等，分析森林植被对改善生态环境的作用，深入研究长时间森林植被的变化与小气候的关系。

1.5.1.2　中—北亚热带森林群落的结构和功能机制

以常绿阔叶林、常绿落叶阔叶混交林、针阔混交林、针叶林等浙江省主要植被类型为研究对象，通过长期永久性样地监测，结合野外实地调查，研究森林群落的结构、功能的动态过程的规律及物种、生态系统的多样性特征。

1.5.1.3　区域森林生态系统生态过程及其可持续管理

围绕全球普遍关注的资源、环境的热点问题，开展如森林物种的空间格局及变化、生态系统碳水通量、流域生态水文过程、森林生态系统的可持续发展等专题研究，揭示森林生态系统结构与功能的关系及其变化规律，研究森林生态系统的物质、能量的循环过程，分析环境的变化对人类干扰的反馈机制，探求森林资源可持续发展的措施和途径。

1.5.1.4　气候变化与森林生态系统的相互影响

以气候变暖为主要特征的气候变化已成为全球生态环境发展的主要趋势，利用森林生态定位站的大气温度、湿度、降水、辐射等主要气候因子指标及植物、土壤等指标，在站点、样带和区域尺度上，研究气候变化的长期作用对森林生态系统(如群落结构、生物多样性、生态水文、土壤碳储量等)的影响，分析森林生态系统对全球气候变化的适应性及对反馈机制，预测气候变化引起的洪涝、干旱、雨雪灾害天气的发生情况，探讨缓解和适应全球气候变化的生态系统管理的途径和方法。

1.5.1.5　浙江省公益林的生态服务功能评价

依托公益林定位研究网络，从公益林的资源状况、生态状况入手，对浙江省公益林的树种组成、郁闭度、生物量、土壤及水文状况等进行长期监测；利用观测研究的数据，从森林生态系统的水源涵养、保育土壤、积累营养物、固碳释氧、生物多样性、森林旅游等角度公益林进行定期评价，创建适合浙江省公益林生态服务功能的评估方法。

1.5.2 专项基础研究

1.5.2.1 中—北亚热带常绿阔叶林植被状况与动态

常绿阔叶林是亚热带地区的地带性植被，是亚热带森林生态系统的重要组成部分。根据国内外的研究趋势，急需开展常绿阔叶林起源与系统发育、常绿阔叶林退化生理生态机制、常绿阔叶林保护与生态恢复、常绿阔叶林重要物种的生理生态特征、常绿阔叶林生态服务功能与可持续发展模式、常绿阔叶林生态系统对全球变化的作用与响应机制等方面的研究。

1.5.2.2 生物多样性变化规律与保护措施

近年来，随着全球物种灭绝速度的加快，物种丧失可能带来的生态学后果备受人们关注，通过开展生物多样性的动态监测，研究生物多样性的时空变化规律及其影响因素，并以生物多样性演变及胁迫因子研究为基础，提出生物多样性保护措施。

1.5.2.3 森林生态系统碳、氮、水通量观测与研究

以森林生态定位站内的通量观测塔为基础，构建浙江省森林生态系统碳、氮、水通量专项观测平台。利用涡度相关观测和其他实验方法，开展森林生态系统中土壤、植物、大气的碳循环、氮循环和水循环的过程机理研究，重点分析碳、水循环与氮素代谢的耦合关系，寻求其对环境的响应规律，评估浙江省森林生态系统碳汇碳源、氮沉降和生态耗水的时空格局。

1.5.2.4 植物功能性状与生态系统功能的关系

通过分析植物的功能性状，研究与生态系统功能相关的植物功能性状在不同尺度下的变化规律，了解植物功能多样性与生态系统主要过程和功能的相关性及其主要影响因素和调控因子，建立基于植物功能性状的森林生态系统功能评价指标体系与评价方法。

1.5.2.5 植物营养元素的循环变化规律

其主要研究内容包括各种植物各组织器官的营养元素特征、积累量、存留量、归还量以及土壤中营养元素的储存量和动态变化等，揭示元素在植物—土壤—大气的迁移变化规律、植物的养分循环规律及制约植物生长的主要养分因子。

1.5.2.6 毛竹林生态系统碳平衡

碳平衡是全球气候变化研究的热点问题之一，毛竹林是中国南方及浙江省重要的森林资源，毛竹生长快、固碳能力强，在缓解全球大气 CO_2 浓度的升高中具有重要作用，从毛竹林生物学及群落学特征出发，设置典型样地，采用生物量清查法、土壤剖面法和化学分析法等对毛竹林生态系统的碳平衡特征进行研究，评价毛竹林生态系统的碳汇功能，揭示毛竹林生态系统的碳平衡特征，探讨当前毛竹林生态系统碳平衡研究中存在的问题。

1.5.2.7 流域生态水文过程研究

从生态水文过程的机理研究出发，结合数据库技术及3S技术，同时辅以大区域的生态水文过程的野外观测，展开生态水文过程的集成研究，模拟区域生态水文过程，构建符合浙江省实情的生态水文模型，为制定和实施更合理的水管理措施和生态保护准则提供理论支撑和技术保障。

1.5.2.8 山地土壤随海拔的垂直变化特征

植被随海拔的改变往往表现出一定的变化规律，常绿阔叶林一般分布在海拔较低的区

域，而针叶树则主要分布在海拔相对较高的区域，山顶主要分布着山地矮林或灌木。以海拔作为变化的切入因素，可研究分析得到在不同海拔条件下，区域的气候、植被，特别是土壤(土壤理化性质、土壤碳、土壤酶及土壤呼吸等)的垂直分布特征。

1.5.2.9 土壤侵蚀与水土保持重点领域研究

根据当前中国土壤侵蚀与水土保持研究中存在的主要问题，依托地表径流场及其他观测设施，着重开展土壤侵蚀过程与机理、土壤侵蚀预报模型、水土保持措施防蚀机理及其适用性、大尺度土壤侵蚀与水土保的格局及其变化规律、土壤侵蚀与水土保持环境效应评价等方面的研究，解决领域内亟待解决的前沿科学问题。

1.5.2.10 不同植被类型土壤的固碳能力

以长期定位观测为手段，对浙江省典型植被类型区土壤碳积累的自然过程、森林生态系统管理措施与环境变化对土壤碳积累调控作用进行研究，构建土壤固碳的量化方法体系，对不同植被类型区的土壤碳储量及碳密度、土壤固持潜力进行精确系统地评价。同时从过程机理上揭示土壤呼吸、凋落物转化以及经营干扰等因素对森林土壤碳分布的影响。

1.5.2.11 大气污染对森林生态系统的影响

研究大气污染物在森林生态系统植被和土壤中的富集、迁移、转化过程，分析污染物对生态系统结构和功能的影响机制及生态系统的响应与反馈，评估污染物(细颗粒物、臭氧、干湿沉降)威胁生态系统的健康、服务功能、可持续性、生物多样性和完整性的风险，为预防与治理大气环境污染提供科学依据。此外，对受大气污染危害严重地区的森林进行林区森林衰亡的诊断与评价，探索控制森林衰亡的途径。

1.5.3 应用技术研究

1.5.3.1 退化森林生态系统快速构建技术

针对不同类型、程度的退化与受损的森林生态系统，试验筛选自然恢复与人工修复的可能途径与有效途径，研究修复过程中生态系统结构与功能的演变，评估生态系统恢复过程中合理利用的可行性与可持续性，分析退化与受损生态系统恢复的生态环境效应及其与全球气候变化的关系，预测恢复生态系统结构和功能的未来变化趋势。

1.5.3.2 毛竹林生态可持续经营与监测技术

通过对毛竹阔叶树混交林群落特征、林分生产力及其生态效益进行系统研究，依据生态学原理对多种模式的林冠层、林下植被、凋落物层的变化以及土壤贮水能力和渗透性能进行定量评价，提出毛竹阔叶树的混交比例和适宜经营模式。另外，毛竹的入侵能很大程度上破坏了以常绿阔叶林为代表的地带性植被，影响了生物多样性及珍稀濒危物种的保护，因此研究建立毛竹扩张预警及监测技术对限制毛竹纯林无序扩张，提升保护物种的栖息地具有重要意义。

1.5.3.3 珍稀濒危动植物的保护与应用

在全省各建站地分布着百山祖冷杉(*Abies beshanzuensis*)、红豆杉(*Taxus mairei*)、白豆杉(*Pseudotaxus chienii*)、天目铁木(*Ostrya rehderiana*)、连香树(*Cercidiphyllum japonicum*)等珍稀濒危树种，通过监测树种的生物学习性及其生存影响因素，从生物特性方面分析致濒原因，研究珍稀濒危植物保护生态学机制和技术，掌握其繁殖习性和育苗技术及在人工辅助下的近自然恢复技术。另外，站区存在着珍稀濒危动物，如黑麂(*Muntiacus crinifrons*)、黄腹角雉(*Tragopan caboti*)、白颈长尾雉(*Syrmaticus ellioti*)、穿山甲(*Manis pentadactyla*)、中华虎凤蝶(*Luehdorfia chinensis*)等,通过对珍稀濒危动物的分布、数量、生境进行调查,开展其生物学习性研究,并提出相应的保护对策。

1.5.3.4 沿海防护林的防护效应研究

以沿海防护林为研究对象,对沿海防护林的不同模式进行分析,提出海防林的体系结构配置和优化模式,并合理筛选出抗盐雾胁迫、防风能力强的树种。同时开展沿海环境对海防林的影响、沿海防护林体系的区域性气候效应、海防林降盐改土护堤功能和效益等方面研究。

1.5.3.5 酸雨对森林生态系统影响机理与防治技术

浙江省位于经济高速发展的长江三角洲地区,其是中国主要的酸雨分布区,在分析酸雨形成机理以及时空分布的基础上,研究不同类型酸雨对森林生态系统的影响,探索森林生态系统对酸雨的敏感性和临界负荷值、植物酸致损伤机理,评估酸雨对森林生态系统结构、生产力水平、生物多样性、土壤等的影响效应,构建森林生态系统对酸沉降的敏感性评价指标体系和酸雨监测体系,制定相应的技术规范及方法,筛选出适于当地生长的乡土抗酸树种,进一步探究林地酸化土壤改良的生态恢复技术。

1.5.3.6 生态旅游环境承载力及管理技术体系

目前,中国大部分开展森林生态旅游的自然保护区都不同程度存在着旅游资源退化的现象,造成动植物生存繁衍困难、生物多样性降低、人文自然景观遭到破坏及环境污染等问题。通过长期系统定位监测,建立一套完整而行之有效的旅游环境承载力考核指标体系,从自然环境承载力、社会环境承载力、经济环境承载力3个层次对生态旅游环境承载力综合评价。并依此制定出一套科学合理的管理体制和办法,以规范和提高生态旅游经营与管理的质量,实现自然保护区生态环境的可持续发展。

1.5.3.7 森林生态效益补偿机制研究

目前,浙江省乃至全国的森林生态效益补偿标准基本上还是按照国家或地方的财力情况给予适当补助,没有真正体现公益林的生态价值,如何通过适当的措施最大程度地实现森林生态效益是必须解决的问题。以定位观测网络的长期定位观测为基础,合理评估公益林的森林生态效益,从经济水平和林分质量等方面考虑,研究公益林生态效益与补偿范围及补偿数量之间的相互关系,探讨公益林生态补偿的来源、标准、额度、筹资机制、费用分配机制以及运行机制等问题。以期能够对森林生态效益的提供者进行合理的补偿,吸引全社会参与森林的保护与培育。

1.5.3.8 公益林主导功能提升关键技术

在城镇周边、通道两侧、生态脆弱地区的重点公益林区内实施低效林改造、阔叶林改造、景观林建设、生物防护林带、中幼林抚育等提质措施,提出公益林保育提质的关键技术,完善公益林林种的结构和组成,提高公益林的林分质量和生态效益。

1.6 保障措施

浙江省公益林定位研究网络从规划之初发展至今,一直本着科学建站、高效管理的方针,其规划方案、技术方案及建设方案均多次通过专家咨询、论证,在实践中不断完善,同时注重多个方面保障措施的落实，全面促进了网络的健康、稳定发展。

1.6.1　政策保障

浙江省公益林定位研究网络的规划建设符合国家、浙江省的相关政策和精神，在建设过程中严格执行相关要求，具有法律、法规和政策的有力保障。另外，为使森林生态定位站按照预定目标健康运行，提高管理效率和业务水平，通过制定《浙江省森林生态定位研究站管理办法》、《浙江省森林生态定位研究站数据管理和共享办法》等方面的规章制度，对项目、资金、信息、档案、物资、技术、人才等的规范化提出了明确要求，保障了森林生态定位站的正常运行。

1.6.2　管理保障

在管理模式上，采取了管理、科研单位和地方联建共管的方式，既为科学研究服务，同时也为地方的生产服务。组建了公益林定位研究网络研究团队，与站点建设单位和技术支撑单位一起共同保障森林生态定位站的健康运行和良好发展。同时加强网络的野外监测、数据管理、人员管理等制度建设，保证各生态站管理和科研工作的稳定性，保障资金运行安全高效，促进不同层次人才培养，实现各生态站开放、流动、竞争、联合的运行机制。

1.6.3　人才保障

公益林定位研究网络非常注重人才队伍建设，对森林生态定位站的专业技术人员和管理人员开展定期和不定期的培训，提高其技术和综合业务水平。网络还将一贯坚持"开放、联合"的精神，实行开放运行管理模式。设立一定的流动和客座专家教授席位，吸引国内外相关单位和高级专业人才合作开展研究；同时鼓励国内外研究单位以各森林生态定位站为依托申请研究课题和项目，最终建成一个多科研单位、国际化的研究、交流与合作平台。

1.6.4　资金保障

公益林定位研究网络的建设是一个长期的延续性项目，属于社会公益事业，通过建立中央投资、地方财政配套、自筹经费相结合的经费投入机制，保障公益林定位研究网络的建设、运行和科研经费的可持续性。其中国家级站主要以中央投资为主，纳入了国家基本建设范畴，省级站的建设和维护主要在森林生态效益补偿资金的公共管护费用中列支。此外，网络还积极组织有关项目的立项与申请工作，鼓励多渠道拓展资金。包括有计划地组织申报自然科学基金、科技支撑计划、林业公益性行业科研专项、973及863等重大项目和其他科研项目，通过项目资金的注入提升科研设施水平及研究能力。

2

STATE-LEVEL FOREST ECOSYSTEM RESEARCH STATION OF TIANMU MOUNTAIN

天目山国家级森林生态定位站

天目山国家级森林生态定位站是华东中南地区的江淮平原丘陵落叶常绿阔叶林及马尾松林区的典型站点。建有1个主站和2个辅站，主站位于天目山国家级自然保护区内，辅站分别位于安吉县山川乡毛竹现代示范园区和临安市太湖源镇雷竹园区。本章详细介绍了其建设地概况、建设目标、建设内容及其主要研究内容。

天目山国家级森林生态定位站规划建设1个主站和2个辅站，主站位于天目山国家级自然保护区内，目前正在建设当中；辅站为安吉辅站和临安辅站，安吉辅站位于安吉县山川乡毛竹现代示范园区，临安辅站位于临安市太湖源镇雷竹园区。

2.1 天目山站主站

天目山站主站所在地浙江省临安市天目山处于《国家林业局陆地生态系统定位研究网络中长期发展规划(2008~2020年)》中华东中南地区的江淮平原丘陵落叶常绿阔叶林及马尾松林区，其是南北植物汇流之区，植物种类十分丰富，有多种珍稀、濒危、特有、孑遗物种分布。主站的建设地天目山国家级自然保护区是一个以保护生物多样性和森林生态系统为重点的野生植物类型的国家级自然保护区，也是联合国教科文组织国际人与生物圈保护区(MAB)网络成员。另外，天目山位于中国经济发展迅速和环境压力最大的区域之一——长江三角洲地区，其环境具有空间上的复杂性、时间上的易变性，对外界变化的响应和承受力具有敏感和脆弱的特点。因此，天目山站主站的建设研究，不仅是浙江省经济社会发展和生态建设的需要，也对中国生态环境建设和可持续发展具有重大意义。

2.1.1 建设区概况

2.1.1.1 自然地理特征

(1)地理位置

天目山国家级自然保护区介于东经119°24′47″~119°28′27″、北纬30°18′30″~30°24′55″之间，东部、南部与临安市西天目乡毗邻，西部与临安市千洪乡和安徽省宁国市接壤，北部与安吉龙王山省级自然保护区交界(图2-1~图2-3)。

(2)地形地貌

保护区地形变化复杂，地表结构以中山—深谷、丘陵—宽谷及小型山间盆地为特色，峭壁突生，怪石林立，峡谷众多，主峰仙人顶海拔1506m；地势西北高，东部低，自西北、西南向东倾斜。区域内岩石种类众多，主要有流纹岩、流纹斑岩、溶结凝灰岩、晶屑溶结凝灰岩、霏细斑岩、沉凝灰岩、脉岩等。

(3)气候特征

保护区属中亚热带季风气候区，四季分明、气候温和、雨水充沛、光照适宜。年平均气温8.8~14.8℃，最冷月平均气温2.6~3.4℃，极值最低气温-20.2~-13.1℃，最热月平均气温19.9~28.1℃，极值最高气温29.1~38.2℃；无霜期209~235d；年雨日159.2~183.1d；年雾日64.1~255.3d；年降水量1390~1870mm；相对湿度76%~81%；平均初雪期12月20日，平均终雪期3月13日，降雪日数为84~151.7d，积雪日数为30.1~117.4d；以≥10℃积温为主导指标，保护区可划分为丘陵温和层(海拔200~500m)、山地温凉层(海拔500~800m)、山地温冷层(海拔800~1200m)、山地温寒层(海拔1200~1500m)等4个森林生态垂直气候层(图2-4~图2-5)。

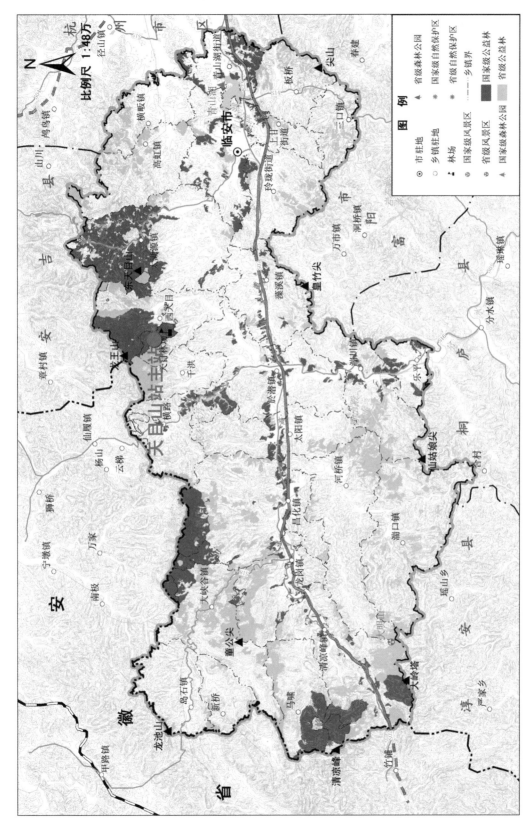

图 2-1　天目山站主站位置

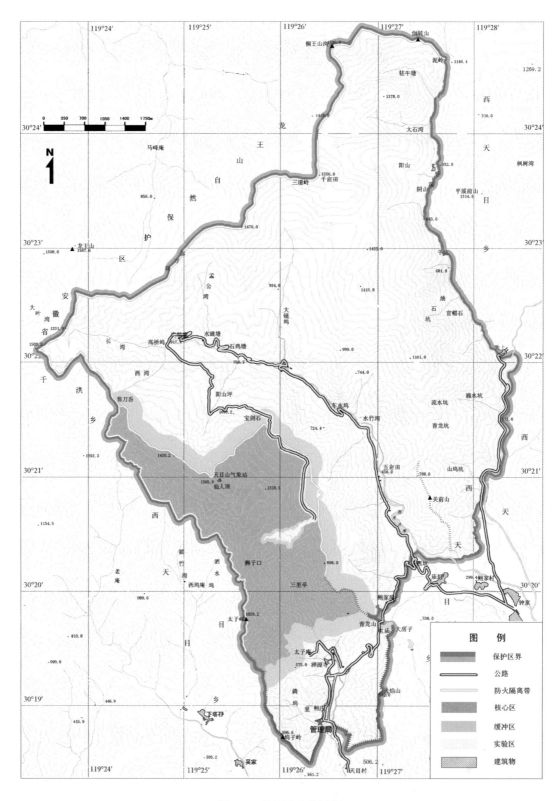

图 2-2　保护区功能区划

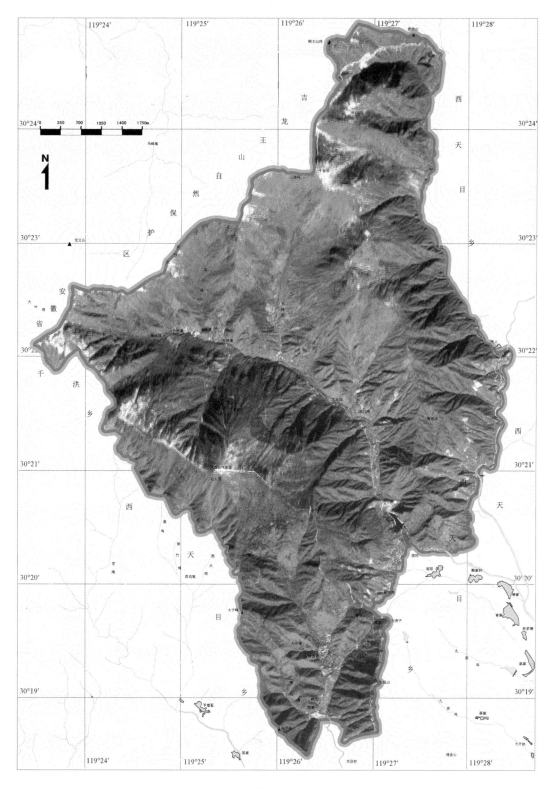

图 2-3　保护区卫星遥感影像

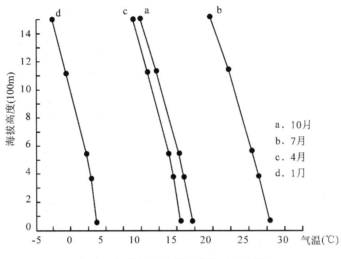

图 2-4　保护区平均气温随海拔的变化

a. 10月
b. 7月
c. 4月
d. 1月

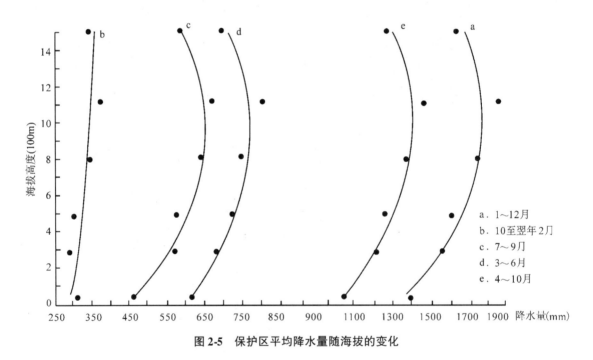

a. 1~12月
b. 10至翌年2月
c. 7~9月
d. 3~6月
e. 4~10月

图 2-5　保护区平均降水量随海拔的变化

（4）土壤类型

保护区共有红壤、黄壤、棕黄壤和石灰土 4 个土类。红壤分布在海拔 600~800m 以下山坡，约占保护区面积的 1/3 左右，有黄红壤、乌红壤及幼红壤 3 个亚类，其中以黄红壤居多，红壤含石砾较多，pH 值小于 6.0，分布区气候温暖湿润，原有植被受人为破坏严重。黄壤垂直分布下限在 600~800m，上限在 1100~1200m，分布面积约占保护区的 50% 左右，有黄壤、乌黄壤、幼黄壤 3 个亚类，其分布区气候特点是湿度大，雾日多，植被具有常绿—落叶过渡特征，有机质含量较高。棕黄壤主要分布在海拔 1200m 以上的地带，气候湿凉，植被低矮为落叶型，枯落物及半分解层有较大的持水性，表层透水性良好。石灰土主要分布在青龙山、火焰山、朱陀岭、太子庵等局部地带，有黑色、红色、幼年石灰土3个亚类，其共同特征是土层较浅，核粒状结构，pH值7.0左右，盐基饱和度、HA/FA比和硅铝率较高，矿质养分较多，但有效水较少。

保护区的森林土壤具有同中亚热带水热条件相适应的中等母质风化有机质积累速率，脱硅富铝作用普遍但不强烈，有机质富集厚度20~25cm，枯落物层一般小于5cm，碳氮比不高。土层厚度在没有异常外力的影响下同成土条件相对应，有许多坡度30°以上植被保存较好的坡地，土层厚度可达100~150cm。

(5) 水文条件

天目山山势高峻，是长江和钱塘江的分水岭。保护区属钱塘江流域，内有东关溪、西关溪、双清溪、正清溪等溪流。东关溪：发源于与安吉县交界的桐坑岗，经东关、后院、钟家至白鹤，全长约19km，以流经东关而得名。西关溪：在西天目山之东麓，有两源，西源出安吉县龙王山，东源出临安市千亩田，会于大镜坞口经西关，至钟家，入东关溪，全长约9.5km，以流经西关而得名。双清溪：在西天目山南麓，发源于仙人顶，合元通、清凉、悟真、流霞、昭明、堆玉六涧之水，经禅源寺，出蟠龙桥，经大有村、月亮桥至白鹤村，入天目溪，全长11.5km，因禅源寺昔称双清庄而得名。正清溪：在西天目山西麓，源出石鸡塘，经老庵、武山、吴家等村，在大有村汇入双清溪，全长约10.5km。天目溪：合东关、西关及双清、正清四源之水于白鹤村，经绍鲁、於潜、堰口、塔山，于紫水和昌化溪汇合，临安市内主流长56.8km。

2.1.1.2 森林资源概况

(1) 林业资源

保护区土地总面积4284.0hm²，其中林业用地面积4261.1hm²，占99.5%，森林覆盖率为98.1%（表2-1）。全区公益林面积4151.0hm²，占全区林地总面积的97.4%，均为国家级公益林，商品林面积110.1hm²，占林地总面积的2.6%。

表2-1　保护区林业用地地类划分

一级	二级	三级	面积（hm²）
有林地	乔木林	纯林	2742.7
		混交林	968.6
	竹林		474.8
灌木林地			53.9
未成林造林地			10.3
苗圃地			7.5
辅助生产用地			3.3

(2) 植物资源

天目山共有维管植物190科899属2066种。其中蕨类植物35科72属184种；裸子植物8科31属54种；被子植物中双子叶植物125科620属1480种，单子叶植物22科176属348种。在2066种维管植物中，木本植物727种，其中常绿乔木105种，落叶乔木261种，常绿灌木110种，落叶灌木251种，常绿树种明显少于落叶树种，反映了本区处于亚热带北缘的区系特征。草本植物共 1249 种，此外，本区还有藤本植物 90 种（表 2-2）。

表 2-2   天目山维管植物统计

生活型		属数	所占比例（%）	种数	所占比例（%）
木本	常绿乔木	46	5.1	105	5.1
	落叶乔木	109	12.1	261	12.6
	常绿灌木	46	5.1	110	5.3
	落叶灌木	78	8.7	251	12.2
	小 计	279	31.0	727	35.2
草本	多年生草本	412	45.8	897	43.4
	1～2 年生草本	178	19.8	352	17.1
	小 计	590	65.6	1249	60.5
藤本	常绿藤本	8	0.9	19	0.9
	落叶藤本	22	2.4	71	3.5
	小 计	30	3.3	90	4.4
合 计		899	100	2066	100

保护区内濒危珍稀的野生植物 18 种，属于国家一级保护的野生植物有银杏（*Ginkgo biloba*）、南方红豆杉（*Taxux chinensis var. mairei*）、天目铁木 3 种，属国家二级保护的野生植物有金钱松（*Pseudolarix amabilis*）、榧树（*Torreya grandis*）、连香树、浙江楠（*Phoebe chekiangensis*）、野大豆（*Glycine soja*）、花榈木（*Ormosia henryi*）、鹅掌楸（*Liriodendron chinensis*）、香果树（*Emmenopterys henryi*）、黄山梅（*Kirengeshoma palmata*）等 15 种。种子植物中中国特有属 25 个，天目山特有种 24 个。药用植物 1120 种，蜜源植物 800 余种，野生园林观赏植物 650 多种，纤维植物 160 多种，油料植物 190 多种，淀粉及糖类植物 120 多种，芳香油植物 160 多种，栲胶（鞣料）植物 140 多种，野生果树植物 90 多种。

保护区森林植被以"高、大、古、稀、多"称绝，原生古树比比皆是，胸径 50cm 以上的有 5511 株，100cm 以上的有 554 株，200cm 以上的有 12 株，平均高约 40m，树龄在千年以上的有 540 余棵，500 年以上的有 820 余棵，100 年以上的不计其数，最老已达 1500 年以上。

保护区地势较为陡峭，海拔上升快，气候差异大，植被的区系复杂，分布有明显的垂直界限，组成的植被类型比较多，在不同海拔地带上有其特殊的植物群落和物种。森林植被类型可分为 8 个植被型和 30 个群系组，自山脚至山顶依次为：常绿阔叶林、常绿落叶阔叶混交林、落叶阔叶林、落叶矮林，另外还有针叶林、竹林。常绿阔叶林是保护区的地带性植被，主要分布于海拔 700m 以下的低山丘陵，沟谷地段可达海拔 870m 左右。主要群系组有青冈（*Cyclobalanopsis glauca*）、苦槠（*Castanopsis sclerophylla*）林，木荷（*Schima superba*）、青冈林，紫楠（*Phoebe sheareri*）林，小叶青冈（*Quercus myrsinaefolia*）、青冈林，交让木（*Daphniphyllum macropodum*）、青冈林，石栎（*Lithocarpus glabra*）、紫楠林等 8 个群系组（图 2-6）。

常绿落叶阔叶混交林是保护区的主要植被，也是精华部分。集中分布在低海拔的禅源

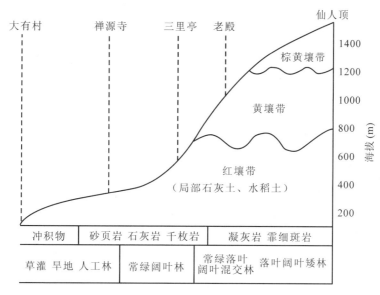

图 2-6 保护区植被、土壤、岩石随海拔变化分布

寺周围和海拔 850~1100m 的地段。植物种类丰富，群落结构复杂、多样，且多呈复层林相：第一层林木高达 30m 以上，物种组成主要有柳杉（*Cryptomeria fortunei*）、金钱松、香果树、天目木姜子（*Litsea auriculata*）、黄山松（*Pinus taiwanensis*）等；第二层林木高达 20m 以上；第三层林木高 15m 左右；第四层林木高 8~10m；第五层高 8m 以下，此外还有灌木层。主要群系组有浙江楠、麻栎（*Quercus acutissima*）、青冈林，苦槠、麻栎林，紫树（*Nyssa sinensis*）、小叶青冈林，天目木姜子、交让木林，香果树、交让木林，短柄枹（*Quercus glandulifera*）、小叶青冈林等。落叶阔叶林主要分布于海拔 1100~1380m 处。林木萌生，主干粗短，多分叉，树高一般在 10~15m。主要群系组有白栎（*Quercus fabri*）、锥栗（*Castanea henryi*）林，茅栗（*Castanea seguinii*）、灯台树（*Cornus controversa*）林，短柄枹林等 5 个群系组。落叶矮林分布于西天目山近山顶地段，地处海拔 1380m 以上。因海拔高、气温低、风力大、雾霜多等因素，使原来的乔木树种树干弯曲，呈低矮丛生。主要有天目琼花（*Viburnum sargentii*）、野海棠（*Phylla-gathis fordii*）林，三桠乌药（*Lauraceae obtusiloba*）、四照花（*Cronus japonica* var. *chinensis*）林 2 个群系组。针叶林在西天目山占有极其重要的地位，是西天目山的特色植被。主要有柳杉林、金钱松林、马尾松林、黄山松林、杉木（*Cunninghamia lanceolata*）林、柏木（*Cupressus funebris*）林 6 个群系组。巨柳杉群落是西天目山最具特色的植被，树高林密，从禅源寺（海拔 350m）到老殿（海拔 1100m）呈行道树式分列道路两旁。据测定，胸径在 50cm 以上的有 2032 株，100cm 以上的有 664 株，200cm 以上的有 19 株。西天目山的金钱松长得特别高大，居百树之冠，有"冲天树"之称，其松散分布于海拔 400~1100m 地段的阔叶林中，最高一株达 58m，其中胸径 50cm 以上的有 307 株。竹林有 3 个群系组。毛竹林群系主要分布在海拔 350~900m 处，常与苦槠、青冈、榉树（*Zelkova serrata*）、枫香（*Liquidambar formosana*）等混生；箬竹林群系主要分布在海拔 1200~1500m 的山坡，大多与落叶阔叶树混生，石竹、水竹林群系在西关分布较多（图 2-7）。

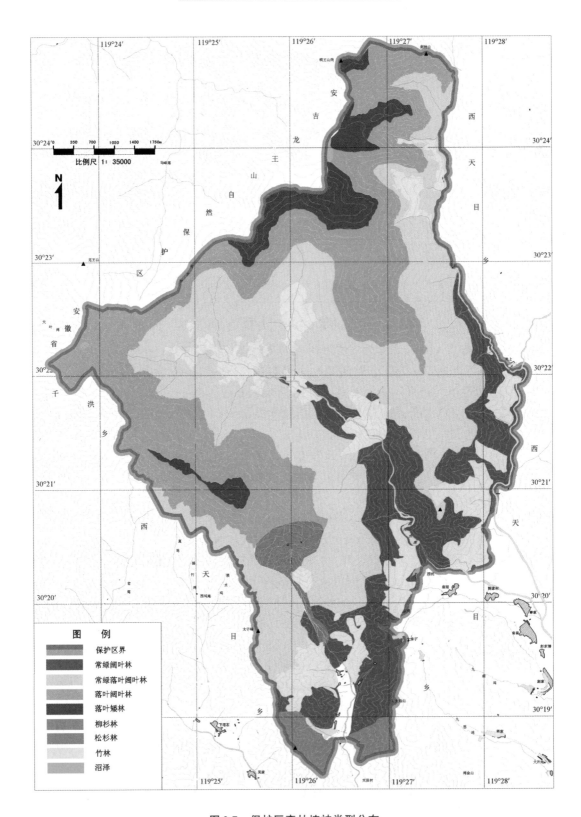

图 2-7　保护区森林植被类型分布

(3)动物资源

在中国动物地理区划上,保护区属于东洋界中印亚界华中区的东部丘陵平原亚区,由于地理位置特殊,自然环境优越,历史上人为活动相对较少,给野生动物生存及栖息创造了较为良好的条件,野生动物资源十分丰富。据不完全统计,保护区内共有各种野生动物65目465科4716种,其中:兽类8目21科74种;鸟类12目36科148种;两栖类2目7科20种;爬行类3目9科44种;鱼类6目13科55种;昆虫类33目351科4209种,以天目山为模式产地发表的新种有3纲25目143科657种;蜘蛛类1目28科166种。

区内有国家重点保护的野生动物有39种。其中:国家Ⅰ级重点保护的动物有云豹(*Neofelis nebulosa*)、金钱豹(*Panthera pardus*)、梅花鹿(*Cervus nippon*)、黑麂、华南虎(*Panthera tigris amoyensis*)、白颈长尾雉6种;国家Ⅱ级重点保护野生动物有猕猴(*Macaca*)、穿山甲(*Manis pentadactyla*)、豺(*Cuon alpinus*)、黄喉貂(*Martes flarigula*)、水獭(*Lutra lutra*)、大灵猫(*Viverra zibetha*)、小灵猫(*Viverricula indica*)、金猫(*Catopuma temminckii*)、鬣羚(*Capricornis sumatraensis*)、普通鵟(*Buteo buteo*)、赤腹鹰(*Accipiter soloensis*)、松雀鹰(*Accipiter virgatus*)、红隼(*Falco tinnunculus*)、白鹇(*Lophura nycthemera*)、勺鸡(*Pucrasia macrolopha*)、领鸺鹠(*Glaucidium brodiei*)、雕鸮(*Bubo bubo*)、红角鸮(*Otus scops*)、鹰鸮(*Ninox scutulata*)、褐林鸮(*Strix leptogrammica*)、褐翅鸦鹃(*Polophilus sinensis*)、蓝翅八色鸫(*Pitta brachyura*)、中华虎凤蝶、尖板曦箭蜓(*Heliogomphus retroflexus*)、拉步甲(*Carabus lafossei*)、彩臂金龟(*Cheirotonus* spp.)等33种。此外,还分布有省重点保护动物毛冠鹿(*Elaphodus cephalophus*)、食蟹獴(*Herpestes urva*)等45种。

2.1.1.3　经济社会条件

(1)区域经济社会情况

临安市东临杭州市余杭区,南连富阳市、桐庐县和淳安县,西接安徽歙县、宁国县和绩溪县,北靠安吉县。土地面积3126.8km²,辖4个街道21个镇3个乡51.03万人口。其是首批全国生态建设示范市,拥有"国家级生态市"、"中国优秀旅游城市"、"中国竹子之乡"、"中国山核桃之乡"、"中国书画艺术之乡"、"中国山核桃之都"、"全国绿化造林先进县"、"杭州后花园"、"绿色硅谷"等称号,两次跻身"全国农村综合实力百强县(市)"行列,被列为浙江省十七经济强县(市)之一。2010年,全市实现生产总值287.77亿元,按户籍人口计算的人均GDP为54 722元。全年完成财政总收入30.12亿元,其中地方财政收入16.97亿元。

(2)站区经济社会情况

保护区由国有林区和集体林区二部分组成。在集体林区土地总面积3266hm²中,林业用地面积3256.8hm²,在集体林区中现还散居着西游、告岭2个行政村的部分居民171人,2007年人均年收入7672元。

天目山国家级自然保护区管理局为副县(处)级事业单位,行政上隶属临安市人民政府领导,业务上接受国家林业局、浙江省林业厅的监督和指导。2007年度保护区财务总收入572.13万元,其中财政拨款137.62万元,上级补助88.33万元,旅游服务等其他收入346.18万元;财务总支出572.13万元,收支基本相抵。

生态环境监测站

仙人顶气象站

水文自动监测站

自动气象站

监控探头

空气负离子自动监测仪

远程视频监控系统

柳杉瘤病防治监测样地

图 2-8　保护区现有主要仪器设备

2.1.1.4 科研工作现状

保护区一直都十分重视科研工作，已经拥有气象站、生态环境质量监测站、水文自动监测站、远程视频监控系统、生物多样性固定样地、动物监测样线等监测设备和样地（图2-8）。科研成果丰硕，与相关科研机构和大专院校密切合作，先后完成了《天目山自然资源综合考察》、《香果树造林技术研究》、《天目木兰繁殖和利用》、《天目铁木、普陀鹅耳枥保存及繁殖技术研究》、《亚热带土壤动物研究》、《天目山昆虫资源研究》、《南方古树名木复壮技术研究》等30余项课题；正式出版了《天目山自然资源综合考察报告》、《天目山志》、《木本植物图鉴》、《天目山昆虫》等专著；珍稀植物繁育取得重大突破，天目铁木、天目木兰、连香树等一批珍稀植物繁育获得成功。

2.1.2　建设目标

按照《森林生态系统定位研究站建设技术要求（LY/T 1626 - 2005）》的规定，以长期定位观测和科学研究为宗旨，以生态学理论为指导，以人才支撑和规范管理为保障，并依据保护区的科研管理现状及生物资源分布分阶段进行建设。

近期（2011~2012年）以基础设施和基本观测项目建设为主，改善观测与研究条件，加强站点人员配备和科研队伍的培养，制定管理制度，完善管理体制，达到CFERN台站规定的要求。

中期（2013~2015年）通过进一步完善基础设施建设，加大先进仪器设备的投入，提升观测和研究水平，并加强与国内外的联合与协作、国际学术交流和人才培养，积极申请各类研究课题和项目，在加快现有成果转化和产业化的同时，着力解决与国民经济发展相关的急需技术以及具有前瞻性的重大基础理论问题。

长期（2016~2020年）按照数字化森林生态定位站建设思路和原则，完善提高已有观测项目并开展特色观测，在学术研究上，瞄准国际前沿，吸引国内外高水平科研人员进站从事研究工作，取得高水平的科研成果。至2020年，把天目山站建设成为集长期观测、科学研究、人才培养、科普宣传、社会服务和科学决策支持为一体的综合性试验平台，成为CFERN的重点站。能在森林生态学、保护生物学、生态水文学等领域做出重要贡献，研究成果力求能够代表江淮平原丘陵落叶常绿阔叶林及马尾松林区域，为国家、长江三角洲、浙江省3个层面的森林资源保护与合理利用、解决林业重大科学问题提供理论依据。

2.1.3　建设内容

2.1.3.1 基础设施建设

（1）综合实验楼

综合实验楼设在天目山原管理局宿舍位置，砖混结构，建筑面积536m²，分两层建设，主要设置实验准备室、化学分析室、数据管理办公室、小型会议室、文献档案室、标本室、成果展示室及生活用房等。

（2）森林群落监测样地

沿海拔梯度，选择受人为干扰较少且植被类型具有代表性的地方，设置固定样地20个，样地的规格为50m×30m，用GPS确定样地地理位置、海拔高度，样地要做永久性标记，路边做好标示。另外，还建设1块6hm²的永久性固定大样地，用于大尺度森林生态系统动态研究。

(3)气象观测设施

在能代表天目山区域气象特征的南大门附近(其周围地势平坦,地面植被以低矮草坪为主且周围 30m 内无高大障碍物)建设地面气象观测场 1 个,规格为 25m×25m,观测场内设有标准自动气象站、人工气候箱等设备。

在海拔 320m 左右的禅源寺前侧、海拔 1000m 左右的幻住庵后侧和海拔 1500m 左右的仙人顶分别建设 3 个森林小气候观测场,规格均为 16m×20m,观测场内设置美国 Campbell 自动气象站等设备,其中幻住庵后侧为核心森林小气候观测场。

表 2-3　主要购置的仪器设备

类　型	仪器名称	
气象因子 观测仪器	标准自动气象站	CAWS1000-GWS 梯度自动观测系统
	Campbell 自动气象站	
植物因子 观测仪器	LAI-2200 植物冠层分析仪	自制树干碳排放测定系统
	VERTEX 超声测高、测距仪	TDP 插针式植物茎流计
	LI-6400XT 便携式光合仪	LA-S 型植物年轮分析系统
	WP4-T 露点水势仪	Imaging-PAM 叶绿素荧光成像系统
	TCR 全站仪	Dynamax 包裹式植物茎流测量系统
	TRU 树木雷达检测系统	Dynamax-DEX 植物生长测量系统
	HPFM 植物导水率测定仪	2000 型全自动纤维素分析仪
	1101 光合蒸腾作用测定系统	原状根部取样钻
土壤因子 观测仪器	Trime-T3 土壤水分测定仪	AquaSorp 土壤等温水分特征曲线快速测量仪
	LI-8150 土壤碳通量自动测量系统	
水文因子 观测仪器	YSI Level Scout 水位跟踪者	Tiasch 干湿沉降收集仪
	DS5X 多参数水质分析仪	DIK6000 人工模拟降雨器
大气因子 观测仪器	KEC-900 大气负离子连续测定仪	LI-7700 开路式 CH_4 分析仪
	EC150 开路 CO_2/H_2O 分析仪	LAS 大口径闪烁仪
	GD80-NO_x 氮氧化物检测仪	PN1000 二氧化硫测定仪
	DUSTTRAK TM DRX 8533 粉尘仪	XLZ-300 型红外线气体分析仪
	YQ-8 多路气体采样器	
实验室常用 测定仪器	Hach DR1010 COD 测定仪	UV-3501S 紫外可见分光光度计
	K9860 全自动凯氏定氮仪	FP650 火焰光度计
	C862 电导仪	JY1600C 电泳仪
	SPECTROTEST 便携式光谱仪	BT-9300Z 激光粒度分析仪
	GGX-800 原子吸收分光光度计	FUTURA 连续流动分析仪
	BS323S 精密电子天平	LWY-84B 控温式远红外消煮炉
其他常用仪器	烘箱、冰箱、pH 计、正置生物学显微镜、手持 GPS 卫星定位系统、生长锥、树皮测量仪、植物标识系统、修剪刀、电子测角器、森林罗盘仪、蓝色测径仪、面积测量仪、土壤筛、照相机、土钻、数据采集和网络传输设备等	

气象观测设施可监测大气温湿度、风速风向、降水量、总辐射、净辐射、直接辐射、反射辐射、紫外辐射、蒸发量、土壤温度、气压等指标。

（4）地表径流场

分别在常绿阔叶林、落叶阔叶林、杉木林、毛竹林的典型林地上，建设地表径流场4个，围堰的规格为20m×5m，四周用水泥砖墙围砌，高出地面10cm，地下部分30cm，径流场下部建封闭的集水池及测量装置。

（5）测流堰

根据保护区不同海拔地带上的特殊植物群落和物种，分别在主要风景旅游区内人为干扰较多、生物多样性相对简单的区域和主要风景旅游区外人为干扰少、生物多样性和景观多样性较复杂的区域各建1个测流堰，并根据流域面积大小，设计相应的规格。

（6）水量平衡场

在标准气象观测场附近、幻住庵后的核心林内气象观测场附近及管理局附近杉木林内各建设水量平衡观测场1个，规格为25m×25m。

（7）综合观测塔

在天目山开山老殿后面的常绿落叶阔叶混交林内建造综合观测塔1个，钢架结构，塔高40m，塔上设置CAWS1000-GWS梯度自动观测系统等设备，用于观测植被的生长状况及研究植物生理和碳水通量等指标。

2.1.3.2 仪器设备建设

所需购置的仪器设备综合考虑国家对大型实验基地以及生态环境科学观测网络建设的需要、CFERN的现状及国际发展趋势、森林生态定位站区的自然特征和生态站的建设目标等，本着优先满足野外调查与观测的要求，合理安排仪器设备的购置（表2-3）。

2.1.4 研究内容

2.1.4.1 森林生态系统的格局与过程

利用遥感和定位观测相结合的方法，深入研究保护区内常绿阔叶林、针阔混交林、落叶阔叶林、针叶林和毛竹林等典型植物群落的分布、结构、稳定性与演替规律，分析植物群落中代表性物种的特征（包括年龄结构、生态位和生命表），了解群落中优势植物在动态变化中与各种群间的相互关系（尤其是种间竞争），为揭示典型森林生态系统的结构功能和演替规律提供科学依据。此外，通过对森林小气候、森林土壤、森林水文等因子的连续监测，揭示森林生态系统的变化规律。

2.1.4.2 生物多样性的演变影响因素及其保护管理措施

通过开展生物多样性及其种群动态的监测，以生物多样性演变及胁迫因子研究为基础，充分利用遥感、生态模型，结合面上考察，以点带面，分析生物多样性的时空变化规律、生物多样性与环境的关系及其面临的问题，为保护区生物多样性的保护与管理提供科学数据。同时评价各类保护工程和管理措施的实施成效及人类活动（特别是生态旅游）对动植物、昆虫物种多样性及其栖息地生境的影响，制定和及时调整相应的管理措施，提升保护区管理与决策的水平与能力。

2.1.4.3 珍稀濒危昆虫和植物的生态学调查和保护技术

对保护区珍稀保护昆虫种，如对彩臂金龟、中华虎凤蝶的分布、数量、生境进行调查，并开展其生物学习性研究，以提出相应的保护对策；此外，同样以天目山银杏、天目铁木、羊角槭、连香树、香果树、黄山梅、天目木姜子、青钱柳等特有植物为研究对象，开展珍稀植物原产地的分布和生境调查，并进行回归引种和人工引种实验，扩大研究对象的种群数量。

2.1.4.4　气候变化对流域生态水文过程的影响

从森林生态系统生态水文机理出发，在研究气候变化条件下，特别是 CO_2 浓度升高、全球气候变暖的情况下，流域范围内的温度、降水量(空间格局和季节分配)、径流量、地表蒸散量、植物耗水量等的变化，分析流域生态水文过程对气候变化的响应方式和幅度。

2.1.4.5　森林生态系统的服务功能评价

通过比较天然林、次生林、人工林不同起源的森林植被，比较常绿阔叶林、针阔混交林、针叶林等不同植被类型，比较森林植被的不同发育阶段，研究其生态服务功能，建立区域森林生态效益计量评价体系，为森林生态效益的评估、森林生态效益补偿的优化和森林的可持续经营提供依据。

2.1.4.6　公益林保育提质的关键技术

公益林的保育提质是林业可持续发展的重要议题。通过研究公益林的恢复演替规律，提出公益林保育提质的关键技术，完善公益林林种的结构和组成，提高公益林的林分质量，进而提升其涵养水源、保育土壤、固碳放氧、净化空气、保护生物多样性等生态服务功能。

2.1.4.7　森林生态系统健康状况监测

天目山森林覆盖率高，植物生长茂盛，但森林火灾和病虫害也比较严重。利用遥感、生态模型和野外长期观测技术，结合森林资源连续清查和规划设计调查等手段，监测森林生态系统的健康状况，包括森林火灾、病虫害和受污染危害状况，建立空间地理信息系统预警预报模型，并提出防控措施，保证森林生态系统的健康发展。

2.1.4.8　碳—水过程与气候变化的相互作用

亚热带森林生态系统是中国关键的碳汇区域之一，在维持区域碳平衡中具有十分重要的作用。依托地面通量观测系统，观测森林生态系统的碳—水交换过程及其与气候条件和管理措施的关系，并研究在气候变化和环境污染双重压力下森林生态系统碳—水循环的响应模式、森林生态系统与气候的互动关系，进而获得森林生态系统最优结构和森林固碳能力的关键技术。

2.1.4.9　毛竹林生态系统中碳的固定与转化

毛竹林是天目山特色植被类型之一，毛竹生长快、固碳能力强，且有较高的生态、经济和社会效益，在应对全球气候变化中有特殊作用。开展毛竹林生态系统碳储量的空间分布、单株毛竹碳素的动态变化、区域毛竹林的总生物量和碳储量、不同经营模式毛竹林生态系统的碳素积累、与杉木和马尾松林典型生态系统固碳能力比较等研究，对于应对区域和全球气候变化具有重要意义。

2.1.4.10　毛竹扩张预警及监测技术

保护区的主要保护对象是北亚热带原始植被和珍稀濒危动植物物种，而近些年保护区内的毛竹林面积正在逐年扩大，其入侵很大程度上破坏了以常绿阔叶林为代表的地带性植被，影响了生物多样性及珍稀濒危物种的保护。研究毛竹扩张预警及监测技术对限制毛竹纯林无序扩张，提升保护物种的栖息地具有重要意义。

2.1.4.11 森林生态系统对环境胁迫的响应

保护区位于全球经济发展快速增长的长江三角洲地区，城市的发展带来的环境变化，如酸雨、气溶胶辐射、大气干湿沉降、CO_2 浓度变化、城市热岛效应等，对森林生态系统产生了巨大的压力。森林生态定位站将针对这些环境胁迫因子，开展控制试验和长期定位监测，深入研究森林生态系统对于环境胁迫的响应机制和防控措施。

2.1.4.12 生态旅游对环境影响的评价

开发生态旅游是利用保护区丰富资源的主要方式，在制定合理的旅游监管规章制度、规范旅游行为的同时，动态监测生态旅游及其开发对环境质量的影响，建立旅游环境容量评价模型，开展生态旅游环境评价，以规范和提高生态旅游经营与管理的质量，实现天目山自然保护区生态环境的可持续发展。

2.1.4.13 氮沉降的时空变化及其对森林生态系统的影响

人为干扰下的大气氮素沉降已成为全球氮素生物化学循环的一个重要组成部分，大气氮沉降数量的急剧增加将严重影响陆地及水生生态系统的生产力和稳定性。研究长江三角洲地区氮沉降的时空变化特点及其对森林生态系统碳循环、氮循环和水分循环等过程的影响，才能准确预测氮沉降变化，并制定合理措施，以保证森林生态系统的健康发展。

2.1.4.14 酸雨对森林生态系统的影响

长江三角洲地区是中国主要的酸雨分布区，特别是近年来经济的高速发展，带来了酸雨频率增高、酸度加强，对该区域森林生态系统产生了巨大的影响。以天目山为监测研究基地，开展长期观测试验，揭示酸雨对森林植物体及其生理生态、功能过程等的影响，并提出森林生态系统承受酸雨的临界负荷值及预警、防治措施。

2.2 天目山站辅站

安吉县的毛竹和临安市的雷竹闻名全国，安吉现有毛竹林面积 4.98 万 hm^2，临安现有雷竹林面积 2.67 万 hm^2。竹林由于生长迅速，固碳能力十分巨大，研究发现，$1hm^2$ 毛竹的年固碳量为 5.09t，是杉木的 1.46 倍、热带雨林的 1.33 倍，因此，营造竹林对促进当地森林植被恢复、减少温室气体含量及提高农民经济收入都有一定意义。2010 年，浙江农林大学分别在安吉县山川乡毛竹现代科技园区和临安市太湖源镇雷竹园区建设了 1 个通量观测塔，其都是全球首座毛竹林和雷竹林通量观测塔，也构建起了 2 个辅站观测的基本框架体系。

2.2.1 安吉辅站

2.2.1.1 区域概况

山川乡位于安吉县南端，东界余杭区、南邻临安市，西北与该县天荒坪镇接壤，行政区域总面积 46.72km^2，下辖 7 个行政村 6018 人。境内山清水秀，环境宜人，森林面积 4251.3hm^2，省级以上公益林 1363.2hm^2，竹林面积 2154.7hm^2，其中毛竹林面积 1692.3hm^2，森林覆盖率为 88.8%，2009 年林业总产值 4630 万元，因多山多川，故名山川。建设地毛竹现代科技园区有毛竹林 1333hm^2，是全县毛竹园区的核心区，通量塔所在的位置就位于园区的中心位置(图 2-9)。

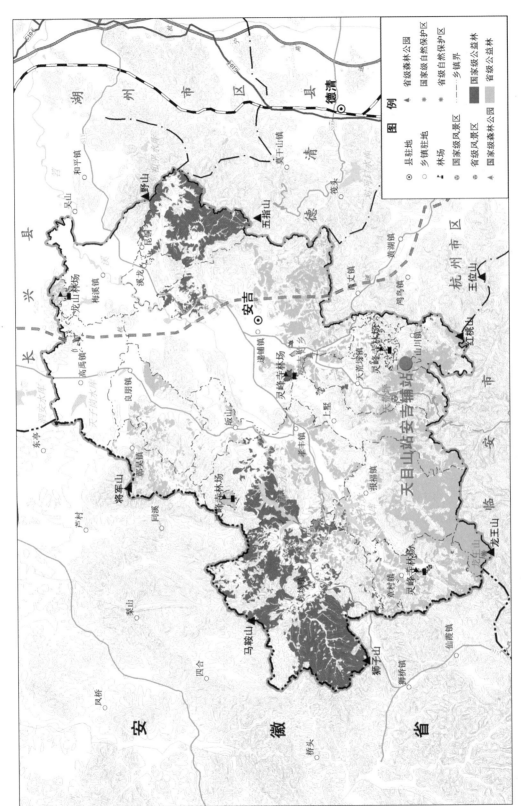

图 2-9　安吉辅站位置

2.2.1.2 仪器设备

通量观测塔高度 40m，边长 1.6m，共 20 层，塔整体钢架结构，塔旁建有试验房，用于铁塔配电、放置电脑等其他设备，整个试验地用铁网包围，面积 1444m^2。通量观测塔按高度分层安装 Campbell 开路涡动相关通量系统、CO_2 廓线观测系统和常规气象梯度观测系统(图 2-10)。

Campbell 开路涡动相关通量系统，包括 CSAT3 三维超声风速温度计和 LI-7500 红外线气体分析仪以及相匹配的数据采集系统和预处理软件等。主要观测采集传感器高度上的水平风速、垂直风速、温度、比湿和 CO_2 浓度等。

CO_2 廓线观测系统由 LI-840 红外 CO_2 气体分析仪、数据采集器及气体采集管路系统与校正控制系统构成，采集 1m、5m、7m、9m、13m、17m、19m 7 个高度的 CO_2 和水汽浓度。

常规气象梯度观测系统由 CR1000 和 AM16/32 扩展板、CR3000 数据采集器、HMP45C 温湿仪、010C 风速仪、109 土壤温度传感器、CS616 土壤湿度传感器、HFP01 土壤热通量传感器、SI-111 红外温度传感器、CNR4 净辐射仪传感器、机箱及其他备件组成。HMP45C 温湿仪、010C 风速仪分别采集 1m、7m、11m、17m、23m、30m、38m 7 个高度的温湿度和风速。109 土壤温度传感器、CS616 土壤湿度传感器、HFP01 土壤热通量传感器分别用于采集地下 5cm、50cm、100cm 的土壤温湿度和热通量，SI-111 红外温度传感器用于采集地表和冠层温度，CNR4 净辐射仪传感器用于采集天空向下的长波和短波、地面反射的长波和短波。

图 2-10　安吉辅站通量观测塔

2.2.1.3 研究内容

(1)通过涡度相关法，观测垂直风速与大气中 CO_2、水汽浓度脉动量的协方差来确定植被—大气间 CO_2 和水汽通量，其能在下垫面植被及周围环境干扰最小情况下长期观测植被—大气间的物质和能量通量，通过研究毛竹林的物质和能量通量及其影响因子，来分析毛竹林在不同时段在碳源、碳汇中所扮演的角色。

(2)通过观测毛竹林内小环境的时间空间变化，为了解毛竹林的生长规律提供数据支持。另外，监测研究数据及成果可与定位研究网络中其他站点有关毛竹林的研究进行对比，分析全省毛竹碳水循环的差异。

2.2.2 临安辅站

2.2.2.1 区域概况

太湖源镇地处临安市东北部，全镇总面积243km²，是临安市地域面积最大的乡镇，全镇耕地面积1817.13 hm²，山林面积1.82万 hm²，森林覆盖率79.1%。通量观测塔建设地太湖源雷竹园区中雷竹林占绝大多数，面积为866.67hm²，周围少有水稻田和杉木（图2-11、图2-12）。

2.2.2.2 仪器设备

雷竹林通量观测塔总高度20m，边长1m，共10层，塔整体钢架结构，塔旁建有试验房，样地用栏杆围成，面积为484m²。仪器配置与安吉辅站基本相同，也包括Campbell开路涡动相关通量系统、CO_2廓线观测系统和常规气象梯度观测系统，三套系统30min数据均由串口所连接的无线模块无线传输到浙江农林大学生态实验室。

通量塔主要观测雷竹林地气交界面附近的辐射通量、能量通量、物质通量、土壤热通量和气象要素等。另外，实验观测内容还包括雷竹林的经营、雷竹林的施肥以及林间小气候。

图2-11 临安辅站通量观测塔

2.2.2.3 研究内容

主要研究区域内雷竹林碳水通量过程的时空变化特征、雷竹林碳水通量过程对环境因素的响应机制、雷竹林碳源/汇的时空分布特征、雷竹林系统对中国碳循环的影响以及雷竹林高度集约经营的碳储量变化等。通过研究为正确估算雷竹林的固碳能力、探讨雷竹林参与全球碳收支的响应变化提供依据，最终将该通量观测站点建设成为符合国际标准的、多学科的综合观测平台。

综上所述，两辅站观测结合了两地的气候环境特点、人为因素影响及毛竹和雷竹的各自生长特性，对毛竹林、雷竹林林内小气候、碳水通量、年固碳量、固碳能力等进行观测研究，可为中国竹林乃至森林碳汇提供重要的资料和数据，提升中国在国际气候谈判中的地位。

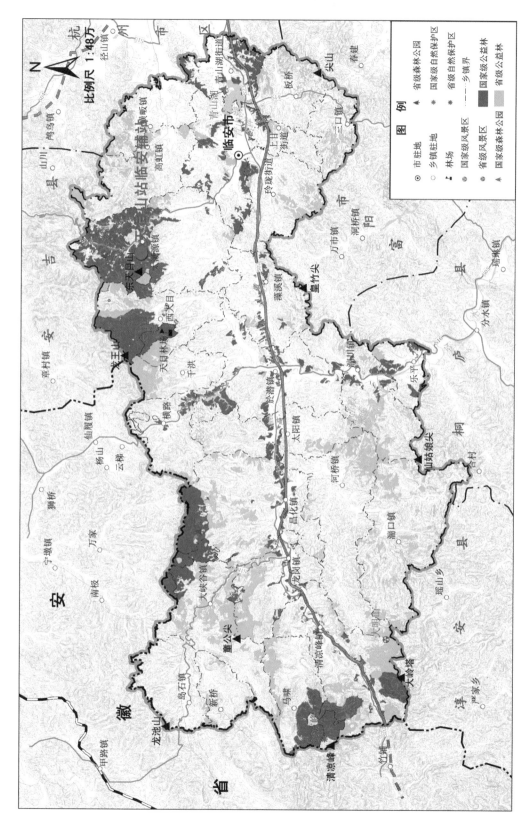

图 2-12　临安辅站位置

3

STATE-LEVEL FOREST ECOSYSTEM RESEARCH STATION OF FENGYANG MOUNTAIN

凤阳山国家级森林生态定位站

　　凤阳山国家级森林生态定位站是华东南丘陵山地常绿阔叶林、针叶林和毛竹林区的典型站点,建在凤阳山国家级自然保护区内。凤阳山是江浙第一高峰,森林植被垂直带谱明显、类型多样。本章详细介绍了其建设地概况、建设目标、建设内容及其主要研究内容。

凤阳山国家级森林生态定位站建设地凤阳山国家级自然保护区是典型的中亚热带森林生态系统类型的保护区，因其独特的地理位置和良好的生态环境，孕育了茂密森林，蕴藏着丰富的生物资源，且区域内生物区系古老、珍稀动植物资源丰富，保留着较为完整的中亚热带森林植被垂直分布序列，具有天然"本底性"等特点，素有"华东古老植物摇篮"之美誉，是《中国生物多样性保护行动计划》的重点实施区域之一。通过建设凤阳山站，在典型区域、重要区域开展的相关观测研究，对弥补中国在该区域定位研究数据的空缺，完善中国森林生态系统定位研究网络体系，为国家、浙江省区域生态环境建设、维护生态安全和经济社会的可持续发展都具有重要的意义。

3.1 建设区概况

3.1.1 自然地理特征

3.1.1.1 地理位置

保护区位于浙江省龙泉市南部，属洞宫山系，由福建武夷山脉向东伸展而成，处于东经119°06′~119°15′、北纬27°46′~27°58′之间，与龙泉市屏南镇、龙南乡、兰巨乡及庆元县百山祖乡毗邻，并与南部的庆元县百山祖自然保护区连为一体，称之凤阳山—百山祖国家级自然保护区。其是浙江省最大的自然保护区，也是重点公益林分布有代表性的区域之一（图3-1）。

3.1.1.2 地形地貌

保护区由华夏古陆华南台地闽浙地质演变而成，地史古老，基岩为侏罗纪火成岩，由流纹岩、凝灰岩及少量石灰岩组成。区内地形复杂，群峰峥嵘，峡谷峻峭，沟壑交错。矗立在保护区核心地段的黄茅尖，海拔1929m，是江浙第一高峰。保护区山脉从西南向东北走向，西南坡高峻陡险，切割甚烈，东北坡岭峦起伏较缓，切割浅。沟谷切深一般在600~800m，山地坡度在30°~35°，峡谷坡度达50°，悬岩峭壁见多。复杂的地貌特征形成了多样的生态小环境，为物种生存提供了极佳的环境，保存了大量孑遗植物，如百山祖冷杉等。

3.1.1.3 气候特征

保护区位于亚热带温暖湿润气候区，受海洋性季风气候的影响较大，四季分明、温暖湿润、雨量充沛，由于地形作用，其水、温、光、热地域差异显著，气候资源丰富。年平均气温为12.3℃，最冷月1月平均气温为2.4℃，最暖月7月平均气温为21.2℃，极端最高气温30.4℃，极端最低气温-13.0℃，年温差20℃左右；年平均降水量为2325mm，降雨充沛，很少有干旱发生，雨季集中在4~6月，3个月的平均降水量为1119mm，占全年降水量48%以上，7~9月的平均降水量为599mm，10月到次年2月平均降水量也有607mm；年蒸发量1171mm，平均相对湿度80%；年日照1515.5h，年平均总辐射约为80kcal·cm^{-2}（1kcal=4.2J，下同），随海拔高度的升高而减少；以最低气温≤0℃为结冰日计，平均结冰天数为55d，1月平均结冰有16d，12月有14d（表3-1~表3-2）。

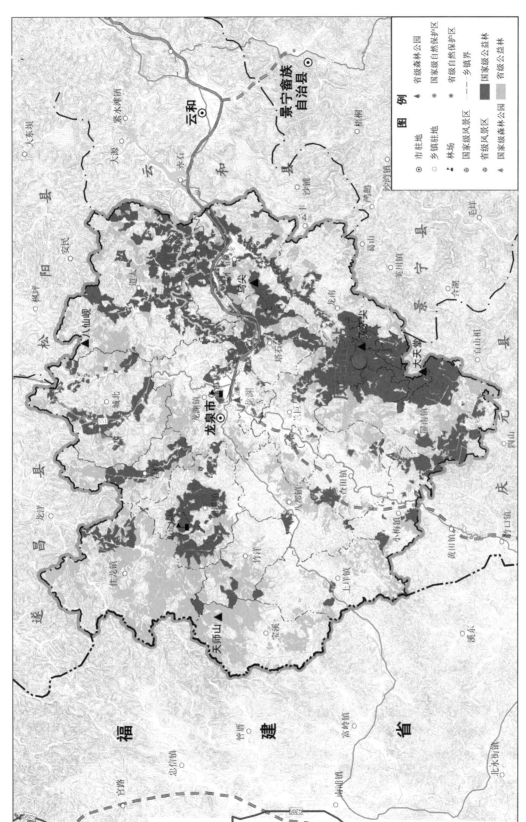

图 3-1 凤阳山站位置

表 3-1 保护区年、月平均气温随海拔高度的变化

地 点	海拔(m)	平均气温(℃)												
		1	2	3	4	5	6	7	8	9	10	11	12	平均
大赛	290	5.5	7.2	11.5	17.2	21.2	23.9	26.8	26.4	23.3	17.9	12.5	7.5	16.7
垟兰头	520	5.1	6.2	10.6	16.1	20.0	22.6	26.0	25.3	22.5	17.2	12.0	6.8	15.9
山头	810	4.3	5.2	9.4	14.8	18.5	21.1	24.5	23.6	21.1	16.0	10.9	5.9	14.7
炉岙	1030	3.7	4.5	8.6	13.9	17.5	20.1	23.3	22.3	19.9	14.9	10.0	5.7	13.7
大田坪	1260	2.6	3.3	7.4	12.7	16.2	18.8	21.8	20.7	18.4	13.6	8.6	4.5	12.4
凤阳庙	1440	2.4	2.8	6.8	11.9	15.3	17.8	21.2	19.9	17.7	13.0	8.3	4.4	11.8

表 3-2 保护区平均降水随海拔变化的分布

海拔 (m)	平均降水量(mm)					
	年		4~6月		7~9月	
	东北	西南	东北	西南	东北	西南
300	1548	1771	702	885	421	379
400	1587	1809	716	898	438	396
500	1625	1848	736	912	455	413
600	1664	1887	743	925	472	430
700	1703	1926	757	939	489	447
800	1741	1964	771	953	506	464
900	1780	2003	784	966	523	481
1000	1819	2042	798	980	540	498
1100	1858	2080	812	994	557	515
1200	1896	2119	825	1007	574	532

3.1.1.4 土壤类型

保护区土壤仅有一个土类——黄壤，一个亚类——黄壤，一个土属——山地黄泥土，两个土种——山地黄泥土及少许山地香灰土。由于保护区的山地多处于1000m以上，随着海拔增高，地形雨增加，终年云雾弥漫，大气及土壤湿度增加，次生黏土矿物水化，生成水化氧化铁，致使土体发黄，在气候和生物综合作用下发育为山地黄壤土壤。保护区自然植被保存比较好，有机质积累较多，土层厚，林地生产力较高，土壤质地为中壤土，土层厚度一般在60cm左右，有枯枝落叶层1~2cm，有表土层10~20cm，pH值为4.5~5.5，有机质平均含量60%，全磷平均含量0.025%，全氮平均含量0.22%。

3.1.1.5 水文条件

保护区森林覆盖率高，涵养水源能力强，地表水系发达，溪流呈放射状向四周分流，无外来水流，其河流均属瓯江水系。瓯江为浙江省第二大江，其发源于庆元、龙泉两县市交界的百山祖锅帽尖。洞宫山主脉为瓯江主要支流大溪和小溪的分水岭，主脉西北侧溪流分别经大赛溪、均溪后汇入大溪，大溪源于保护区小天堂；主脉东南侧溪流经双溪由景宁县茶堂注入小溪。

3.1.2 森林资源概况

3.1.2.1 林地资源

保护区总面积 15 171.4hm²，其中林业用地面积 14 416.2hm²，非林业用地面积 755.2hm²；林业用地中国有山林 4245.2hm²，集体山林 10 926.2hm²；森林覆盖率为 96.0%，活立木总蓄积量为 145.9 万 m³(表 3-3，图 3-2 ~ 图 3-3)。

表 3-3 保护区林业用地地类划分

一级	二级	三级	面积(hm²)
有林地	乔木林	纯林	3058
		混交林	10660
	竹林		763.33
灌木林地	国家特别规定的灌木林地		186.13
	其他灌木林地		33
宜林地			0.2
无立木林地			50.33
苗圃地			7.5
辅助生产用地			2.2

3.1.2.2 植物资源

保护区共有苔藓植物 66 科 170 属 368 种，其中苔类植物 118 种，隶属于 25 科 45 属；藓类植物 250 种，隶属于 40 科 125 属。有蕨类植物 36 科 73 属 203 种，分别占浙江省蕨类植物科、属、种总数的 73.4%、62.9%、38.8%。有种子植物 164 科 666 属 1464 种 13 亚种 112 变种和 6 变型，其中裸子植物 7 科 18 属 19 种及 3 变种，双子叶植物 134 科 503 属 1042 种 13 亚种 91 变种及 5 变型，单子叶植物 23 科 145 属 272 种 18 变种及 1 变型。

保护区内保存着稀有、濒危的珍贵植物，被列入《中国珍稀濒危保护植物名录(第一册)》的有 24 种，属国家二级重点保护野生植物有白豆杉(*Pseudotaxus chienii*)、华东黄杉(*Pseudotsuga gaussenii*)等 8 种；属国家三级重点保护野生植物有南方铁杉(*Tsuga chinensis* var. *tchekiangensis*)、黄山木兰(*Magnolia cylindrica*)等 16 种。被列入《国家重点保护野生植物名录(第一批)》的有 21 种，属国家一级重点保护野生植物的伯乐树(*Bretschneidara sinensis*)、红豆杉(*Taxus mairei*)、南方红豆杉(*Taxus chinensis* var. *mairei*)3 种；属国家二级重点保护野生植物的有香果树、福建柏(*Fokienia hodginsii*)、白豆杉等 18 种。

保护区经济植物共 5 大类计 290 种，占保护区高等植物总数的 23%。其中油料植物(包括工业用油及食用油)计 90 种，芳香油植物 41 种，鞣料植物 46 种，淀粉植物 66 种，纤维植物 46 种。保护区不仅是浙江省药用植物主要基因库，也是药用植物引种栽培试验基地，共有药用植物 96 科 211 属 310 种，在这些药用植物中有珍贵的天麻(*Gastrodia elata*)、党参(*Codonopsis pilosula*)、鸡爪黄连(*Coptis chinensis*)、广木香(*Saussurea costus*)等。

图 3-2　保护区卫星遥感影像

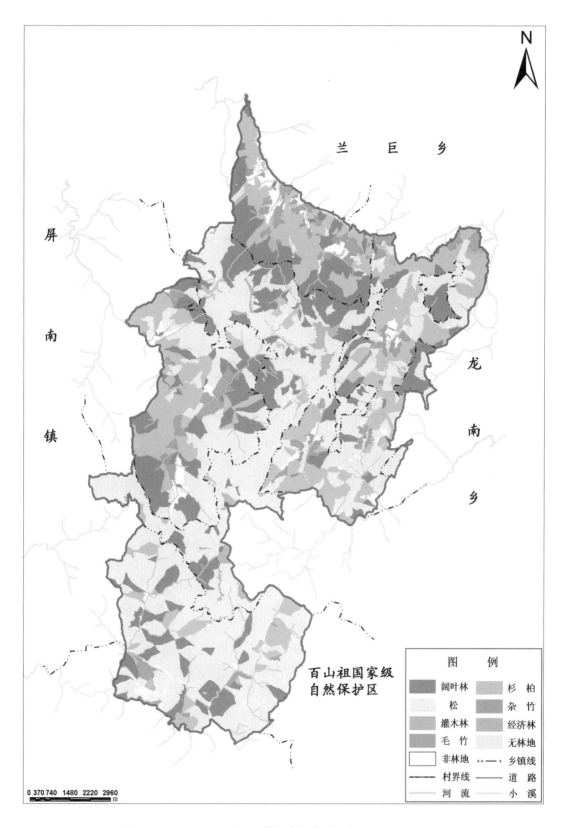

图3-3　保护区森林资源分布

在全国植被分区中，保护区属中亚热带常绿阔叶林南部亚地带，地带性植被为亚热带常绿阔叶林。森林植被的垂直带谱明显，有针叶林、针阔混交林、常绿落叶阔叶混交林、常绿阔叶林、山地矮曲林、竹林、灌丛、草丛等6个植被型组11个植被型21个群系组和27个群系。在将军岩、小黄山、石梁岙大湾和凤阳山下山岙等海拔1300m以下地区，保存有比较完整的常绿阔叶林类型；暖性针叶林类型则以天然黄山松为主（包括黄山松矮林），广布于海拔900~1750m之间，是保护区分布最广的一个群落（表3-4）。

表3-4　保护区主要森林植被类型的特点

主要植被类型	典型群系或群组	优势种和次优势种	分布
针叶林	黄山松林 福建柏林	黄山松、福建柏	海拔800~1600m之间的山脊及其周围
针阔混交林	黄山松阔叶混交林 福建柏阔叶混交林	黄山松、福建柏、木荷、多脉青冈、褐叶青冈	海拔1200~1750m之间的山坡中部和中上部
常绿落叶阔叶混交林	亮叶桦常绿阔叶混交林	亮叶桦、木荷、短尾柯、多脉青冈、硬斗石栎	海拔1200~1650m之间沟谷地带
常绿阔叶林	褐叶青冈、木荷林 多脉青冈、木荷林	褐叶青冈、木荷、多脉青冈	海拔1300~1650m之间的山坡中部和中下部
山顶矮曲林	猴头杜鹃林	猴头杜鹃	海拔1400m以上的山体或悬崖峭壁顶部

3.1.2.3　动物资源

从浙江省动物的区域地理来看，保护区属于东洋界的北缘，与古北界接近，动物分布兼有南北两个界的种类。据调查，保护区共有哺乳动物62种，隶属于8目23科，如华南虎、金钱豹、云豹、大灵猫、小灵猫、水獭、苏门羚（*Capricornis sumatraensis*）、黄麂（*Muntiacus muntjak*）、黑白飞鼠（*Hylopetes alboniger*）、穿山甲等。鸟类121种，隶属于10目35科，如赤腹鹰、竹鸡（*Bambusicola thoracica*）、小隼（*Pied falconet*）、小白腰雨燕（*Apus affinis*）、绿翅短脚鹎（*Hypsipetes mcclellandii*）、红尾伯劳（*Lanius cristatus*）、红嘴相思鸟（*Leiothrix lutea*）、黄腹角雉、白鹇等。爬行动物49种，隶属于3目9科32属，如蓝尾石龙子（*Eumeces elegans*）、脆蛇蜥（*Ophisaurus harti*）、王锦蛇（*Elaphe carinata*）、颈棱蛇（*Macropisthodon rudis*）、小头蛇（*Oligodon chinensis*）等。两栖动物32种，隶属于2目7科19属，如挂墩角蟾（*Megophrys kuatunensis*）、黑眶蟾蜍（*Bufo melanostictus*）、阔褶蛙（*Rana latouchii*）、天台蛙（*Rana tientaiensis*）等。鱼类46种，隶属于4目9科37属，如银鮈（*Xenocypris argentea*）、厚唇鱼（*Acrossocheilus labiatus*）、鳗鲡（*Anguilla japonica*）等。

区内被列入《国家重点保护野生动物》名录的珍稀动物53种，其中，属一级保护的有8种，如华南虎、金钱豹、云豹、黄腹角雉等；二级保护的有45种，如大灵猫、小灵猫、苏门羚、水獭、赤腹鹰、穿山甲、小隼、白鹇等。

保护区昆虫种类多、数量大，有昆虫18目152科722属982种1亚种。占优势的种类有鳞翅目的有蝶类、夜蛾科、尺蛾科、毒蛾科、天蛾科，膜翅目的姬蜂科、茧蜂科；鞘翅目的有瓢虫科、天牛科、金龟子科，双翅目的食蚜蝇科、寄蝇科，半翅目的蝽科、缘蝽科、猎蝽科，直翅目的蝗科、螽斯科，同翅目的蝉科、叶蝉科等。

3.1.3 经济社会条件

3.1.3.1 区域经济社会情况

龙泉市地处浙江省西南部,是一个九山半水半分田的典型林区县。2009 年全市实现地区生产总值 51.03 亿元,其中第一产业实现增加值 8.7 亿元,第二产业实现增加值 21.84 亿元,第三产业实现增加值 20.49 亿元,三次产业结构为 17.1:42.8:40.1。全市财政总收入 4.07 亿元,其中地方财政收入 2.49 亿元。全市总人口 28 万人,人均生产总值 17 855 元。

3.1.3.2 站区经济社会情况

保护区交通方便,距离龙泉市区 49km,到凤阳湖、乌狮窟等保护站点都已经通车。保护区集体林涉及到 3 个乡镇 25 个行政村,有兰巨乡的大赛、官田、官埔样、炉岙、梅地 5 个村,龙南乡的叶村、安和、双溪、荒村、五星、麻连岱、梅七、后岙等 9 个村,屏南镇的均益、横溪、张砻、南溪口、干上、南洋、南溪、东山头、塘山等 11 个村。保护区的经济收入主要依靠公益林森林生态效益补偿资金、旅游收入以及事业经费。

气象自动观测站　　　　　　　　　　空气质量监测站

水文自动观测站　　　　　　　　　　视频监控设备

图 3-4　保护区现有监测设施

3.1.4 科研工作现状

保护区现有拥有 1 个气象自动观测站、1 个空气质量监测站、1 个水文自动观测站、8 个红外监测点、1 个 1hm^2 植物多样性固定样地和多条动物监测样线等监测设备和样地(图 3-4)。

保护区是华东地区生物类院校开展科学研究和教学实习的重要基地,近年来的科研成果主要有：与上海自然博物馆合作，对保护区动物资源进行调查，发现国家二级保护鸟类凤头鹃鹉新分布；与华东师大合作，对苔藓资源进行调查，发现了凤阳山耳叶苔、凹瓣细鳞苔、苏氏冠鳞苔3种苔藓植物新种；与浙江农林大学合作开展"凤阳山观赏植物资源及物候期调查与研究"；与浙江医药科学院合作，对铁皮石斛进行试管苗繁殖栽培研究；编写并出版了《凤阳山自然资源考察与研究》、《浙江凤阳山昆虫》、《珍稀濒危树种繁育技术》。

3.2 建设目标

通过3个阶段的建设，即近期（2011~2012年）以基础设施建设重点，以保证基本的野外定位观测为目标，配备基本观测仪器设备和能够熟练掌握数据观测、仪器设备操作的人员，全面开展各项指标的观测，使森林生态定位站具备森林水文、土壤、气象和生物等方面的长期定位观测的要求，为CFERN提供基础研究数据。

中期（2013~2015年）通过继续充实定位研究软硬件设施，整合相关学科的优势力量形成创新性研究团队，全面开展各项指标的观测研究，争取在山地森林生态系统服务功能和森林健康研究方面取得一定优势和特色，达到国内同类研究的先进水平。

长期（2016~2020年）则通过不断规范完善观测指标体系，配备先进的观测仪器，提高森林生态系统定位研究水平，补充和完善基础数据库，争取在森林碳汇、生物地球化学循环、水量平衡等方面处于国内领先地位。至2020年，将其建设成国内设施设备、研究水平一流，集科学研究、人才培养、国际交流、成果示范为一体的多功能平台，使其成为中国森林生态定位站的典范，为浙江省乃至国家的生态环境建设和经济社会的可持续发展提供科学依据。

3.3 建设内容

3.3.1 基础设施建设

3.3.1.1 综合实验楼

综合实验楼设在凤阳山大田坪，砖混结构，建筑面积为 $500m^2$，设数据分析室、资料室、化学分析实验室、实验准备室和实验人员办公室和宿舍等。

3.3.1.2 森林群落监测样地

按照不同森林群落类型，设立固定样地28个，每种类型设置1~3个，规格为 $50m \times 50m$。另外，还建设1个 $6hm^2$ 的永久性固定大样地。

3.3.1.3 气象观测设施

在大田坪附近建设地面气象观测场1个，规格为 $25m \times 25m$，观测场内设置标准自动气象站等监测设备；并选择常绿阔叶林、落叶阔叶林、人工林生态系统，在每个植被类型内分别建设1个森林小气候观测场，规格均为 $16m \times 20m$，观测场内设置美国Campbell自动气象站等设备。

3.3.1.4 地表径流场

在常绿阔叶林、常绿落叶阔叶混交林、针阔混交林和针叶林内，建设地表径流场4

个，围堰的规格均为 $20m \times 5m$。

3.3.1.5 测流堰

选择常绿阔叶林和针阔叶混交林地小流域区，修建 2 个测流堰，规格根据流域面积大小设计。

3.3.1.6 水量平衡场

建设水量平衡场 2 个，规格为 $25m \times 25m$。

3.3.1.7 综合观测塔

在地势较高处，建钢架结构的综合观测塔 1 个，塔高 40m，塔上设置 CAWS1000-GWS 梯度自动观测系统等设备。

3.3.2 仪器设备建设

购置的仪器设备是根据凤阳山站的现状、监测研究及其发展需要提出的，尽量利用先进的、数字化的仪器设备，以实现数据采集、存储和传输的自动化(表 3-5)。

表 3-5 主要购置的仪器设备

类型	仪器名称	
气象因子观测仪器	标准自动气象站	CAWS1000-GWS 梯度自动观测系统
	Campbell 自动气象站	
植物因子观测仪器	LAI-2200 植物冠层分析仪	TDP 插针式植物茎流计
	VERTEX 超声测高、测距仪	LA-S 型植物年轮分析系统
	LI-6400XT 便携式光合仪	Imaging-PAM 叶绿素荧光成像系统
	WP4-T 露点水势仪	Dynamax 包裹式植物茎流测量系统
	TCR 全站仪	Dynamax-DEX 植物生长测量系统
	TRU 树木雷达检测系统	2000 型全自动纤维素分析仪
	HPFM 植物导水率测定仪	1101 光合蒸腾作用测定系统
	原状根部取样钻	
土壤因子测定仪器	Trime-T3 土壤水分测定仪	AquaSorp 土壤等温水分特征曲线快速测量仪
	LI-8150 土壤碳通量自动测量系统	Lysimeter/KL2 自动称重蒸渗仪
水文因子观测仪器	DIK6000 人工模拟降雨器	Tiasch 干湿沉降收集仪
	Odyssey 自动水位记录仪	DS5X 多参数水质分析仪
大气因子观测仪器	KEC-900 大气负离子连续测定仪	LI-7700 开路式 CH_4 分析仪
	EC150 开路 CO_2/H_2O 分析仪	XLZ-300 型红外线气体分析仪
	YQ-8 多路气体采样器	

（续）

类型	仪器名称	
实验室常用测定仪器	Hach DR1010 COD 测定仪	UV-3501S 紫外可见分光光度计
	K9860 全自动凯氏定氮仪	FP650 火焰光度计
	C862 电导仪	JY1600C 电泳仪
	BT-9300Z 激光粒度分析仪	FUTURA 连续流动分析仪
	GGX-800 原子吸收分光光度计	LWY-84B 控温式远红外消煮炉
	PCR 仪以及相关试剂	BS323S 精密电子天平
其他常用仪器	手持 GPS 卫星定位系统、正置生物学显微镜、冰箱、恒温震荡器、数显生化培养箱、气浴高压灭菌锅、离心机、pH 计、森林罗盘仪、烘箱、冰箱、蒸馏水器、土钻、环刀、土壤筛、移液枪、照相机、数据采集和网络传输设备等	

3.4　研究内容

以长期定位观测为基础，运用国内外先进的观测技术、方法及与森林生态系统有关的理论知识，主要对森林生态系统的群落特征、气象、环境、土壤、水文以及生态系统的健康与可持续发展等指标进行观测研究。

3.4.1　森林生态系统的格局与动态

通过在森林群落内设置固定样地，结合遥感、数值模拟等手段，获取森林生态系统的植被、气象、水文和土壤等因子的数据信息，重建长时间序列流域植被特征参数，揭示森林生态系统在水分、温度及海拔梯度上的分布格局与响应规律。

3.4.2　中亚热带山地森林群落的演替规律

凤阳山山地地形多变，孕藏丰富物种资源，具有较高的生物多样性，森林群落结构复杂。通过定位观测揭示中亚热带山地森林植物群落自然演替规律，探讨演替过程中群落随空间、时间的结构变化，研究影响群落结构和组成的环境因子和演替的驱动因素。

3.4.3　流域水文和土壤侵蚀的模拟

凤阳山为三江之源（瓯江、闽江和钱塘江）、水流三州（杭州、温州、福州），利用 MIKESHE、WEPP 和 HEC-HEM 等模型模拟凤阳山的水文径流，并对植被变化敏感性进行分析，为区域饮水安全提供决策依据。利用 USLE 和 FUSLE 等模型模拟不同植被类型的土壤侵蚀，为区域土壤侵蚀控制、植被恢复提供关键技术。同时依托野外观测研究，探索构建适合浙江省实际的水文及土壤侵蚀模型。

3.4.4　森林植被的生态水文功能

通过开展森林植被物种、结构与资源状况的调查与分析，获得水文、水资源对森林植被的响应关系，为森林的生态效益的研究夯实基础；通过开展森林植被对水环境影响及其调控机理的研究，阐明植被时空变化对水资源数量与质量的影响，探索森林植被生态学过程与水文学过程的尺度转换技术。

3.4.5 森林固碳能力的观测与评价

运用材积源生物量法（BEF）、生物量和生产力样地实测法（NPP）、涡度相关通量观测法（NEE）等方法，系统研究森林碳储量及年际动态变化，探索森林固碳能力的环境响应机理，比较分析 BEF、NPP、NEE 三种方法在研究森林碳收支中的差异；另外，获取森林的碳平衡与碳汇数据，分析森林生态系统 CO_2 流量在时间和空间上的变化，量化和对比分析区域内碳收支与碳平衡特征，开展固碳效益的集成观测与评价技术研究。

3.4.6 碳、氮、水耦合循环过程及其对环境变化的响应

人类活动导致的大气氮沉降增加、温度和降水的空间格局和时间分配的改变正严重影响着森林生态系统碳、氮、水循环过程及其各通量组分间的平衡关系，因此，利用涡度相关观测和其他实验方法，分析森林生态系统中土壤、植物、大气的碳、氮、水的耦合循环过程，研究碳、氮、水其对环境变化的响应，寻求其适应性和动态变化规律。

3.4.7 森林生态系统服务功能评价

随着中国以生态建设为主的林业发展战略的全面实施，实施森林生态系统服务功能评价，对中国林业更快、更好的发展具有重要意义。在对森林资源及生态状况监测结果的基础上，通过建立评价体系和模型，对森林的涵养水源、固土保肥、积累营养物质、净化大气环境、森林防护、生多样性保护、森林游憩等功能进行综合评价，并定期向社会发布公报。

3.4.8 人为干扰对森林生态系统健康状况的影响

通过研究典型森林生态系统的组成、结构及其功能，分析立地因子与林木生长发育、生理生态特性的关系，着重开展生态旅游对森林生态系统的影响研究，包括对大气、水体、动植物等资源的影响，分析不同人为干扰强度对森林生态系统稳定性影响的相互作用机制，在此基础上，建立评价指标体系，对森林生态系统的健康状况进行评价。

3.4.9 森林生态系统可持续发展经营技术

研究森林生态系统对旅游、火灾、病虫害、营林活动等干扰因素的反应，总结出森林可持续发展的原则和标准，并建立具有指导意义的森林可持续发展试验区，重点解决新形势下森林生态学经营的理论与技术，增强林业部门的管理能力和技术水平。

3.4.10 苔藓植物生态学特性及其与环境的关系

苔藓植物结构简单，有特殊的生理适应机制，对环境因子的反应十分敏感，被广泛应用环境变化的指示生物。通过对苔藓植物的分布、多样性与环境（海拔、地形、温度、光照、水分、乔木郁闭度和高度等）关系的研究，为苔藓植物的多样性保护和生态系统的恢复提供重要的理论依据。

3.4.11 珍稀濒危植物保护、维持和调控

对保护区的百山祖冷杉、红豆杉、白豆杉等珍稀植物定期进行每木调查，记录其现状、分布、生境等，针对其生存状况及致危原因提出相应的保护措施，研究珍稀濒危植物保护生态学机制和技术，探索其在人工辅助下的近自然恢复趋势与规律，达到拯救、保护、开发和合理利用珍稀濒危植物资源的目的。

3.4.12 红豆杉利用技术研究

紫杉醇最早是从短叶红豆杉的树皮中分离出来的抗肿瘤活性成分，紫杉醇能与微量蛋白结合，并促进其聚合，抑制癌细胞的有丝分裂，有效阻止癌细胞的增殖。因此，研究紫杉醇的生物合成，对于人为定向的提高合成效率及克隆组合，形成关键的酶的基因，提高紫杉醇的产量意义重大。

3.4.13 百山祖冷杉群落动态及演替规律

百山祖冷杉是冷杉属中个体数量最少的幸存者，是中国特有的古老孑遗植物，已被列为世界上最濒危的 12 种植物之一，为更好的保护和拯救这一濒危植物，通过研究其所处群落的特征，包括群落的结构、物种多样性、群落演替规律与稳定性，分析群落结构中百山祖冷杉与其他优势种群的年龄结构、生命表曲线、死亡曲线、亏损度曲线、危险率函数曲线以及生态位等，深入了解群落中百山祖冷杉与各优势种群间的相互关系，尤其是种间竞争，找出主要竞争和潜在竞争者，预测各种群的更新状况和发展趋势。

3.4.14 野生动物监测及保护管理评价

采用样线监测的方法，对保护区内的野生动物物种多样性及其种群动态进行长期监测，并评价各类保护工程和管理措施的实施成效及人类活动对物种多样性及其栖息地生境的影响，为保护区野生动物的保护与管理提供基础数据，从而能及时制定和调整相应的管理措施，提升保护区管理与决策的水平与能力。

3.4.15 保护区可持续发展的旅游管理

建立保护区是保护自然资源和生态环境最重要、最有效的手段，但是就现阶段来看，保护区的可持续发展离不开生态旅游，而旅游的发展也不可避免的对环境产生消极影响，如何平衡生态保护和合理开发两者之间的关系，使旅游业能促进区域的环境保护是管理者面临的重大课题。通过旅游对保护区生态环境的影响、生物多样性和生态系统的影响、管理和基本设施的影响的深入研究，制定出一套科学合理的管理体制和办法，提升保护区旅游管理水平。

4

STATE-LEVEL FOREST ECOSYSTEM RESEARCH
STATION OF QIANTANG RIVER SOURCE

钱江源国家级森林生态定位站

　　钱江源国家级森林生态定位站是华东南丘陵低山常绿阔叶林、针阔混交林及杉木林区的典型站点。建有1个主站和2个辅站，主站位于钱江源国家森林公园内，辅站分别位于建德市新安江林场铜官分场和富阳市的庙山坞自然保护区。本章详细介绍了其建设地概况、建设目标、建设内容及其主要研究内容。

钱江源国家森林公园（钱塘江的发源地——开化县）处于中亚热带和北亚热带的过渡区，该区域内的温度、水分以及其他气象要素水平呈梯度变化，是森林植被类型变化的生态交错区。区内物种丰富，区系复杂，既有北亚热带地带性植被特色，又有中亚热带植被特点，不仅分布着亚热带常绿阔叶林，还有常绿落叶混交林、落叶阔叶林以及大面积以松、杉、竹为主的人工林。钱江源国家级森林生态定位站主站就坐落于此，是开展气候过渡地区森林生态系统内在结构、动态过程观测和研究的理想区域。钱江源站另有富阳辅站和建德辅站。

钱江源站主站设于开化县开化林场齐溪分场，观测研究的主要植被类型包括常绿阔叶林、杉木林和经济林，主要对调水、理水型低山水源涵养林生态系统的结构和功能、中—北亚热带气候过渡带森林生态系统过程和格局进行研究；建德辅站设于建德市新安江林场铜官分场，观测研究的主要植被类型为常绿阔叶林、常绿落叶阔叶混交林和松林，主要侧重于对库区水土保持、水源涵养林生态系统结构、功能和效益的长期监测。富阳辅站设于富阳市庙山坞自然保护区，观测研究的主要植被类型包括常绿阔叶林、灌丛和竹林，其侧重于对城市近郊森林生态系统水文生态过程以及水质改善效益进行长期监测和研究，并开展丘陵地区天然次生林和低效人工林恢复生态学研究。从总体上来看，"一主两辅"的布局构建了以钱江源地区为监测中心，覆盖整个钱塘江流域的森林生态系统观测研究体系。

4.1 建设区概况

4.1.1 自然地理特征

4.1.1.1 地理位置

钱塘江流域介于东经117°37′12″~121°52′12″、北纬28°10′12″~30°28′48″之间。钱塘江是中国东南沿海地区的主要河流之一，是浙江省最大的河流，流域总面积5.56万km²，其中浙江省境内面积4.51万km²，占全省陆域面积的47%（图4-1~图4-3）。

开化林场位于浙江省西部边境的开化县境内，开化县北邻安徽休宁县，西部与江西婺源、德兴、玉山三县毗连，东北、东南分别与浙江省的淳安县、常山县接壤。林场地理坐标为东经118°01′~118°38′、北纬28°54′~29°30′，总面积12 667hm²，海拔160~1453m。

新安江林场位于建德市西部的新安江街道、钱塘江流域中游的千岛湖库区。林场北至黄岩尖，东起白沙大桥，西至千岛湖芹坑源，南至龙门头，地域成月牙形。地理坐标为东经118°34′~119°15′、北纬29°22′~29°50′，总面积3568hm²，海拔160~1157m。

富阳庙山坞自然保护区地处杭州市西郊的富春江畔，地理坐标为东经119°56′~120°02′、北纬30°03′~30°06′，属浙西低山丘陵区天目山系余脉，总面积817hm²，海拔20~536m。山体主脉呈东西走向，构成该林区与其他相邻单位的分界线。

4.1.1.2 地形地貌

钱塘江流域地形地貌复杂，山地和丘陵占70%，平原和盆地占20%，河流和湖泊占10%。流域地势西南高、东北低，除东北角干流入海处外，其余全为中、低山构成的分水岭所包围。

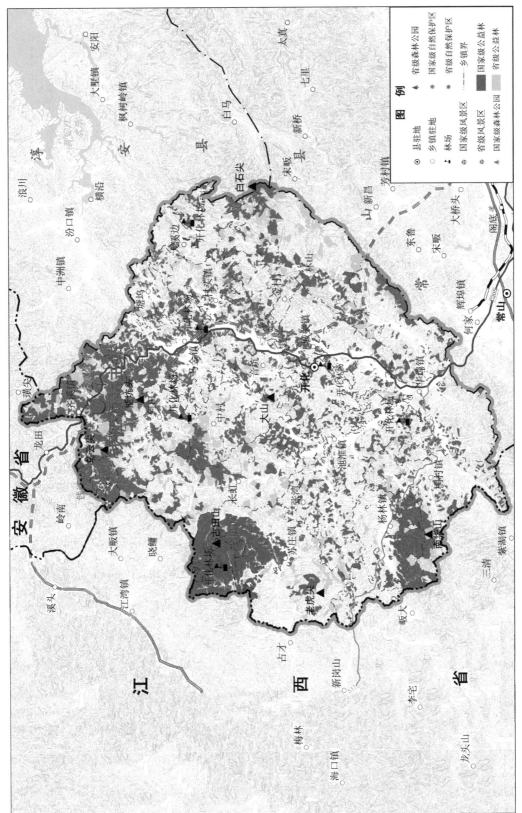

图 4-1 钱江源主站位置

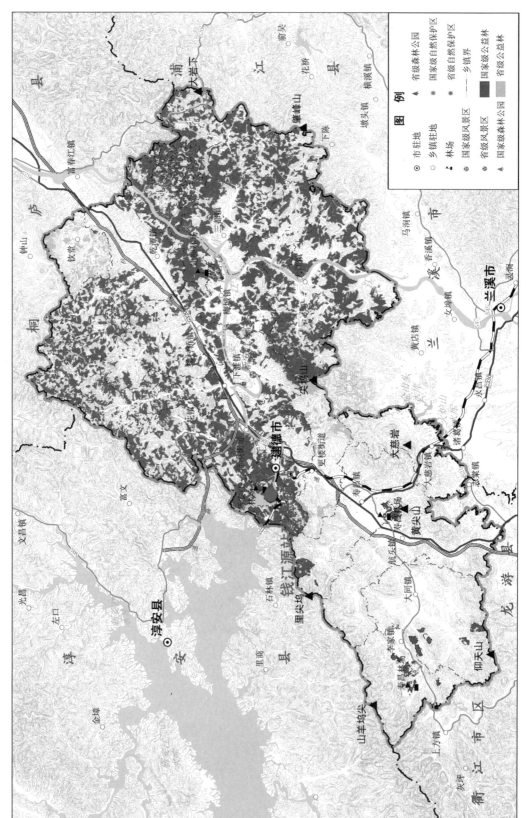

图 4-2 建德辅站位置

4 钱江源国家级森林生态定位站

STATE-LEVEL FOREST ECOSYSTEM RESEARCH STATION OF QIANTANG RIVER SOURCE

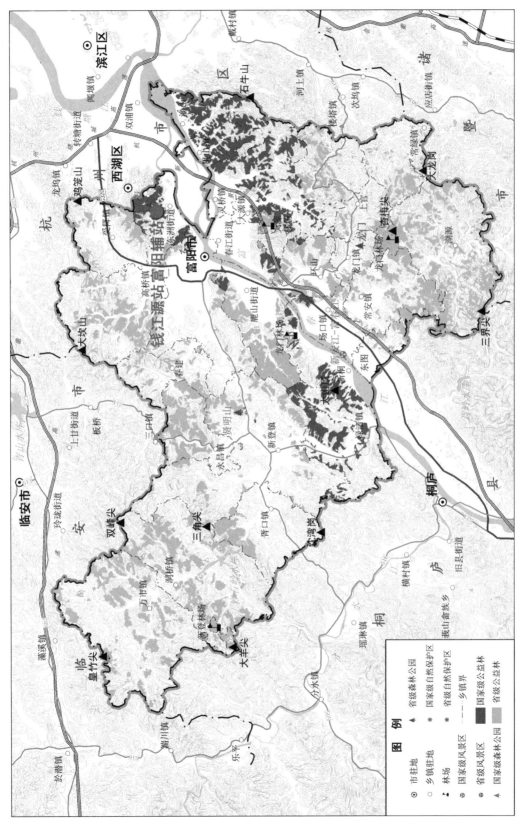

图 4-3 富阳辅站位置

063

开化县属浙西中山丘陵，山脉属南岭山系的天目山系，其中的三条支脉分布在县境的四周，西南面为怀玉山脉，北部为白际山脉，东部为千里岗。由于县境的四周峰峦环列，形成了全县四周高、中间低的地势，西部以中低山为主，东部为低山区，中部自北往南由低山向丘陵过渡。县境内海拔1000m以上的山峰有46座，最高峰为白石尖，海拔1453.7m，海拔最低处为开化与常山县交界的华埠镇下界首，海拔为90m。

建德市地处浙西丘陵山地和金衢盆地毗连处，地表以分割破碎的低山丘陵为特色，大部分地区地质构造属钱塘江凹槽带，山脉大致呈东北向西南走向；全市整个地势为西北和东南两边高、中间低，自西南向东北倾斜；李家镇山羊坞尖海拔1157.8m，为建德市最高峰。新安江林场属低山型地形，山地隶属天目山系的千里岗山脉和昱岭山脉；以新安江分界，江北为昱岭山脉，江南为千里岗山脉，江北最高峰黄岩尖海拔745.9m，沿东面山脊下降，直抵新安江街道，最低海拔40m；江南最高峰为龙门头海拔729.0m，地形从南至北以朱家埠林区为整体，构成向新安江开口的袋形山地；林场平均坡度为32.5°，最大坡度在45°左右，大多在25~40°之间。

富阳市地貌以"两山夹江"为特点，地势自西南向东北倾斜，天目山余脉绵亘西北，仙霞岭余脉蜿蜒于境内东南和西南部；境内低山、丘陵面积为1385km²，占全市总面积75.7%，水面积占5.6%，平原谷地占18.7%，故有"八山半水分半田"之称；全市平均海拔300.5m，江南主峰杏梅尖海拔1067.6m，为最高点，最低处皇天畈海拔6m。庙山坞自然保护区地貌以大单元上分割破碎的丘陵为其特色，属浙西低山丘陵区，山脉为天目山系向东南延伸的余脉；最高峰如意尖536.9m，次高峰狮姑坪406.6m，最低点小坞坑11.4m；坡度大多数在20°~45°之间，少数地段相对平缓近5°~15°。

4.1.1.3 气候特征

钱塘江流域邻近中国东南沿海，位于亚热带季风气候区，年平均气温17℃。冬季盛行西北风，天气晴冷干燥；夏季多东南风，气温高，光照强，空气湿润；年平均降水量1600mm，其中4~6月多雨，占50%，易发生洪涝灾害；7~9月占20%，旱灾频繁。

开化县属中亚热带和北亚热带过渡地区，四季分明，湿润温暖，雨量充沛。最热月7月平均气温29.1℃，最冷月1月平均气温5.1℃，极端最高气温41.3℃，极端最低气温－11.2℃，年平均稳定通过10℃的持续天数237.4d，≥10℃积温5125.4℃；夏季平均风速2.4m/s，冬季平均风速3.6m/s；年无霜期250d；年平均降水量1909mm；年平均相对湿度81%；年日照时数1785.1h。

建德市属亚热带北缘季风气候。全年平均气温16.9℃，年总积温6180℃，年无霜期254d，年平均日照1940h，年平均总降水量1500mm，雨日160d。新安江林场全年平均气温16.9℃，7月气温最高，月平均气温29.2℃，1月最低，月平均气温4.7℃；年日照时数1940h；无霜期254d，地表冻结时间极短；年平均降水量1504mm，6月雨量最多，历年平均228.8mm，12月雨量最少，历年平均为48.3mm，3~4月占全年雨量的22%左右，5~7月上旬雨量占全年的38%左右，7~8月为干旱期；平均空气湿度为82%。

富阳市年平均气温16.27℃；平均相对湿度68%；年平均降雨1452.5mm；年平均日照1899.9h；年蒸发量1235.3mm；年无霜期248d，常年主导风向为东南风。庙山坞自然保护区属于亚热带季风气候，年平均气温16.1℃，极端最高气温40.2℃，极端最低气温－14.4℃；年平均降水量1441.9mm，年际间变化较大，全年降水日数为160d左右；年平均蒸发量为 1283.1mm；年平均相对湿度 80% 左右；太阳辐射量为 107.7kcal/cm^2。

4.1.1.4　土壤类型

钱塘江流域的土壤分为 5 个土类 9 个亚类 21 个土属 45 个土种，其中林业用地土壤有红壤、黄壤、岩性土、潮土 4 个土类 6 个亚类 11 个土属 22 个土种。

开化林场以红壤为主，约占森林土壤的 80%，黄壤和黄红壤约占 20%；按土层厚度分，中厚层土(40cm 以上)占 61.7%，薄层土(40cm 以下)占 38.3%。

新安江林场土壤类型以地带性山地红壤为主，为黄红壤亚类的黄泥土，主要分布在朱家埠林区、沧滩林区、铜官林区的东西部。黄泥土上层深厚，土层深度为 16~60cm 之间，A 层平均厚度为 10cm，保水保肥性能好，土壤肥沃，适宜经营林业。

庙山坞自然保护区绝大部分属于红壤土类，主要属红壤、黄红壤、幼红壤 3 个亚类，在极少面积的区域，分布有潮红土和沼泽土。红壤是本林区分布面积最大的亚类，占总面积的 61%；黄红壤主要分布在高丘陵地带；幼红壤亚类面积较小，仅占 8%，主要分布在陡坡地区或经人工整地推除表层后形成的地区。

4.1.1.5　水文条件

钱塘江水量丰富，多年平均径流量 434.88 亿 m^3，干流有钱塘江、富春江、新安江、兰江、衢江、常山港、马金溪，主要支流有江山港、灵山港、乌溪江、金华江、寿昌江、浦阳江、分水江、壶源江等。钱江源流域河流属大气降水补给类的山溪性河流，源短流急，河床比降大，水量充沛，洪枯水位变化明显，含沙量较少。流域平均年降水量介于 1200~2200mm 之间，4~7 月为丰水期，水量占全年的 60% 以上。

4.1.2　森林资源概况

4.1.2.1　林地资源

钱塘江流域林业用地面积 296.64 万 hm^2，森林面积 260.73 万 hm^2，森林覆盖率为 59.51%。其中，乔木林面积 186.99 万 hm^2，灌木林 42.62 万 hm^2，竹林 31.12 万 hm^2；天然林 136.23 万 hm^2，人工林 124.50 万 hm^2。

开化林场总面积 12 711.6hm^2，其中林业用地面积 12 610.33hm^2(省级以上公益林面积 7013.8hm^2)，森林覆盖率 91.4%。林地分成 8 大片 36 小片 104 块星散在全县 18 个乡镇中的 17 个乡镇，镶嵌在 108 个村的集体山林之中。新安江林场总面积 3568.8hm^2，其中林业用地面积 2938.6hm^2，森林覆盖率 81.4%。庙山坞自然保护区总面积 817hm^2，其中林业用地面积 798.47hm^2，森林覆盖率 93.6%(表 4-1)。

表 4-1　站区林业用地地类划分

地类	开化林场(hm^2)	新安江林场(hm^2)	庙山坞自然保护区(hm^2)
有林地	11394.47	2879.4	558.17
疏林地	22.6		68.2
灌木林地	537.93	9.4	159.1
未成林地	375.6	30.6	
苗圃地		4.2	13
无立木林地	279.73	15	

4.1.2.2 植物资源

钱江源地区有维管束植物 244 科 897 属 1991 种，其中苔类 22 科 39 属 89 种，藓类 33 科 103 属 236 种，蕨类 34 科 66 属 166 种，种子植物 155 科 689 属 1500 种。其中有中国特有属 14 个，在浙江植物区系中仅见分布于钱江源的种类有栓翅爬山虎（*Parthenocissus suberosa*），婺源安息香（*Styrax wuyuanensis*）等 10 种。珍稀濒危国家保护植物 15 种，其中有国家 I 级重点保护野生植物南方红豆杉 1 种，国家 II 级重点保护野生植物榧树、榉树、长序榆（*Ulmus elongata*）、连香树、凹叶厚朴（*Magnolia officinalis* subsp. *biloba*）、闽楠（*Phoebe bournei*）、野菱（*Trapa incisa*）、花榈木（*Ormosia henryi*）、野大豆等 14 种。

按照《中国植被》的分类，钱塘江流域属中亚热带常绿阔叶林北部亚地带浙皖山区青冈苦槠植被区，区内植物区系丰富，具有南北交汇过渡带的特色。植被类型可分为常绿阔叶林、常绿落叶阔叶混交林、针阔混交林、针叶林、灌丛和人工植被。主要建群种由壳斗科（青冈栎、苦槠、甜槠、石栎等）、樟科（红楠、紫楠等）、山茶科、杜英科、冬青科等植物组成。

开化林场的植被类型主要有常绿阔叶林、常绿落叶阔叶混交林、针阔混交林、针叶林、灌丛。常绿阔叶林主要分布于海拔 800m 以下低山丘陵，建群种主要有壳斗科、樟科、山茶科等常绿树种。常绿落叶阔叶混交林多分布于同一山体的常绿阔叶林之上，海拔在 600~1000m 之间。针阔混交林分暖性和温性，暖性即为马尾松与阔叶树的混交林，广布于海拔 800m 以下的山地；温性即黄山松与阔叶树的混交林，主要分布在海拔 800~1100m 的低、中山区域。针叶林也分暖性与温性，暖性针叶林广布于海拔 800m 以下山地，温性针叶林仅分布于海拔 800m 以上山地。灌丛分山顶灌丛和低丘次生灌丛，山顶灌丛主要分布在海拔 1000m 以上地段；低丘次生灌丛主要是天然植被遭到人为破坏后因环境恶化而造成的，主要分布在石灰岩土壤上。人工林在开化林场占有很高的比例，主要为杉木林，其他还有马尾松林、柏木林、柳杉林、竹林和各种经济林等。

新安江林场的植被类型主要有次生常绿阔叶林和常绿落叶阔叶混交林，伴有部分天然马尾松林；人工林有杉木林、马尾松林、竹林和经济林。林下植被有以山矾（*Symplocos caudata*）、映山红（*Rhododendron simsii*）等为主的灌木类和以山竹（*Garcinia mangostana*）、实心竹（*Fargesia fractiflexa*）等为主的小竹类；活地植物有蕨类、苔藓、麦冬（*Ophiopogon japonicus*）等。层间植物有葛藤（*Pueraria lobata*）、紫藤（*Wisteria sinensis*）、多枝常春藤（*Hedera nepalensis*）等。

庙山坞自然保护区植被可以划分为 6 个植被类型，即常绿阔叶林、常绿落叶阔叶混交林、暖性针叶阔叶混交林、暖性针叶林、竹林、灌草丛。共有木本植物 71 科 173 属 347 种，其他野生植物 1000 余种。在植物区系中，壳斗科为本地区植被类型的主要成分，另外还有樟科、山茶科、山矾科、杜鹃科、蔷薇科、山茱萸科、五加科等植物。

4.1.2.3 野生动物资源

钱江源地区森林广袤，为野生动物提供了丰富的食物和良好的栖息繁殖场所，野生动物资源丰富，并有大量珍稀保护种类。据调查，有两栖类 2 目 7 科 26 种，爬行类 3 目 9 科 51 种，鸟类 13 目 30 科 104 种，兽类 8 目 21 科 58 种。其中有国家 I 级保护动物白颈长尾雉、黑麂、云豹、豹（*Panthera pardus*）4 种，有国家 II 级保护动物虎纹蛙（*Rana rugulosa*）、赤腹鹰、雀鹰（*Accipiter nisus*）、松雀鹰、毛脚鵟（*Buteo lagopus*）、灰胸竹鸡（*Bambu-

sicola thoracica)、白鹇(*Lophura nythemera*)、红角鸮、领鸺鹠、青鼬(*Martes flavigula*)、水獭、小灵猫、鬣羚等 30 种；此外，还有省级重点保护动物五步蛇(*Agkistrodon acutus*)、眼镜蛇(*Naja*)等 32 种。

新安江林场有国家 I 级保护动物豹、黑麂、黄腹角雉、白鹤(*Grus leucogeranus*)4 种；国家 II 级保护动物短尾猴(*Macaca arctoides*)、穿山甲、豺、水獭、大灵猫、小灵猫、鬣羚、黄嘴白鹭(*Egretta eulophotes*)、苍鹰(*Accipiter gentilis*)、鸳鸯(*Aix galericulata*)、松雀鹰、蛇雕(*Spilornis cheela*)、白鹇、勺鸡、草鸮(*Tyto capcnsichinensis*)等 29 种；此外，还有省级重点保护动物毛冠鹿(*Elaphodus cephalophus*)、貉(*Nyctereutes procyonoides*)等 29 种。

庙山坞自然保护区内记载的兽类 36 种、鸟类 60 种、爬行类 13 种、两栖类 8 种、昆虫 60 种。其中国家 I 级保护动物 3 种、II 级保护动物 15 种，共 18 种，其中兽类 10 种、鸟类 8 种。在陆生脊椎动物中，鸟类较多，而其他则相对较少。

4.1.3 经济社会条件

4.1.3.1 区域经济社会情况

钱塘江流域地处浙江省沿海发达地区和安徽、江西两省次发达地区的中间地段，属长江三角洲经济区腹地范围，区域自然条件优越，是浙江省经济发展较快的地区，也是浙江省农、林、牧、副、渔业全面发展的重要地域。人口约 1500 万人。

开化县全县总人口 35.19 万人，2010 年实现社会生产总值 70.98 亿元，三次产业结构为 13.7∶51.1∶35.2；人均地区生产总值按户籍人口计算突破 2 万元，达到 20 206 元；全年实现财政总收入 5.77 亿元，其中地方财政收入 3.85 亿元。

建德市全市总人口为 51.02 万人，2010 年全市实现社会生产总值达到 189.8 亿元，三次产业结构为 11.2∶56.4∶32.4；按户籍人口计算的人均生产总值为 37 201 元；全市财政总收入为 21.02 亿元，其中地方财政收入 12.01 亿元。

富阳市全市总人口为 65.02 万人，2010 年全市实现社会生产总值 415.8 亿元，三次产业结构为 6.9∶60.7∶32.4；按户籍人口计算的人均生产总值 64 119 元；全年实现财政总收入 60.25 亿元，其中地方财政收入 32.65 亿元。

4.1.3.2 站区经济社会情况

开化林场现有齐溪、马金、村头、城关、星口、立江、杨林、苏庄 8 个分场，1 个林科所，1 个茶果公司，1 个木材销售中心，共 11 个二级核算单位，分 56 个林区；现有在职职工 354 人，其中专业技术人员 44 人。林场经过 50 多年的建设，基础设施比较完善。

新安江林场现有员工 32 人，主要以保护千岛湖森林资源为主要任务，林场主要收入来源为生态公益林补偿和少量多种经营所得。

庙山坞自然保护区由虎山林区和庙山坞林区两部分组成，为中国林业科学研究院亚热带林业研究所管辖。现有管理人员 3 人，山林养护人员 8 人。保护区周边有 5 个乡镇，人口约 30 万人。

4.1.4 科研工作现状

自 2000 年以来，中国林业科学研究院亚热带林业研究所就相继依托多个科研项目，已在站点所在地建设了一批基础研究设施，购置了相关仪器设备，开展了森林生态学、水

文学等方面的定位研究，取得了初步研究结果。如在庙山坞自然保护区建立了标准气象站
1 个、林内小气象站 2 个、林内梯度气象观测系统 1 套、30m 高综合观测铁塔 2 座、测流
堰 1 个、径流场 4 个、森林水文过程观测系统 2 套、固定样地 12 个等，为森林生态定位
站的建设打下了良好的基础。

4.2　建设目标

　　通过 3 个阶段的建设，即近期(2011～2012 年)以基础设施和仪器购置为主要建设内
容，进而系统地开展各项观测，获得土壤、气候、水文等的规范化观测数据；学术研究上
争取在中北亚热带气候过渡地区的森林生态水文、植被恢复与构建、生物多样性保护等方
面形成一定的优势特色，把钱江源站建设成 CFERN 的标准台站。

　　中期(2013～2015 年)进一步完善基础设施建设，加大先进仪器设备的投入，加强数
据的收集和管理的标准化，实现与 CFERN 台站的数据共享；在学术研究上，深化和拓展
典型森林生态系统结构和功能的研究，进一步揭示过渡地区森林生态系统与水、土和大气
的关系，阐明森林生态系统在水土保持、水源涵养和水质改善方面的机理，初步评估森林
生态系统的碳汇功能和效益。

　　长期(2016～2020 年)通过完善和升级基础研究设施和仪器设备，加强站点网络建设，
建立数据库管理系统，并努力促进交叉学科的发展，稳步拓宽站点所覆盖的学科领域。至
2020 年，使钱江源站成为一个定位准确、特色突出、布局合理、观测实验手段先进、研
究水平较高的国际一流的综合性定位研究平台，为国家和区域科学研究、人才培养、合作
交流提供服务，为生态建设和经济社会可持续发展提供理论依据和科技支撑。

4.3　建设内容

4.3.1　基础设施建设

4.3.1.1　综合实验楼
　　在主站建设综合实验楼，建在钱江源国家森林公园管理处所在地，砖混结构，占地面
积 200m²，建筑面积 400m²，为地上两层坡屋顶建筑，高度 7.5m。

4.3.1.2　观测用房
　　在主站、建德辅站、富阳辅站分别建设观测用房 200m²、50m² 和 100m²，均为单层坡
屋顶建筑，主要用于野外仪器设备放置、试验样品临时处理等。

4.3.1.3　固定样地
　　选择典型植被类型区建设固定样地 30 个，每个站各 10 个，规格为 20m×20m。

4.3.1.4　气象观测设施
　　在主站建设 2 个地面气象观测场，两个辅站各 1 个，规格均为 25m×25m，场内设置
标准自动气象站等监测设备。另外，建设森林小气候观测场 8 个，其中主站 4 个，建德辅
站 2 个，富阳辅站 2 个，规格均为 16m×25m，场内设置美国 Campbell 自动气象站等
设备。

4.3.1.5 地表径流场

建设地表径流场 20 个，其中主站 10 个，两个辅站各 5 个，规格为 20m×5m。

4.3.1.6 测流堰

在主站建测流堰 2 个，分别为综合测流堰和天然次生林测流堰，综合测流堰设水平堰口，天然次生林测流堰设"V"形堰口；另外，在两个辅站各建设 1 个测流堰。

4.3.1.7 水量平衡场

在每个站各建水量平衡场 2 个，规格为 10m×20m。

4.3.1.8 综合观测塔

分别在主站的天然次生林和杉木林内各建 1 个钢架综合观测塔，塔高 30m，2 个观测塔上均设置 CAWS1000-GWS 梯度自动观测系统等设备。

4.3.2 仪器设备建设

主要购置的仪器设备见表 4-2。

表 4-2 主要购置的仪器设备

类型	仪器名称	
气象因子观测仪器	标准自动气象站	CAWS1000-GWS 梯度自动观测系统
	Campbell 自动气象站	
植物因子观测仪器	LAI-2200 植物冠层分析仪	Imaging-PAM 叶绿素荧光成像系统
	VERTEX 超声测高、测距仪	SPAD-502Plus 叶绿素测定仪
	LI-6400XT 便携式光合仪	Dynamax 包裹式植物茎流测量系统
	WP4-T 露点水势仪	Dynamax-DEX 植物生长测量系统
	CI-600 植物根系生长监测系统	SC-1 稳态气孔计
	HPFM 植物导水率测定仪	LI-3000C 型植物叶面积分析仪
	1101 光合蒸腾作用测定系统	3005 型植物水势压力室
	LT/ACR-2002 型人工气候室	SPECTROTEST 便携式光谱仪
	Li-250A 光照计	
土壤因子测定仪器	Trime-T3 土壤水分测定仪	LI-8150 土壤碳通量自动测量系统
水文因子观测仪器	Oddyssey 自动水位记录仪	7852 型自动记录雨量计
	H-F-1 地表径流量测量系统	DIK6000 人工模拟降雨器
	DS5X 多参数水质分析仪	
大气因子观测仪器	KEC-900 大气负离子连续测定仪	EC150 开路 CO_2/H_2O 分析仪
	LAS 大口径闪烁仪	XLZ-300 型红外线气体分析仪
	YQ-8 多路气体采样器	
其他常用仪器	投影仪、烘箱、照相机、冰箱、pH 计、正置生物学显微镜、手持 GPS 卫星定位系统、精密电子天平、森林罗盘仪、环刀、土壤筛、照相机、土钻等	

4.4　研究内容

　　针对中北亚热带气候过渡区的植被特点，以天然次生林和人工林为研究对象，按照以点带面、点面结合的观测研究原则。拟开展森林生态水文过程、水土流失与水源涵养、森林资源动态与植被演替等方面的观测研究，使森林生态定位站成为以林水关系研究为主线，覆盖植被、水文、气候、土壤等多个相关领域的研究平台。

4.4.1　森林植被的生态水文过程

　　主要开展不同植被类型的林内降水分配过程、土壤入渗过程、林地土壤水分动态过程、地表径流和壤中流过程、水量平衡动态过程等观测研究，分析上述研究内容在不同植被类型之间的差异及其原因，并发展和完善小流域分布式生态水文模型。

4.4.2　土壤侵蚀与森林水土保持功能研究

　　依托地表径流场，定位观测森林植被对地表径流、壤中流、土壤侵蚀等的影响，分析不同森林植被结构的作用，评价森林植被在水土保持与水源涵养方面的功能，为水土保持型、水源涵养型等多功能植被的恢复提供科技支持。

4.4.3　森林群落的结构动态与演替规律

　　选择典型植被群落设立固定样地，对森林植被群落演替过程中各结构因子进行长期动态监测，如物种组成、优势度、盖度、郁闭度、树种比例等，分析变化环境下的森林植被结构动态变化情况，预测研究植被的演替规律。

4.4.4　天然次生林恢复和重建技术

　　针对过渡区森林植被特点，通过对天然次生林进行动态监测，分析阻碍天然次生林恢复和重建的不利因素，研究其生态恢复与定向经营技术、近自然化改造和低效改造技术、景观构建与空间经营规划技术、退化天然林生态系统干扰与恢复评价技术等技术措施，为天然次生林植被恢复重建及可持续经营提供科学依据。

4.4.5　森林生态系统的小气候作用

　　利用定位气象观测设施平台，对林内小气候指标开展长期观测，如空气温湿度、风速、太阳辐射、地表温度、土壤温湿度、空气负离子浓度等，定量描述森林植被对小气候改善作用，以此深入分析森林植被改善生态环境的作用。

4.4.6　森林生态系统对水质的改善

　　随着环境污染的日益严重，森林对水质的改善作用越来越受到重视，特别是酸雨污染日益成为影响河流水质和森林生态系统健康的主要环境问题。通过定位观测、对比试验等方法，研究森林降水养分输入及其化学特性、森林经营方式和程度对流域水质的影响、人为活动对森林区域水质产生影响以及森林生态系统对水质的改善机理，为森林生态系统的养分管理、涵养水源和净化水质等提供科学依据。

4.4.7　森林生态系统的碳水通量及其耦合过程

运用涡度相关技术，研究森林植物的光合作用、气候变化条件下林木生长规律、林木和土壤碳水通量及耦合机制、碳水循环在不同时空尺度上的相互作用、碳水循环受环境因素和人类活动的影响及对气候的反馈作用。

4.4.8　气候过渡区森林植被的多功能研究

主要开展与森林植被多功能紧密相关的多过程、多尺度、多样地的同步定位观测，为发展和完善分布式生态水文模型、构建基于林水互动关系的森林植被管理人工智能系统、提高森林植被多功能管理的科学决策能力提供基础数据，同时也为当地及类似地区在不同立地和要求限制条件下的森林植被构建与恢复提供直接的科技支持。

4.4.9　干扰状态下森林的生态服务功能评价

钱江源森林生态定位站所在区域处于东南沿海经济发达地区，生态压力大，土地利用方式变化快。因此，在探索干扰状态下林水关系互相影响的多尺度、多指标等理论研究特色的同时，增加气候变化与人类活动影响下的森林生态服务功能研究与评价，进而提出增强森林区域环境生态安全服务能力的科学经营措施。

4.4.10　森林土壤理化性质动态和空间分布

在森林植被的演替过程中，土壤的物理性状、肥力及土壤酶活性等指标都会随之变化，研究不同植被类型、不同植物群落及在不同时期土壤的理化性状，分析造成动态变化和空间分布不同的原因及机理，为下一步人工诱导森林植被演替、促进土壤的保水保肥功能提供科学依据。

4.4.11　生物多样性及其影响因素的调查与监测

由于生态环境的日益严峻及人为干扰破坏的影响，森林的数量在不断减少且质量在不断退化，研究生物多样性及其影响因素，提出相应的对策和措施，对保护已变为濒危种和受威胁种、提高生物多样性具有重要意义。

5

PROVINCE-LEVEL FOREST ECOSYSTEM
RESEARCH STATION

省级森林生态
定位站

　　浙江省省级森林生态定位站目前已建有8个站点，分别位于钱塘江流域的西湖区、桐庐县、淳安县、开化县、龙游县、磐安县，瓯江流域的莲都区及舟山海岛的定海区。站点空间布局科学，海拔跨度大，区域分布广，基本覆盖了全省主要森林植被类型。本章详细介绍了各站的建设地概况、建设内容及主要研究内容。

浙江省公益林定位研究网络中的 8 个省级站目前运行正常，并积累了大量监测数据，利用这些数据编制了《浙江省重点公益林建设与效益公报》，陆续开展了雨雪冰冻灾情评估、浙江省森林承载力评价、钱塘江流域森林植被水文效益及大气污染对公益林质量的影响等专题研究，为森林浙江和生态文明建设提供了有力的科技支撑。

5.1 西湖站

西湖站建于杭州市午潮山国家森林公园内，公园位于西湖区留下街道西南角，是于1992 年在浙江省林业科学研究所试验场的基础上建立的，同时也是离杭州市区最近的国家级森林公园，公园作为杭州市近郊城市森林的一部分，对改善市区的生态环境具有重要作用。通过建设西湖站，阐明森林生态系统的自身状况和城市森林对城市居民健康的作用，为提高城市森林的建设质量、增进居民身心健康、促进社会可持续发展提供理论支撑。因此，西湖站又称城市森林定位研究站。

5.1.1 建设区概况

5.1.1.1 自然地理特征

午潮山是天目山的余脉，山体经过白垩纪和流纹岩火山活动时造山运动而形成的，其主要成土母质是硅质岩；土壤以红壤为主，混有部分新积土类和冲积土类。午潮山国家森林公园总面积 522hm^2，地貌整体山高坡陡，中间为峡谷地带，属于四面高，中间谷地的龙坞地形，其主峰海拔高度为 497m，是杭州城区最高峰；公园内气候温暖湿润，四季分明，年平均气温 16.5℃，相对湿度 81%，夏季最高气温 32℃，一般比市区温度低 3 ~ 4℃，平均风力 1.4 级，年均降水量为 1992.5mm，无霜期长达 240d。

5.1.1.2 森林植被概况

午潮山森林公园内植物群落主要有常绿阔叶林、落叶阔叶林、针阔混交林、针叶林、灌木林和竹林，其中常绿阔叶林占 60%。在坡度 30°以下的山坡则成片种植了茶树，形成茶绿雾白、古庵新林等自然景观。

公园内收集了国内热带、亚热带、亚寒带树种，引进了部分国外树种，现拥有 800 余种维管束植物，隶属 137 科 456 属，其中木本植物 377 种，20 多种为国家级保护树种，是名副其实的植物资源库，具有较高的科研价值。其主要组成树种有青冈、苦槠、石栎、木荷、楠木、樟树、白栎、短柄枹、丝栗栲（*Castanopsis tarlesis*）等。此外，还有国家重点保护树种夏蜡梅（*Calycanthus chinensis*）、香果树、花榈木、天竺桂（*Cinnamomum japonicum*）以及稀有树种三尖杉（*Cephalotaxus fortunei*）、小果冬青（*Ilexx micrococca*）、拟赤杨（*Alniphyllum fortunei*）、蓝果树（*Nyssa sinensis*）等。

午潮山不仅拥有丰富的林业资源，而且药材资源也非常丰富。有滋补功效的覆盆子（*Rubus idaeus*），可治跌打损伤的栀子（*Gardenia jasminoides*），生津止渴的金银花（*Lonicera japonica*），消暑良药六月霜（*Artemisia anomala*），有活血功效的茜草（*Rubia cordifolia*），消炎止痛的虎耳草（*Saxifraga stolonifera*）等。

此外，西湖区现有省级以上公益林 6498.06hm^2，其中国家级公益林 2457hm^2，占 37.81%，省级公益林 4041.06hm^2，占 62.19%。主要分布在留下街道、双浦街道（原周浦

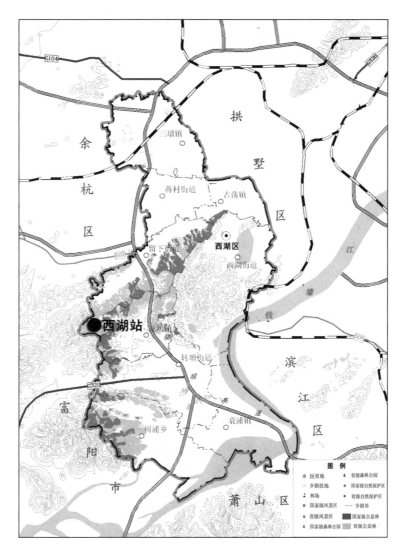

图 5-1　西湖站位置

乡)、转塘街道(原龙坞镇)等(图 5-1)。

5.1.1.3　经济社会条件

西湖区总面积 312.43km²，辖 2 个镇 10 个街道，共有 131 个社区和 61 个行政村，总人口近 100 万人，其中常住人口 60 万。之江国家旅游度假区、杭州国家高新技术开发区江北区块和浙江大学等近百所高等院校、科研院所坐落区内。经济社会实现持续快速协调发展，现代服务业发展实力强劲，西溪国家湿地公园建成开放，黄龙商务中心、城西商贸圈初具规模，文三路电子信息街区荣获"中国特色商业街"称号。都市农业特色鲜明，现有各类休闲观光农业园 33 家。

5.1.2　建设内容

午潮山国家森林公园曾在 1987 年就建设过森林生态定位站，对常绿阔叶林生态系统功能方面进行研究，由于各种原因，研究于 2000 年终止。期间主要研究内容有：①在午潮山试验林场开阔地及其相邻的常绿阔叶林内，分别建立了林外、林内小气候观测场，进行日照、降水、蒸发、温度、湿度等常规地面观测。②在林内外观测场中，各树立一座高 10m 的观测塔，分别在 5m、10m 处，设有温、湿度自记仪，进行梯度观测。③在林内外观测场内，设有成套的土温计，以测定地面及不同深度土壤的温度；还装有张力计，以测定林内外不同深度土壤水分的动态变化。④在林内外观测场中的林冠下和林内空隙地，分别设立了 3 组雨量筒，以收集林内降水、林冠穿透水和树雨(凝结水)。⑤在林内观测中，选定生长相邻的青冈、木荷、苦槠等树种收集降水时各树种的干流量；设置 pH 值测定仪，对林内外各类降水的 pH 值进行测计。

在全省森林生态定位网络建设的大背景下，2008 年，在前期建设的基础上，浙江省林业厅又重建了西湖站。建设了定位研究实验室，配备森林生态系统调查取样的基本工具，能进行常规的定位监测；建设了 1 个森林小气候观测场，规格为 16m × 20m，配置了 Compbell 自动气象站，对大气温湿度、大气压、风速、风向、降水量、总辐射、净辐射、直接辐射、反射辐射、紫外辐射、蒸发量及 5cm、20cm、40cm 和 60cm 4 层土壤温湿度等指标进行监测；随着研究的深入，西湖站逐步完善科研观测设施，2010 年又建设了综合观测塔，塔高 36m，分别在 3m、9m、15m、21m、27m、31m 和 36m 处共设了 7 层平台，配置先进的传感器，对温湿度、降雨量、太阳辐射和紫外线等指标进行林内外对比监测；另外，还在针阔混交林内设置了 1 个 1hm² (100m × 100m) 的永久性固定大样地，辅助红外摄像头，对森林植物和野生动物进行监测(图 5-2 ~ 图 5-5)。

图 5-2　西湖站自动气象站

图 5-3　西湖站大样地林相

图 5-4　西湖站综合观测塔

图 5-5　西湖站野外监测数据采集

5.1.3 研究内容

5.1.3.1 森林资源状况

通过对森林群落的乔木层、灌木层和草本层进行调查，观测研究区域植物区系特点、公益林建设情况以及林分的组成、结构、林龄、郁闭度、疏密度、生物量等。并依照森林的群落学特征指标体系对森林群落演替规律、生物多样性、生产力、植物的养分状况、森林健康状况进行动态监测研究。

5.1.3.2 森林对生态环境的影响

依据气象、土壤、大气监测数据，研究城市森林在改善区域城市生态环境质量方面的作用，如森林改善小气候、森林净化大气效应（包括提高空气负离子水平、降低 SO_2、NO_x 及可吸入颗粒物浓度、杀菌除尘、调节 UVA/UVB 比例等）。

5.1.3.3 森林生态服务功能

对森林的涵养水源、固土保肥、固碳释氧、森林游憩、生物多样性、森林保护、净化大气、积累营养等功能和效益进行研究和评估。

5.2 桐庐站

桐庐站建设在桐庐县西南部的百江镇奇源村，05 省道穿境而过，是通往千岛湖的必经之地，交通便利。站点周围森林环绕、地势平坦、空间开阔，适于开展森林小气候、森林水文、森林土壤和生物多样性保护等研究。

5.2.1 建设区概况

5.2.1.1 自然地理特征

桐庐县位于浙江省西北部，地处钱塘江水系中游，介于东经 119°11′~119°58′、北纬 29°35′~30°05′之间，东接富阳市、诸暨市，南连浦江县、建德市，西邻淳安县，北靠临安市、富阳市。全境略呈长方形，东西长约 77km，南北宽约 55km，总面积 1845km²，其中林地面积占 77.3%，是一个"八山半水一分半田"的县份（图 5-6）。

全县山体绵亘，河流纵横，地形多样。东南部山势峻峭，为中低山丘陵区，全县最高峰龙门山脉主峰——观音尖就坐落于此，海拔 1246.5m；西南部山势高峻，是昱岭山脉延伸部分，为低山丘陵区；北部山势低，坡度缓和，为丘陵区，是天目山脉延伸部分；中部位于富春江、分水江两侧，多为低丘缓坡和河谷平原，为丘陵平原区。海拔 500m 以下的丘陵平原 15.07 万 hm²，占总面积的 81.7%，500~1000m 的低山 3.29 万 hm²，占 17.9%，1000m 以上的中山 800hm²，仅占 0.4%。

桐庐县地处亚热带季风气候区，气候温暖，光照充足，四季分明，降水量充沛。年平均气温 16.6℃，年均降水量 1443.1mm，无霜期 252d，年日照数 1991.4h。土壤以砂壤为主，土层深厚肥沃，疏松透气。

5.2.1.2 森林植被概况

桐庐县地形复杂，形成了许多适宜各类植物生长的气候环境，构成了多层次、多结构的森林生态系统，孕育了十分丰富的动植物资源。全县已鉴定的植物种类共 1149 种，隶

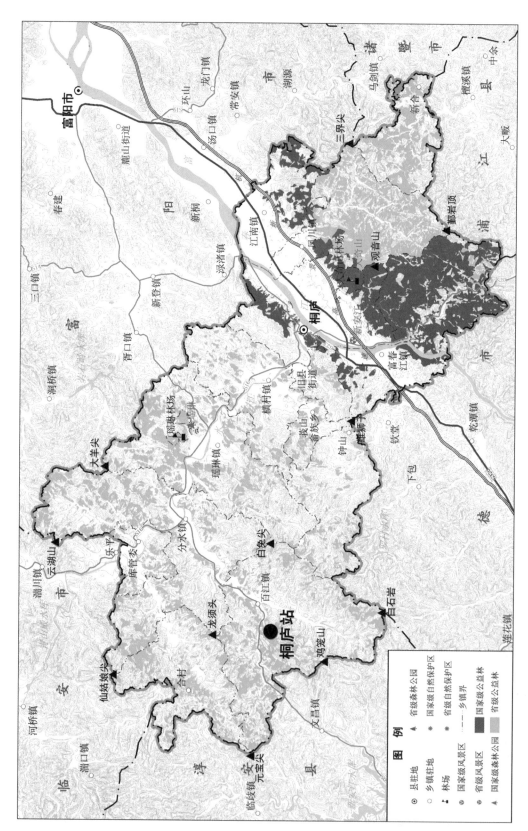

图 5-6 桐庐站位置

属于 157 科，其中蕨类植物 20 科 39 种，裸子植物 8 科 49 种，被子植物 129 科 1061 种。木本植物 664 种。全县有珍稀树种 9 种，其中属国家二级保护的 7 种。

桐庐县位于中亚热带常绿阔叶林地带，为浙皖山丘青冈苦槠林栽培植被区，天目山、古田山丘陵山地植被片，常绿阔叶林是本县典型的植被类型。由于受长期人为活动影响，完整的自然植被已剩不多，在海拔 150m 以下，以马尾松次生林和果木、茶桑人工植被及农作物植被为主；在海拔 150~800m，主要分布着以马尾松、杉木为主的纯林或混交林，以及以壳斗科树种为主的常绿阔叶林、常绿落叶阔叶林及针阔混交林，还有山核桃、油茶、板栗、茶叶等经济林木和毛竹等人工植被；海拔 800m 以上则分布着由黄山松、短柄枹、化香等组成针阔混交林和落叶阔叶林。

桐庐县现有省级以上公益林面积 4.97 万 hm²，其中国家级公益林 1.63 万 hm²，占省级以上公益林总面积的 32.88%，省级公益林 3.34 万 hm²，占 67.12%。其中百江镇现有省级公益林 5154.4hm²。

5.2.1.3 经济社会条件

桐庐县辖 4 个街道 6 个镇 4 个乡（包括 1 个民族乡），共有 7 个社区 14 个居民区 186 个行政村。2010 年末，全县户籍人口 40.25 万人，其中，农业人口 28.07 万人，非农业人口 12.18 万人。

2010 年，全县实现地区生产总值 197.86 亿元，按可比价格计算，比上年增长 12.7%。其中：第一产业增加值 15.88 亿元，增长 2.8%；第二产业增加值 121.50 亿元，增长 14.0%；第三产业增加值 60.48 亿元，增长 12.8%。全县按户籍人口计算的人均 GDP 为 48 462 元，比上年增长 12.2%。全年完成财政总收入 23.30 亿元，增长 32.1%。

5.2.2 建设内容

5.2.2.1 森林小气候观测设施

包括建有 1 个森林小气候观测场，规格为 16m×20m，配置了 Compbell 自动气象站，对气象和土壤等常规指标进行监测（图 5-7~图 5-8）。

图 5-7 桐庐站站牌

图 5-8 桐庐站自动气象站

5.2.2.2 森林水文监测设施

在常绿阔叶林、针阔混交林、松林、杉木林、毛竹林、经济林、灌木林、未成林造林地和无林地内，建有 9 个地表径流场，围堰的规格为 20m×5m，对地表径流量、径流泥沙含量等进行监测。

5.2.2.3 森林生物定位研究设施

在典型森林群落内设置固定样地和样方，对森林群落的组成和结构、物种多样性、森林生产力及森林植物的养分状况进行监测。

5.2.3 研究内容

5.2.3.1 森林生态系统本底数据的调查

包括所在林区的气候状况、森林建设情况、动植物区系特点，重点研究森林群落的结构和组成、生物多样性、生产力等。

5.2.3.2 森林对生态环境影响

包括森林对小气候的影响、森林的生态水文效应、森林的固碳释氧能力、森林净化水质和水土保持功能。

5.2.3.3 森林土壤特征

包括土壤温湿度、土壤剖面特征、土壤理化性状、枯落物和土壤持水功能、土壤碳储量及动态、土壤微生物、土壤酶及土壤呼吸等。

5.3 淳安站

淳安站建于淳安县富溪林场，林场位于千岛湖边的富溪乡，是千岛湖国家森林公园的重要组成部分。富溪林场地形复杂、森林资源丰富、植被类型多样，近几年来，林场努力探索森林生态系统的保护、恢复和重建途径，开展资源的选择、繁育、合理利用工作，为森林生态定位站建设及全省公益林效益监测提供了良好的研究平台(图 5-9)。

5.3.1 建设区概况

5.3.1.1 自然地理特征

淳安县位于浙江省西部，介于东经 118°20′~119°20′、北纬 29°11′~30°02′之间。其北接临安市，南邻常山县，西连开化县和安徽省休宁、歙县，东接桐庐县、建德市，中部横贯著名的千岛湖。县境东西长 96.8km，南北宽 94.4km，总面积 4427.01km²。

淳安县属浙西丘陵的一部分，古生代以前，是江南古陆边缘的浅海盆地，中生代后期受强烈的燕山运动，形成了低山丘陵为主的地貌。地形四周高、中部低，由西向东倾斜，县东北部昱岭山脉、南部千里岗山脉、西部白际山脉环绕四周，以枫树岭镇内的千里岗主峰磨心尖为全县最高峰，海拔 1523m。土壤分 4 个土类(即红壤土、黄壤土、岩性土和水稻土)9 个亚类 30 个土属；土层厚度一般在 50~120cm 之间，以微酸性和酸性土为主。海拔 110m 以下的平川低丘，1959 年新安江水库建成后沦为水域，蓄水量为 178 亿 m³，内有大小岛屿 1078 个，美称千岛湖。1987 年经国家林业部批准，建立千岛湖国家森林公园，为首批国家级重点风景名胜区之一。

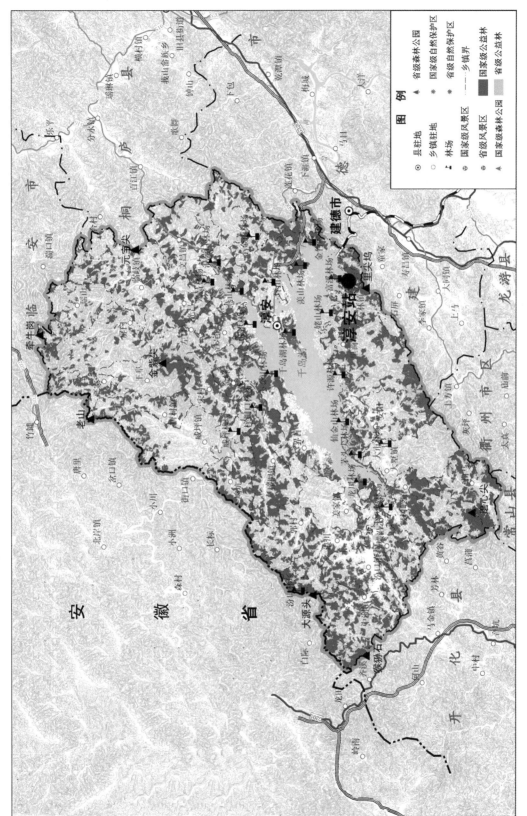

图 5-9　淳安站位置

淳安县位于中亚热带季风气候北缘，温暖湿润，雨量充分，四季分明，光照充足，但灾害性天气较多，光、温、水的地域差异明显。年平均气温17℃，极端最高气温41.8℃，极端最低气温－7.6℃，大于或等于10℃的活动积温5410℃；年平均降雨量1430mm，其中4~6月为多雨期，雨量占全年的44%，11月至翌年3月为少雨期，雨量占全年的10%；年平均相对湿度76%；平均年日照总时数1951h；年辐射总量106.9kcal·cm^{-2}。

5.3.1.2　森林资源概况

淳安县林业用地面积3584.92km^2，占土地总面积的81.0%，森林覆盖率65.8%，是浙江省林地面积最大的林业重点县。在林地中，有林地29.24万hm^2，占林业用地面积的81.6%；疏林地1161.26hm^2，占0.3%；灌木林地4.56万hm^2，占12.7%；未成林造林地6483.13hm^2，占1.8%；苗圃地116.27hm^2，占0.08%；无立木林地7586hm^2，占2.1%；宜林地502.07hm^2，占1.4%；辅助生产林地61.93hm^2，占0.02%。另外，全县现有省级以上公益林12.98万hm^2，基本上都是国家级公益林（12.92万hm^2），另有省级公益林522.5hm^2。

全县共有维管束植物194科830属1824种。其中国家一级保护树种有银杏、南方红豆杉、香果树等，国家二级保护树种有浙江楠、鹅掌楸（*Liriodendron chinensis*）、厚朴（*Magnolia officinalis*）、羊角槭（*Acer yangjuechi*）、杜仲（*Eucommia ulmoides*）、长柄双花木（*Disanthus cercidifolius var. longipes*）等。动物资源中，兽类动物21种，鸟类90种，爬行动物50种，昆虫类1800种，两栖类12种，鱼类88种。

5.3.1.3　经济社会条件

淳安县下设11个镇12个乡425个行政村11个社区。2010年全县户籍人口454 286人，其中农业人口376 461人，非农业人口77 825人。2010年，全县实现地区生产总值（GDP）1 174 902万元，按可比价格计算，比上年增长11.1%。其中：第一产业增加值217 418万元，增长3.4%；第二产业增加值499 775万元，增长12.0%；第三产业增加值457 709万元，增长14.0%；三次产业结构比为18.5:42.5:39.0。按户籍人口计算的人均GDP为25 907元，增长10.7%。

5.3.2　建设内容

（1）建有1个森林小气候观测场，规格为16m×20m，配置了Compbell自动气象站。

（2）在松林、杉木林、毛竹林、硬阔林、松阔混交林、硬阔采种基地、马尾松采种基地和荒地内建有9个地表径流场并设置固定样地，径流场围堰的规格为20m×5m，固定样地形状为长方形，尺寸为20m×30m，以实现对森林群落、森林水文、森林土壤、森林健康和可持续发展的定位观测（图5-10~图5-13）。

5.3.3　研究内容

5.3.3.1　森林资源的调查研究

对淳安站所在的区域植物区系特点、公益林建设情况、植物群落结构、生长量、生物多样性、群落演替规律等进行调查研究。

5.3.3.2　森林土壤的分析

通过对森林枯落物和土壤的理化性状、微生物、酶的观测，研究站区土壤质量状况及

图 5-10　淳安站自动气象站

图 5-11　淳安站地表径流场

图 5-12　淳安站野外监测之一

图 5-13　淳安站野外监测之二

时空变异、养分的循环过程、土壤和枯落物的微生物和酶的动态变化过程、枯落物对土壤肥力的影响。

5.3.3.3　森林生态效益的监测

主要包括森林对小气候的影响(大气温湿度、土壤温湿度、太阳辐射等)、森林的生态水文效应(林冠截留、地面径流、穿透雨、树干径流等)、森林对水质的影响(地表径流元素和泥沙含量)等。

5.3.3.4　公益林建设对森林旅游及人类健康的影响

从公益林建设对促进周边生态环境改善、助推森林旅游发展、提高林农收入等方面进行调查和研究。

5.3.3.5 森林生态系统对环境破坏的响应

研究人类活动和环境变化对森林生态系统的影响及对环境的反馈效应，寻求森林资源的合理经营与可持续发展的有效途径。

5.4 开化站

开化站建在开化县林场城关分场，地理坐标介于东经 118°23′03.3″~118°24′02.1″、北纬 29°07′22.4″~29°08′18.2″之间。开化林场成立于 1954 年，是国家林业局确定的首批 104 家森林经营示范国有林场之一，通过了 FSC 国际森林可持续经营认证。2010 年荣获全国生态建设突出贡献奖，2011 年被评为全国"十佳林场"，林场森林覆盖率 90.3%（图 5-14）。

5.4.1 建设区概况

5.4.1.1 自然地理特征

开化县位于浙江省西部边境的浙江、安徽、江西 3 省 7 县交界处，钱塘江源头，是一个"九山半水半分田"的山区县。北邻安徽省休宁县，西部与江西省婺源、德兴、玉山三县毗连，东北、东南分别与浙江省的淳安县、常山县接壤，境内有古田山国家级自然保护区和钱江源国家森林公园。古田山国家级自然保护区的核心区和钱江源国家森林公园就在开化县林场。

5.4.1.2 森林资源概况

全县土地面积 22.41 万 km^2，其中林业用地面积 18.96km^2，森林覆盖率 79.2%。林业用地中，有林地 15.23 万 hm^2，疏林地 771.67hm^2，灌木林地 2.27 万 hm^2，未成林造林地 3423hm^2，苗圃地 3.4hm^2，无立木林地 9056.87hm^2，宜林地 1349.73hm^2，辅助生产林地 21.33hm^2。全县公益林总面积 7.34 万 hm^2，其中国家级公益林 5.83 万 hm^2，占 79.49%，省级公益林 1.51hm^2（该站气候条件、动植物资源同钱江源站主站）。

5.4.1.3 经济社会条件

开化县共辖 9 个镇 9 个乡 449 个行政村 6 个社区。户籍人口 34.98 万人，其中农业人口 30.6 万人；非农业人口 4.3 万余人。2010 年，全县地区生产总值 70.98 亿元，按可比价格计算，比上年增长 13.5%。其中，第一产业增加值 9.71 亿元，增长 4.7%；第二产业增加值 36.27 亿元，增长 16.4%；第三产业增加值 25 亿元，增长 13.6%。人均地区生产总值按户籍人口达到 20 206 元，比上年增长 13.1%。

5.4.2 建设内容

（1）森林环境监测设施。建有 1 个森林小气候观测场，规格为 16m×20m，配置了 Compbell 自动气象站。

（2）森林水文监测设施。在常绿阔叶林、针阔混交林、松林、杉木林、经济林、毛竹林、灌木林、未成林造林地、无林地内建设 9 个地表径流场及若干植物群落调查样地，径流场围堰的规格为 20m×5m。

（3）定位研究实验室。配备手提电脑、移动硬盘、打印机等数据采集和数据管理硬件设施，及野外调查、取样的基本工具（图 5-15~图 5-18）。

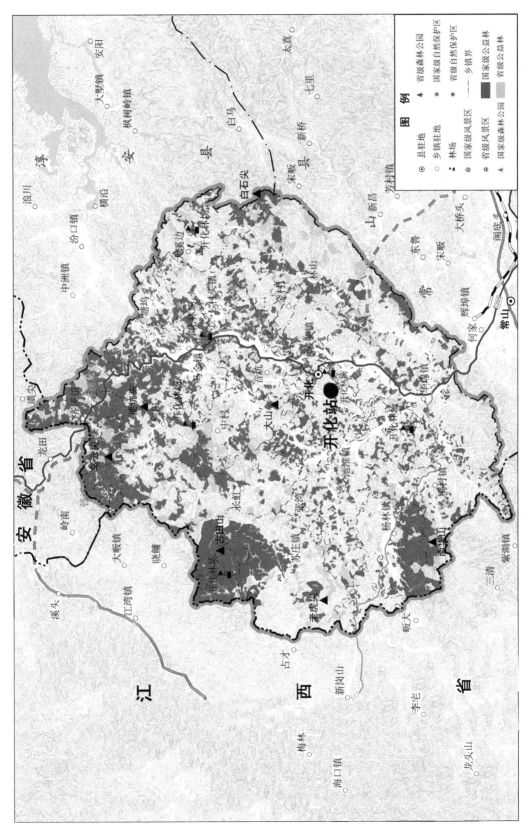

图 5-14　开化站位置

图 5-15　开化站自动气象站

图 5-16　开化站管理规章制度

5.4.3　研究内容

5.4.3.1　森林小气候观测

通过 Compell 自动气象站及土壤定位观测仪器，对大气温湿度、降雨量、风向风速、土壤温湿度、太阳辐射等指标进行动态观测。

5.4.3.2　森林群落的特征

从个体、种群、群落、系统 4 个水平上对森林资源进行调查，研究森林生态系统的结构、功能、效益和健康状况，寻求森林系统健康管理和实现可持续发展的有效途径。

5.4.3.3　森林对水文的影响

主要研究森林水文的过程，包括森林对降水的再分配、森林的水源涵养功能、森林对水质的净化作用等，分析不同植被类型理水调洪功能，探求河流源头区森林健康的管理策略。

图 5-17　开化站杉木林地表径流场　　　　图 5-18　开化站杉木树干径流研究

5.5　龙游站

　　龙游站的监测设施主要分布在龙游县的社阳乡和溪口镇，社阳乡森林资源丰富、生物种类繁多，森林覆盖率为 87.6%，拥有苦槠、甜槠、青冈 3 个省级重点自然保护小区；溪口镇毛竹资源十分丰富，龙游毛竹现代科技示范园区就坐落在该镇，被誉为"浙西竹乡明珠"。因此，在龙游县建设森林生态定位站，监测研究以常绿阔叶林和毛竹林为主、多种植被类型相结合的森林资源及生态状况，非常具有典型性和代表性(图 5-19)。

5.5.1　建设区概况

5.5.1.1　自然地理特征

　　龙游县地处浙江省西部，金衢盆地中段，东邻金华市婺城区、兰溪市，南靠遂昌县，西连衢州市衢江区，北与建德市接壤。地理位置介于东经 119°1′41″~119°19′52″、北纬 28°44′10″~29°17′15″ 之间，南北最长处 61.5km，东西最宽处 29.37km，总面积 1143.22km²。

　　龙游县地处中亚热带季风气候区，温度适中、光照充足、雨量充沛、旱涝分明，垂直差异明显，具有明显的盆地特征。年平均气温 17.1℃，最热月的平均气温 28.8℃，最冷月平均气温 5.0℃，极端最高气温为 41.0℃，极端最低气温为 −11.4℃；全年无霜期为 257d；年平均降水量 1602.6mm；相对湿度 79%；年日照时数 1761.9h，总辐射量 110kcal·cm⁻²。

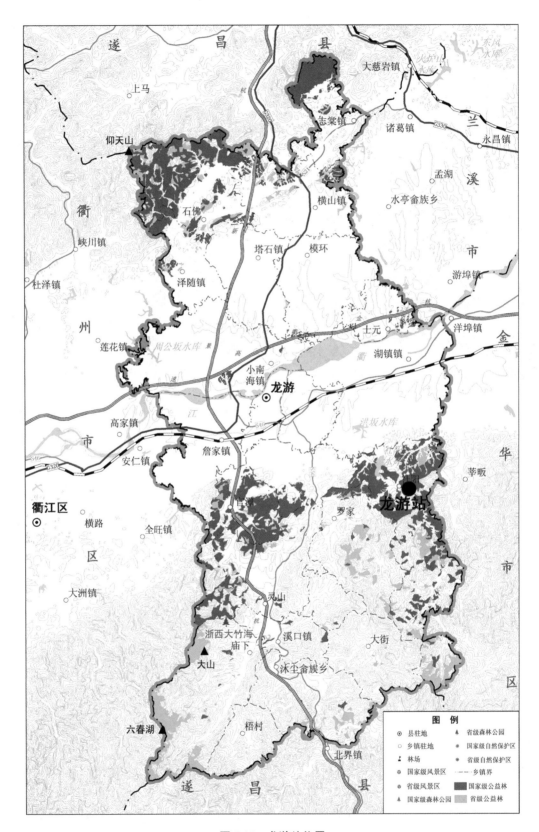

图 5-19　龙游站位置

境内地形复杂，山脉、丘陵、平原、河流兼具。南部为仙霞岭余脉，北部为千里岗余脉，中部为金衢盆地，衢江自西往东横贯中部，流程28km。地形南北高、中部低，呈马鞍形，最高点为县西南部的茅山坑，海拔1442m，最低点为县东部的下童村，海拔33m。

5.5.1.2 森林资源概况

龙游县现有林业用地面积6.88万hm^2，占土地总面积的60.20%，全县森林覆盖率56.10%。在林业用地中，有林地5.46万hm^2，占林业用地面积的79.33%；疏林地145.9hm^2，占0.21%；灌木林地1.05万hm^2，占15.24%；未成林造林地615.96hm^2，占0.90%；苗圃地134.20hm^2，占0.20%；无立木林地2297.97hm^2，占3.34%；宜林地545.07hm^2，占0.80%。在有林地面积中，乔木林2.51万hm^2，占有林地面积的45.92%；竹林2.95万hm^2，占54.08%。在灌木林地中，国家特别规定的灌木林9535.05hm^2，占灌木林地面积的90.81%；其他灌木林964.95hm^2，占9.19%。在无立木林地中，采伐迹地146.15hm^2，占无立木林地面积的6.36%；火烧迹地142.47hm^2，占6.20%；其他无立木林地2009.34hm^2，占87.44%。在宜林地中，宜林荒山15.67hm^2，占宜林地面积的2.87%；其他宜林地529.13hm^2，占97.13%。全县共有省级以上公益林1.59万hm^2，其中国家级公益林1.17万hm^2。

龙游县境内野生植物含被子植物、裸子植物、藻类、地衣、苔藓、菌类计7类207科1120多种，其中木本植物83科439种，草本植物70科300种。属国家重点保护树种10多种，其中属一级保护的有南方红豆杉、银杏，属二级保护的有鹅掌楸、金钱松、凹叶厚朴、香樟、连香树、香果树等。全县共有古树名木1046株，隶属21科29属39种（包括变种），其中100~299年生的三级古树734株，300~499年生的二级古树175株，500年生以上的一级古树137株。

在中国植被区划中，龙游在森林植被分区上属中亚热带东部常绿阔叶林亚带，由于南北光热条件不同，又分为两个植被区：北部的浙皖山丘青冈苦槠植被区和南部的浙闽山丘甜槠木荷植被区。常绿阔叶林是龙游的地带性植被，主要是由壳斗科、樟科、木兰科、山茶科、金缕梅科等树种组成，建群树种有甜槠、苦槠、栲树（*Castanopsis fargesii*）、青冈、木荷等。由于人为活动的干扰破坏，现原生植被逐渐消失，森林植被以马尾松纯林、杉木林、毛竹林以及马尾松为主的针阔混交林为主，次生常绿阔叶林、常绿落叶阔叶林较少，但近几年面积逐年回升，主要建群树种为香樟或壳斗科植物；山麓地带、交通便利之处多为人工橘园、竹园、茶园等。

全县野生动物资源丰富，列为国家一级保护的有黑麂1种；属国家二级保护的有穿山甲、苍鹰、白鹇、草鸮、红角鸮、领角鸮、雕鸮、鬣羚、猕猴等9种；属省级重点保护的有豪猪、毛冠鹿、鼬獾、五步蛇、眼镜蛇、白鹭等20余种，另有多种一般保护野生动物。

5.5.1.3 经济社会条件

龙游县辖6个镇7个乡2个街道262个行政村。截止2010年，全县总人口40.31万人，其中农业人口33.85万人，占83.98%。2010年，全县国民生产总值118.11亿元，与2009年相比增长14.1%；其中第一产业增加值10.27亿元，第二产业增加值70.18亿元，第三产业增加值37.66亿元。财政总收入8.93亿元，地方财政收入5.81亿元，分别比上年增长12.6%和16.2%；城镇居民人均可支配收入19 076元，农村居民人均纯收入8697元，分别比上年增长13.6%和12.7%。

5.5.2　建设内容

（1）在社阳乡常绿阔叶林内建有1个森林小气候观测场，规格为16m×20m，配置了Compbell自动气象站等设备。并在阔叶林、松木林、杉木林、针阔混交林、针叶混交林、毛竹林、马尾松与山杜英混交林、混交未成林、未成林造林地、无林地内建设了10个地表径流场及若干固定样地，径流场围堰的规格为20m×5m。

（2）在溪口镇毛竹林内也建有1个森林小气候观测场，规格同上，配置Compbell自动气象站等设备，并在气象站附近建立了2个毛竹固定样地（图5-20～图5-21）。

图5-20　龙游站社阳乡自动气象站　　　图5-21　龙游站溪口镇自动气象站

5.5.3　研究内容

5.5.3.1　毛竹林区的生态环境状况

利用实验调查及气象站监测数据，开展毛竹林的生长发育状况、区域生态环境（温湿度、降雨、土壤）状况、毛竹林对降水的再分配及水土流失影响、毛竹林扩张对生物多样性的影响等相关研究，为毛竹林的可持续发展和利用及森林生态环境的保护提供科学依据。

5.5.3.2　森林生态系统的功能及其动态过程

包括主要研究区域不同植被类型的群落组成、结构、生态功能及森林生态环境的变化特征等。

5.5.3.3　退化森林生态系统的保护与恢复

对松木林、杉木林及毛竹林等人工林，本着改造、提升和可持续利用的原则，研究其自然演替规律和衰退机理，提出人工林生态系统管理的内涵和技术体系。

5.6　磐安站

磐安站建在磐安县大盘镇圆塘林场，圆塘林场下设朝阳林区、圆塘林区二个林区。林场地处亚热带季风气候区，地形复杂、垂直高差大、山区性较强，形成多样的山地小气候和丰富的森林资源，是开展森林生态系统监测研究理想之地（图5-22）。

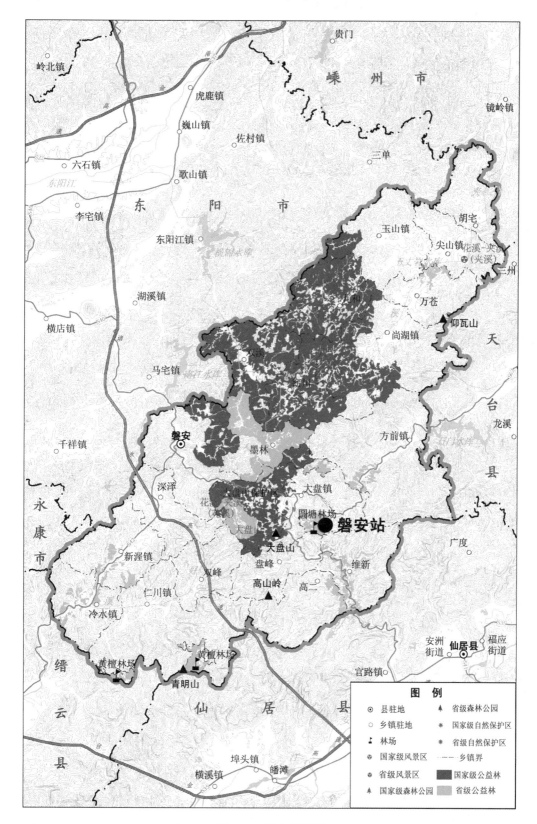

图 5-22　磐安站位置

5.6.1 建设区概况

5.6.1.1 自然地理特征

磐安县地处浙江省中部，地理位置介于东经 120°17′~120°47′、北纬 28°49′~29°19′之间。东与天台县相邻，南与仙居县、缙云县毗连，西与永康市、东阳市接壤，北与新昌县交界，为天台山、括苍山、仙霞岭、四明山等山脉的发脉处——大盘山脉的中心地段，分脉伞形展布，同时，也是钱塘江、瓯江、灵江、曹娥江的主要发源地，有"群峰之祖、诸水之源"的美称。全县行政区域总面积 1195.68km²，南北长 54km，东西宽 47km，呈"雏鹰试飞"状。

圆塘场气候具有四季分明、雨量充沛、光温互补、相对湿度较大等特点。春秋季多雨多雾，夏季凉爽，冬季多雪霜，春季回暖迟，秋季降温早，形成冬春长而秋夏短等特征。全年平均气温 13.2℃，7 月平均气温 25.1℃，无霜期 125d，≥10℃积温 4560℃，年平均降水量 1525.8mm，相对湿度 77%，为磐安县多雨多雪地带。

5.6.1.2 森林资源概况

磐安县林业用地面积 9.48 万 hm²，占总面积的 79.76%，森林覆盖率 75.40%。其中有林地面积 8.43 万 hm²，占林业用地面积的 88.88%。公益林面积 3.48 万 hm²，其中国家级公益林 2.48 万 hm²，占公益林总面积的 71.23%，省级公益林 1 万 hm²，占公益林总面积的 28.77%。国家级公益林主要分布在钱塘江东源金华江源头、大盘山国家级自然保护区，省级公益林主要分布在国防公路东仙线，省道磐缙线、大科线两侧，五丈岩水库周围的山林及黄檀林场、圆塘林场两个国有林场。

圆塘林场林业用地面积 747.67hm²，森林覆盖率 93.62%。林业用地面积中有林地 708.67hm²（纯林 610.80hm²、混交林 49hm²、毛竹林 48.87hm²），灌木林地 15.80hm²，未成林地 18.53hm²，其他林地 4.67hm²。属生态公益型林场，其中省级公益林面积 648.13hm²，占总面积的 83.80%。

圆塘林场有 50 多个科的 200 多种植物，其中乔木针叶树种主要有马尾松、杉木、高山柏、华山松、金钱松等 10 余种；阔叶树种主要有枫香、木荷、檫树（Sassafras tsumu）、青冈、板栗、檵木（Loropetalum chinensis）等。国家、浙江省重点保护的野生植物有杜仲、翠柏（Sabina squamata）、银杏、金钱松、香榧（Torreya grandis）、香樟、鹅掌楸、厚朴、喜树（Camptotheca acuminata）、南方红豆杉、三尖杉、紫楠、华东楠（Machilus leptophylla）。古树名木主要有柳杉、金钱松、黄檀（Dalbergia hupeana）、香榧、水杉（Metasequoia glyptostroboides）。药用植物有厚朴、银杏、南方红豆杉等。油料植物有红花油茶（Camellia chekiangoleosa）、油桐（Vernicia fordii）、豹皮樟（Litsea coreana var. sinensis）、青皮柴（Tirpitzia sinensis）等。

圆塘林场的常绿阔叶林、常绿落叶阔叶混交林、针阔叶混交林大部分分布在圆塘林区六十田；尤其是林场目前保存连片面积达 3000 多亩天然次生阔叶林，是磐安县连片面积最大、保存最完好、极具研究价值的阔叶林；阔叶树种有番荔枝（Annona squamosa）、野鸦椿（Euscaphis japonica）、野八角回香（Illicium simonsii）、华东楠、紫楠等，平均海拔 700m 左右。针叶林分布在圆塘林区、朝阳林区，海拔在 850~980m 左右。竹林分布在朝阳林区水竹坞，海拔在 770~960m。落叶矮林分布在朝阳林区旗架山周围，海拔在

960~1073m。

磐安县动物资源相当丰富。其中，哺乳纲属国家一级保护的珍贵动物有虎(*Panthera tigris*)、金钱豹(*Panthera pardus*)、龟纹豹(*Neofelis nebulosa*)；二级保护的有猕猴、香狸(*Viverricula indica*)、赤麂、黑麂、穿山甲、野山羊(*Capra ibex*)、野猪、松圆塘鼠(*Sciurus vulgaris*)等。鸟纲中属国家一级保护的有秋沙鸭(*Mergus squamatus*)、天鹅等；属二级保护的有红角鸮(*Otus thilohoffmanni*)、大斑啄木鸟(*Dendrocopos major*)等。此外，爬行纲、鱼纲、节肢类、益虫类资源也相当丰富。

5.6.1.3 经济社会条件

大盘镇总面积71.34km²，辖19个行政村36个自然村96个村民小组2947户，总人口7593人。2010年全镇工农业生产总值2.1亿元，其中工业销售产值1.8亿元，农业总产值2928万元，农民人均纯收入5114元。圆塘林场2010年财务总收入144.5万元，其中竹木销售收入41.7万元，上级各项专项补助收入99万元，其他收入3.8万元；林场财务总支出144.1万元，其中林业生产建设支出33.8万元。

5.6.2 建设内容

(1)在常绿阔叶林内建有1个森林小气候观测场，规格为16m×20m，配置了Compbell自动气象站(图5-23)。

(2)在松林、杉木林、阔叶林、针阔混交林、毛竹林、灌木林、经济林、未成林造林地、无林地内，建设了9个监测不同植被类型的地表径流场，径流场围堰的规格为20m×5m。

(3)在9种不同植被类型内设置了相应的固定样地，监测森林植被特征与动态。

5.6.3 研究内容

(1)典型植被类型的群落特征。通过站区森林资源的全面调查，揭示区域典型森林群落组成和分布特征，同时系统研究生态环境因子对群落结构、物种组成、生物量、生物多样性的影响。

图5-23 磐安站自动气象站

（2）常绿阔叶林生态系统的生态过程。以林场大面积连片的天然次生阔叶林为研究对象，开展常绿阔叶林生态系统的结构和生产力，常绿阔叶林生态系统养分、水分循环模式和规律，常绿阔叶林生态系统生态系统 C、N、P、H_2O 的耦合机理等研究。

（3）不同植被类型的调水理水差异及机理。主要依托 9 个地表径流场，监测对比不同植被的地表径流量、林冠截留量、径流泥沙含量、水质元素含量等，研究森林群落的水土保持、水源涵养及净化水质的功能，为森林生态系统效益评估提供数据。

（4）利用植物样地调查数据，计算主要植被类型的生物量和碳贮量，分析不同林分、林龄结构的碳密度以及土壤的碳贮量，并对植物固碳释氧的效益进行估算。

5.7 莲都站

莲都站建在丽水市莲都区峰源林场大山峰林区，丽水是浙江省公益林面积最大地区，处于浙江省第二流域瓯江流域，莲都区为国家级生态示范区；峰源林场大山峰林区平均海拔 1000m 左右，林区森林覆盖率 97.3%，森林茂密、植被类型多样，在此设立高海拔森林生态定位站，建立森林生态环境动态监测和预警体系，可为丽水乃至浙西南山地生态区的生态环境建设、森林资源可持续利用和经济社会的可持续发展提供科学依据（图 5-24）。

5.7.1 建设区概况

5.7.1.1 自然地理特征

莲都区位于浙西南腹地，瓯江中游，为丽水市人民政府驻地，是全市政治、经济、文化中心，浙南闽北交通枢纽。地理坐标介于东经 119°38′~120°08′、北纬 28°06′~28°44′之间，东邻青田县，西靠松阳县，南与云和县、景宁县毗邻，东北与缙云县交界，西北与金华市武义县接壤。西北长 70km，东西宽 56km，总面积 1497.33km²。

莲都区处在括苍山、洞宫山、仙霞岭 3 条山脉之间，地型属浙南中山区，以丘陵山地为主，间有小块河谷平原。境内地形可分为河谷平原、丘陵、山地 3 种。其中平原主要有碧湖平原和城郊平原，低丘和高丘占全区总面积的 57%，低山、中山面积占全区总面积的 30.2%。

莲都站建在峰源林场大山峰林区。峰源林场是莲都区境内的 3 个国有林场之一，创建于 1964 年 8 月，坐落莲都峰源山区，距市区 59km；林场下属 11 个林区，总面积 2793.33hm²，其中林业用地面积 2633.33hm²，森林覆盖率 90.3%；公益林面积 1713.33hm²，占林场总面积 64%。峰源林场大山峰林区位于东经 119°41′~119°52′、北纬 28°07′30″~28°15′之间。地形以丘陵山地为主，地势自西南向东北倾斜，地貌类型以中山为主，最高峰为莳垟尖，海拔 1326m；林区河流属瓯江水系，境内主要溪流为瓯江二级支流——峰源溪；气候为中亚热带季风气候，四季分明，雨量充沛。

5.7.1.2 森林资源概况

莲都区林业用地面积 12.14 万 hm²，森林覆盖率 80%。其中有林地 10.66 万 hm²，疏林地 6.67hm²，灌木林地 1.35 万 hm²，未成林造林地 1133.33hm²，苗圃地 13.33hm²，无立木林地 233.33hm²，宜林地 13.33hm²，辅助生产林地 6.67hm²。全区公益林面积 6.86万 hm²，其中国家级公益林 7736.33hm²，占公益林总面积的 11.28%，省级公益林 6.09

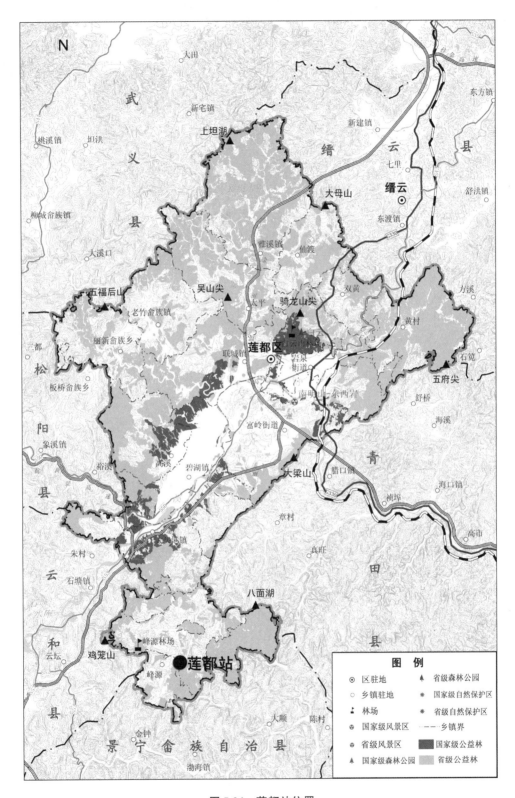

图 5-24　莲都站位置

万 hm², 占 88.72%。

莲都区在植被分区上属中亚热带常绿阔叶林地带甜槠木荷植被区，植物区系组成复杂，种质资源丰富，垂直分布带谱明显。现有植被大体可分为山地草灌丛、针叶林、针阔混交林、落叶阔叶林、常绿阔叶林、竹林及红花油茶、厚朴、茶叶等人工植被。

莲都区野生植物资源丰富，有木本植物 93 科 278 属 655 种，列入国家重点保护的珍贵植物有南方红豆杉、华东黄杉（*Pseudotsuga gaussenii*）、钟萼木（*Bretschneidera sinensis*）、香果树、黄山木兰（*Magnolia cylindrica*）、长叶榧（*Torreya jackii*）、凹叶厚朴、短萼黄连（*Coptis chinensis* var. *brevisepala*）、八角莲（*Dysosma versipellis*）等。野生动物种类较多，其中脊椎动物有 5 纲 37 目 76 科 400 多种；哺乳纲动物属国家一类保护的有黑鹿，属国家二类保护的有穿山甲、大灵猫、水獭、猕猴、九江狸（*Viverra zibetha*）、野山羊等；爬行纲动物属国家一类保护动物有鼋（*Pelochelys cantorii*）；两栖纲动物属国家二类保护动物有大鲵（*Andrias davidianus*）。

5.7.1.3 经济社会条件

莲都区共辖 5 个镇 7 个乡 6 个街道 368 个行政村 22 个社区 4 个镇属居民区；人口 38.2 万人，其中非农业人口 12.6 万人，农业人口 25.6 万人。全区 2010 年实现地区生产总值 168.88 亿元，按可比价计算，比上年增长 12.2%，第一产业增加值 12.31 亿元，增长 3.5%；第二产业增加值 72.64 亿元，增长 14.6%，其中工业增加值 60.71 亿元，增长 15.8%；第三产业增加值 83.93 亿元，增长 11.4%。三大产业结构为 7.3∶43.0∶49.7。按常住人口计算人均生产总值 40 150 元，增长 11.5%。

5.7.2 建设内容

5.7.2.1 森林环境监测设施

建设了 1 个森林小气候观测场，规格为 16m×20m，配置了 Compbell 自动气象站。

5.7.2.2 森林群落监测设施

在森林小气候观测场附近的针阔混交林内设置 1 个 1hm²（100m×100m）的永久性固定大样地，辅助红外摄像头，同时在木寮村阔叶林内设置村建立 1 个 40m×40m 的固定样地，用于对森林植物和野生动物进行监测。

5.7.2.3 森林保育土壤监测设施

在 2 个监测样地内各布设 1 个 5m×10m 的样方，在样方内将直径 0.6cm、长 20～30cm 铁钉间隔 100cm 水平布设，沿坡面垂直方向打入坡面，定期观测钉帽露出地面高度与原露出高度的差值，计算区域土壤侵蚀量（图 5-25～图 5-27）。

5.7.3 研究内容

（1）以中亚热带高海拔森林生态系统为研究对象，依托气象、土壤、植物等监测指标，揭示森林生态系统的结构和功能的关系及其动态变化规律，研究森林生态系统物质的生态过程，寻求森林资源可持续发展与合理经营的有效途径。

（2）通过设置森林保育土壤监测设施，研究区域土壤侵蚀和水土流失的状况、规律及其对生态环境的影响，旨在调整森林群落结构和组成，提高森林的固土保肥、水土保持功能。

图 5-25 莲都站自动气象站

图 5-26 莲都站固定大样地

图 5-27 莲都站野外监测

（3）针对高海拔湿地特殊性，合理设置湿地监测指标，系统开展高海拔湿地营养元素的生物地球化学过程、湿地生态系统土壤质量变化、湿地演变过程与生物多样性变化、人类活动对湿地环境变化的影响等研究。

5.8 定海站

海岛公益林在浙江省公益林中具有重要和独特的地位，建设好海岛公益林，构筑绿色屏障，防止和减轻自然灾害，是林业建设的一项重要而紧迫的任务。定海站（又称海岛站）建于舟山市定海区城东街道长岗山森林公园内，公园位于定海区东北侧山麓，总面积499.4hm²。定海站的建设将丰富浙江省森林生态定位站的监测类型，通过其开展森林结构、生产力、多样性等监测和森林涵养水源、固土保肥等效益测定，为沿海防林的建设管理提供支撑。

5.8.1　建设区概况

5.8.1.1　自然地理特征

舟山市(群岛)位于浙江省的东北部,长江口南端,介于东经 121°31′~123°25′、北纬 29°32′~29°31′04″之间。舟山群岛是天台山山脉向东北延伸入海的露头部分,属海岛丘陵地貌,整个岛群呈北东走向依次排列;南部大岛较多,海拔较高,排列密集,北部多为小岛,地势较低,分布较散;主要岛屿有舟山岛、岱山岛、朱家尖岛、六横岛等,其中舟山岛最大,面积为 502km²,为中国第四大岛(图 5-28)。

定海区总面积 1444km²,其中陆地面积 568.8km²,海域面积 875.2km²,最高峰为黄杨尖山,海拔 503.6m。全境有大小岛屿 127 个,海岸线总长 428.07km。境内土壤以红壤为主,矿藏较少。其气候属北亚热带南缘海洋性季风气候,常年主导风为夏季东南风,冬季西风;年平均气温 15.6~16.6℃;年平均降水量 927~1620mm;年平均风速 3.3~7.2m/s;每年 7~9 月出现的热带风暴和台风,是最主要的灾害性天气。

5.8.1.2　森林资源概况

定海区林业用地面积 2.96 万 hm²,森林覆盖率 50.7%。其中有林地 2.62 万 hm²,灌木林地 2164.93hm²,未成林造林地 129.27hm²,无立木林地 504.53hm²。全区公益林面积为 1.9 万 hm²,其中国家级公益林 5936.27hm²,占 31.25%,省级公益林 39 179.8hm²,占 68.75%。定海区森林植被属中亚热带常绿阔叶林北部亚地带,原始森林植被因长期受人为活动影响已消失殆尽,取而代之的是大面积的次生植被。目前主要分布的是落叶阔叶林,分布于东皋岭以下至东湾村口一带的阔叶林树木高大,郁郁葱葱;毛竹林主要分布于东湾、胜利、大洋岙、小洋岙等村边土层深厚的山坡中下部;经济林分布于缓坡深厚土层的山体中。

长岗山森林公园古树名木较多,有桂花(*Osmanthus fragrans*)、柿树(*Diospyros kaki*)、香樟、枫香等。经济林景观是长岗山森林公园的特色景观之一,主要树种有杨梅(*Myrica rubra*)、桃(*Prunus persica*)、枇杷(*Eriobotrya japonica*)、柑橘(*Citrus reticulata*)等,特别是东湾村的大片杨梅林,更是远近闻名。公园野生动物种类较多,常见的有獐(*Hydropotes inermis*)、穿山甲、黄麂(*Muntiacus muntjak*)、野鸭、白鹭等,特别是獐,属国家二级保护动物,在舟山的分布数量占全省的大部分。

5.8.1.3　经济社会条件

定海区为舟山市政府所在地,是全市政治、经济、文化的中心,辖 6 个街道 7 个镇 3 个乡,另有社区居委会 41 个、村民委员会 113 个、新型社区 82 个、村民小组 2192 个。总人口 37.5 万人,其中城镇人口 25.6 万人,占总人口的 68%。

近年来,定海国民经济持续快速发展,综合实力显著增强,海洋经济新体系已初步形成。拥有丰富的海洋自然资源,尤其是渔业资源得天独厚,所处的舟山渔场是全国最大的渔场,也是中国目前海洋渔业生产力最高、渔业资源丰富的海域。2010 年全区生产总值 211.16 亿元,第一产业增加值 7.43 亿元,第二产业增加值 92.78 亿元,第三产业增加值 110.94 亿元。按户籍人口计算,人均生产总值 56 282 元。全年海洋经济总产出 330 亿元,海洋经济增加值 105 亿元。地方财政一般预算收入 6.20 亿元,增长 15.7%。

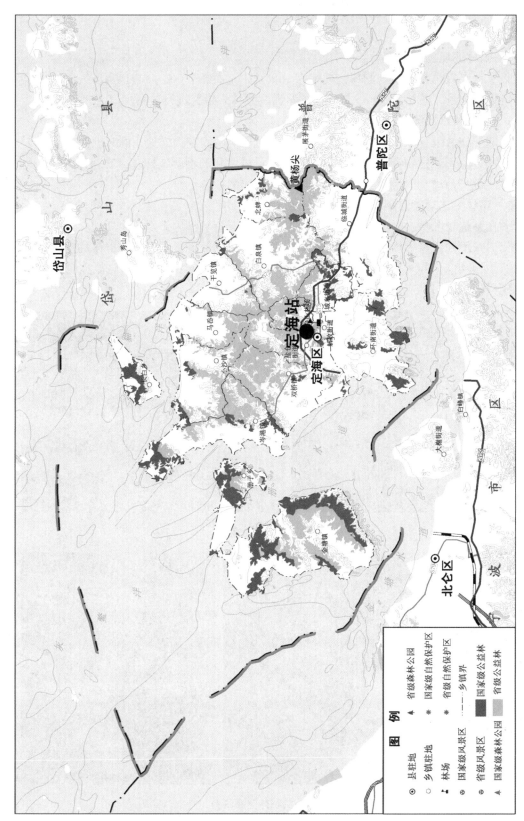

图 5-28　定海站位置

5.8.2 建设内容

5.8.2.1 森林环境监测设施

建设了1个森林小气候观测场，规格为16m×20m，配置了Compbell自动气象站；建有1个林火观测场，规格为10m×10m，对温湿度等林火指标进行监测。

5.8.2.2 森林资源监测设施

在针阔混交林设置1个1hm²(100m×100m)的永久性固定大样地，同时设置若干固定样方及小样方，用于植物资源调查。另外，设置了昆虫和动物调查样线，对森林昆虫、大型兽类、两栖类动物和湿地鸟类的种类和数量进行监测。

5.8.2.3 森林生态功能监测设施

分别在常绿阔叶林、针阔混交林、灌木林等不同群落类型内设有固定样地，主要用于观测与海岸线不同距离梯度和不同类型的森林防风减灾的效益、监测植被群落的动态和森林的保育土壤功能，同时在样地内布置盐雾试验箱(东莞盐雾试验箱)，对盐雾腐蚀情况进行测定(图5-29、图5-30)。

图5-29 定海站自动气象站

图5-30 定海站野外监测设施

5.8.3 研究内容

依托点、片、网结合的定位监测体系开展相关研究。其中，点即自动气象站和林火监测站，是定位站技术的核心和关键；片即固定样地；网即海防林生态效益监测网格体系。

(1)在深入研究区域植物区系特点、物种组成、群落空间结构、生物量、物种多样性及森林生态系统生产力进行动态监测的基础上，同时结合森林内昆虫、两栖类、大型兽类的调查，综合探讨森林健康状况及可持续发展状况。

(2)运用气象定位站和各种便携式仪器，对森林生境的光、热、水、气、土等环境要素进行长期定位监测，开展森林生态系统与生态环境关系的研究。

(3)舟山作为一个海岛市，环境脆弱，土壤瘠薄，特别是大气盐雾对人们的生产、生活影响极大。借助室内试验和室外监测相结合的方法，筛选出抗盐雾胁迫、防风能力强的树种，为海岛的适地适树技术研究打下基础。并通过研究此类特殊区域的自然环境，对海岛生态环境、立地条件进行评价，提出相关的解决办法和应对措施。

附　录：

附录1　定位研究团队联盟构成情况

附表1-1　定位研究团队联盟构成

	姓　名	性别	单　位	专业技术资格/学位	研究方向
核心成员	李土生	男	浙江省林业生态工程管理中心	教授级高工/博士	森林生态
	江　波	男	浙江省林业科学研究院	研究员/博士	森林培育
	江　洪	男	浙江农林大学	浙江省政府特聘教授/博士	生态学
	张金池	男	南京林业大学	教授/博士	水土保持
	余树全	男	浙江农林大学	教授/博士	森林生态
	阮宏华	男	南京林业大学	教授/博士	森林生态
	王浩杰	男	中国林业科学研究院亚热带林业研究所	研究员/博士	森林保护
	周本智	男	中国林业科学研究院亚热带林业研究所	研究员/博士	森林生态
	高洪娣	女	浙江省林业生态工程管理中心	工程师/硕士	森林生态
	宋绪忠	男	浙江省林业科学研究院	副研究员/博士	生态学
	杨淑贞	女	浙江天目山国家级自然保护区管理局	高级工程师/学士	保护区管理
	张长山	男	浙江凤阳山—百山祖国家级自然保护区凤阳山管理处	高级工程师/学士	保护区管理
其他成员	邱瑶德	男	浙江省林业生态工程管理中心	高级工程师/硕士	森林生态
	周子贵	男	浙江省林业生态工程管理中心	高级工程师/硕士	森林生态
	应宝根	男	浙江省林业生态工程管理中心	高级工程师/硕士	森林生态
	张　勇	男	浙江省林业生态工程管理中心	工程师/硕士	水土保持
	高智慧	男	浙江省林业科学研究院	研究员/硕士	森林生态
	袁位高	男	浙江省林业科学研究院	研究员/博士	森林培育
	朱锦茹	女	浙江省林业科学研究院	研究员/硕士	林木种苗
	张　骏	男	浙江省林业科学研究院	助理研究员/博士	森林生态
	侯　平	男	浙江农林大学	教授/博士	森林生态
	温国胜	男	浙江农林大学	教授/博士	森林生态
	白尚斌	男	浙江农林大学	副教授/博士	森林生态
	陈　健	男	浙江农林大学	副教授/博士	遥感监测
	宋新章	男	浙江农林大学	副教授/博士	森林生态
	马元丹	女	浙江农林大学	讲师/博士	森林生态
	伊力塔	男	浙江农林大学	讲师/博士	森林生态
	王艳红	女	浙江农林大学	讲师/博士	森林生态
	刘美华	女	浙江农林大学	讲师/博士	森林生态

（续）

	姓　名	性别	单　位	专业技术资格/学位	研究方向
其他成员	俞　飞	女	浙江农林大学	实验员/硕士	森林生态
	王　彬	男	浙江农林大学	研究助理/硕士	森林生态
	原焕英	女	浙江农林大学	研究助理/硕士	森林生态
	胡海波	男	南京林业大学	教授/博士	水土保持
	俞元春	男	南京林业大学	教授/博士	森林土壤
	鲁小珍	女	南京林业大学	副教授/硕士	水土保持
	庄家尧	男	南京林业大学	副教授/博士	森林水文
	张增信	男	南京林业大学	讲师/博士	森林气象
	于水强	男	南京林业大学	讲师/博士	森林生态
	林　杰	女	南京林业大学	讲师/博士	森林经理
	杨艳荣	女	南京林业大学	讲师/博士	气候模拟
	虞木奎	男	中国林业科学研究院亚热带林业研究所	研究员/博士	生态工程
	张建锋	男	中国林业科学研究院亚热带林业研究所	研究员/博士	生态修复
	陈双林	男	中国林业科学研究院亚热带林业研究所	研究员/博士	竹林生态
	杨校生	男	中国林业科学研究院亚热带林业研究所	副研究员/博士	生态评价
	胡炳堂	男	中国林业科学研究院亚热带林业研究所	副研究员	森林土壤
	王祖良	男	浙江天目山国家级自然保护区管理局	工程师/硕士	生态旅游
	赵明水	男	浙江天目山国家级自然保护区管理局	高级工程师/学士	自然生态
	牛晓玲	女	浙江天目山国家级自然保护区管理局	工程师/硕士	植物保护
	叶立新	男	浙江凤阳山—百山祖国家级自然保护区凤阳山管理处	高级工程师/学士	自然保护
	刘胜龙	男	浙江凤阳山—百山祖国家级自然保护区凤阳山管理处	工程师/学士	自然保护
	李美琴	女	浙江凤阳山—百山祖国家级自然保护区凤阳山管理处	工程师/专科	自然保护
	毛玉明		开化县林场	工程师/场长	林学
	陆仁方		庙山坞自然保护区	工程师/场长	林学
	唐永强		新安江林场	工程师/场长	林学

附录2 定位研究活动相关照片

2.1 会议照片

附图2-1 定位监测站培训 　　　　附图2-2 定位站建设论证

附图2-3 浙江省森林生态定位研究网络工作会议

2.2 指导培训照片

附图 2-4 领导视察省级森林生态站

附图 2-5 专家指导天目山站野外布点

附图 2-6 野外数据采集指导

附图 2-7 监测人员野外操作培训

附录 3 定位研究主要观测仪器设备简介

3.1 气象因子观测仪器

3.1.1 标准自动气象站

标准自动气象站是一个自动实时监测记录环境因子的测量系统。主要由 05103-L 风速风向、HMP45C-L 温湿度、CM11 辐射、CS616-L 土壤湿度、107/108-L 土壤温度、TE525MM-L 雨量筒、CS705 降雨适配器、DRD11A 雨感、CS105 气压、STP01 土壤温度廓线、HTP01 土壤热通量板、CNR1-L 净辐射计、CSD-1 日照时数、LI190SB 光量子、CS420 嵌入式水下压力、CSIM11-L PH 值、CS547A 电导率等十几种传感器组成,传感器中 STP01 土壤温度廓线、HTP01 土壤热通量板、CS616-L 土壤湿度、107/108-L 土壤温度安装在土壤剖面中,其他传感器安装在地表或地面上,全部传感器由 CR23X 数据采集器控制。监测指标主要包括风速、风向、太阳辐射、空气温度、降雨量、相对湿度、大气压、光合有效辐射等一些基本气象指标,也包括监测土壤温湿度等影响植物生长的土壤技术参数(附图 3-1)。

3.1.2 CAWS1000-GWS 梯度自动观测系统

CAWS1000-GWS 梯度自动观测系统是对近地面层气象要素进行梯度观测的自动观测系统,其由梯度观测铁塔、系统主控制器单元、数据采集器单元、气象要素传感器、本地原始采样数据存储卡、电源供电系统、远程数据通讯系统和组网中心站数据通讯软件系统组成。它可以实现风速、风向、温度、湿度的自动梯度观测,同时还可以根据实际的观测需求增加其他观测要素,如气压、辐射要素等。CAWS1000-GWS 梯度自动观测系统采用的是总线式结构,因此可以根据实际观测需求,随意地增减、设置观测的高度、分层数以及各层的观测要素等(附图 3-2)。

3.1.3 Campbell 自动气象站

Campbell 自动气象站包括多种类型的气象传感器,有 05103 风速风向传感器、HMP45C 温湿度传感器、CSD3 日照时数传感器、255－100 蒸发传感器、107-L 土壤温度探头、CS616-L 土壤水分探头、IRR-P 红外测温仪(测量地表温度)等传感器,还包括了 T3M 气象铁支架、CR1000 数据采集器等设备。气象站能自动监测并记录环境中大气温湿度、风速、风向、气压、降水、太阳辐射、分层土壤温湿度等要素值(附图 3-3)。

附图 3-1　标准自动气象站　　附图 3-2　CAWS1000-GWS　附图 3-3　Campbell
　　　　　　　　　　　　　　梯度自动观测系统　　　自动气象站

3.2　植物因子观测仪器

3.2.1　LAI-2200 植物冠层分析仪

其为便携式的数字植物冠层分析系统，可测量植物叶面积指数、盖度、光合有效辐射及林窗比等参数，既能测量低矮植物也可测量高大的植物树冠(附图 3-4)。

3.2.2　VERTEX 超声测高、测距仪

该仪器利用超声波原理，使用异频雷达发射器定位，仪表超声测量，自动计算出所测物体的高度、距离、倾角等参数，可测量、记录多个高度。广泛应用于林木资源调查、优良树木品种定位等工作(附图 3-5)。

3.2.3　TDP 插针式植物茎流计

TDP 插针式植物茎流计是利用 Grainer 热扩散传感器(TDP)原理，直接插入边材两根热电偶探针，上面的探针包含一个电加热器，下面的探针作为参照，根据 dT 变量和 0 流速时的 dTm 可以直接转换为茎流速率，再根据边材面积求出茎流通量(附图 3-6)。

附图 3-4　LAI-2200　　　附图 3-5　VERTEX　　　附图 3-6　TDP
植物冠层分析仪　　　　超声测高、测距仪　　　插针式植物茎流计

3.2.4 LI-6400XT 便携式光合仪

LI-6400XT 便携式光合仪代表了目前用于测量整个叶片光合作用测定系统的最高水平。该仪器测量因子包括 CO_2 浓度、H_2O 浓度、空气温度、叶片温度、相对湿度、露点温度、大气压、净光合速率、蒸腾速率、胞间 CO_2 浓度、气孔导度等。在实验过程中还可以控制叶片周围的 CO_2 浓度、H_2O 浓度、温度、相对湿度、光照强度和叶室温度等相关环境条件(附图 3-7)。

3.2.5 Imaging-PAM 叶绿素荧光成像系统

该仪器可满足从单细胞到全叶片、从分子生物学到生态学的不同需求,具有全叶片光合作用分析功能。可测荧光诱导曲线并进行淬灭分析,可测快速光响应曲线,可利用多孔板做多个微藻样品的同时成像,可不连接显微镜测量绿色荧光蛋白(GFP)荧光等(附图 3-8)。

3.2.6 LA-S 型植物年轮分析系统

LA-S 型植物年轮分析系统可自动判读年轮数、各年轮平均宽度、早材及晚材宽度、各年轮切向角度和面积,可自动划分出年轮边界、早材边界、晚材边界,以及识别出很窄的树轮等,其广泛运用于树木年代学、生态学和城市树木存活质量研究(附图 3-9)。

3.2.7 WP4-T 露点水势仪

露点水势仪由露点微伏计与其相匹配的系列探头(传感器)组成,用以在实验室或野外快捷、方便地测定土壤、植物叶片和枝条等的水势,研究样品水势随温度的变化规律和比较不同样品间水势(附图 3-10)。

  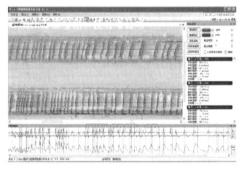

附图 3-7 LI-6400XT
便携式光合仪

附图 3-8 Imaging-PAM
叶绿素荧光成像系统

附图 3-9 LA-S 型植物年轮分析系统

3.2.8 TCR 全站仪

TCR 全站仪主要包括主机、弯管目镜、可拆卸基座、支架、微型目标板等。利用全站仪可以测定样地中每株树木基部三维坐标(x, y, z),进而了解和掌握林分的空间分布与格局(附图 3-11)。

3.2.9 Dynamax 包裹式植物茎流测量系统

其利用能量平衡原理,应用 Dynagage 能量平衡传感器,通过测量水分运输时产生的热量变化,进而确定植物茎流和植物的水分消耗。加接其他传感器,则可测量环境因子(空气温湿度、PAR、土壤温湿度等)下的植物茎流(附图 3-12)。

附图 3-10 WP4-T　　　　附图 3-11 TCR　　　　附图 3-12 Dynamax
露点水势仪　　　　　　　全站仪　　　　　　包裹式植物茎流测量系统

3.2.10 TRU 树木雷达检测系统

其是为了检测树木内部结构受损程度而设计的。它利用地面探测技术与核磁共振技术对树木进行非侵入式扫描,并可以清晰成像。本系统有两种独立的测量方法,分别用于测量树干及树根的健康状况和结构的完整性(附图 3-13)。

3.2.11 HPFM 植物导水率测定仪

该仪器的工作原理是通过提供稳定或匀速增加的压力驱动不同的水流通过样本,根据水流压力的变化及流速等指标确定样本的水阻/导水率。其是野外快速定量分析植物根部和茎杆导水率的新工具,也可测量枝条、叶柄以及根系导水率,并进行树体根系的压力分析(附图 3-14)。

附图 3-13 TRU　　　　　附图 3-14 HPFM　　　　附图 3-15 2000 型
树木雷达检测系统　　　　植物导水率测定仪　　　　全自动纤维素分析仪

3.2.12 2000 型全自动纤维素分析仪

纤维分析仪是按照国际通用的标准纤维测定方法专门设计配置的专用分析仪器，主要由 A2000I 主机、热封器和标注笔等组成。可用于分析粗纤维、中性洗涤纤维、酸性洗涤纤维、木质素、纤维素及半纤维素含量等(附图 3-15)。

3.2.13 CI-600 植物根系生长监测系统

CI-600 植物根系生长监测系统可分析根系长度、直径、面积、体积、根尖记数等，功能强大，操作简单，广泛用于根系形态和构造研究，可进行植物根系生理指标测定(附图 3-16)。

3.2.14 SC-1 稳态气孔计

SC-1 稳态气孔计是采用稳态技术测量叶片的气孔导度的仪器。将已知扩散率的通道夹子夹在叶片上，通过测量夹在叶片表面通道的水蒸汽压梯度得到水蒸汽通量，进而利用水蒸气通量和已知的通道扩散率计算出叶片的气孔导度(附图 3-17)。

3.2.15 LI-3000C 型植物叶面积分析仪

其由控制单元和传感器组成，能简单、快速、精确地测量各种叶片的面积，并能对具有穿孔和不规则边缘的叶片进行准确测定(附图 3-18)。

附图 3-16　CI-600 植物根系
生长监测系统

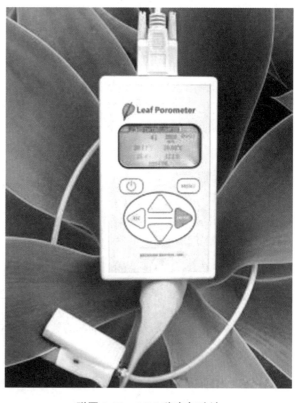

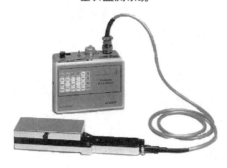

附图 3-18　LI-3000C 型植物叶面积分析仪　　　　附图 3-17　SC-1 稳态气孔计

3.2.16　3005 型植物水势压力室

3005 型植物水势压力室用于测量植物整片叶或枝条的水势，叶片或枝条夹在样品室，通过气体加压，观察第一滴组织液渗出时的压力(附图 3-19)。

3.2.17　LI-250A 光照计

LI-250A 光照计用于测量太阳光、植物冠层下、植物生长箱和温室中的光合有效辐射。利用其光度测量传感器在建筑造型中测量可见光强度，利用其日射光度传感器在气象、水文或环境的研究中测量太阳有效辐射(附图 3-20)。

3.2.18　SPECTROTEST 便携式光谱仪

1979 年德国斯派克分析仪器公司生产出世界上第一台移动式光谱仪，首次成功实现了金属材料的成分分析和材料分选，开创了光谱仪广阔的应用前景。便携式光谱仪目前已广泛应用于钢铁、有色金属加工、航空航天、机械、电力、石化、造船、压力容器等众多领域(附图 3-21)。

附图 3-19　3005 型　　　附图 3-20　LI-250A　　附图 3-21　SPECTROTEST
植物水势压力室　　　　　　光照计　　　　　　　便携式光谱仪

3.2.19　LT/ACR-2002 型人工气候室

LT/ACR-2002 人工气候室广泛应用于生物工程、植物生理生态、植物保护、野外环境模拟等领域，可以很好的模拟自然界的各种气候条件，精确地控制植物生长所需自然条件下的空气温湿度、光照以及土壤温湿度等气象环境因子，以及通过气体注入系统进行 CO_2、O_2、空气流速等因子的控制，实现自然界环境条件的真实模拟，从而实现对植物土壤呼吸、植物光合等生理生态指标的长期观测与研究，进一步探讨森林生态系统的结构和功能，更深层次地揭示森林对温室效应、碳循环等全球气候变化的响应与适应的过程和机理(附图 3-22)。

3.2.20　原状根部取样钻

用于研究根部系统可能的生长情况，测量根部系统的深度和密度，根钻可以在任何类型的土壤中垂直使用(附图 3-23)。

附图 3-22　LT/ACR-2002 型人工气候室　　　　　附图 3-23　原状根部取样钻

3.2.21　自制树干碳排放测定系统

树干 CO_2 流量对陆地森林生态系统总碳平衡的影响很大，并且受时间和空间等复杂物理和生物过程的影响。自制树干碳排放测定系统能够对树干 CO_2 流量进行长期和短期测量。当使用长期测量叶室时，能够在同一位置自动测量树干 CO_2 流量的日变化，测量时间为几个星期或几个月。

3.2.22　Dynamax-DEX 植物生长测量系统

Dynamax-DEX 植物生长测量系统由数据采集器、茎干传感器及枝条传感器组成，可在线观测树木的生长和累积变化，并可以连续取得有关植物的数据，大大提高植物与环境关系研究的准确性。

3.3　土壤因子观测仪器

3.3.1　Trime-T3 土壤水分测定仪

Trime-T3 土壤水分测定仪是利用 TDR 原理（Time Domain Reflectometry），根据探测器发出的电磁波在不同介电常数物质中的传输时间的不同，计算出被测物含水量。其主要用于在样地进行长期土壤含水量的观测，可测量土壤深达 3m 的剖面含水量（附图 3-24）。

3.3.2　AquaSorp 土壤等温水分特征曲线快速测量仪

该仪器采用动态露点等温线（DDI）方法制作的全自动土壤水分特征曲线等温线发生器，能快速准确地制作出上百个数据点的完整土壤水分特征曲线等温线图谱，具有重复测量的功能，并能够模拟完整的土壤干湿过程所表现出来的不同特征，可针对任何含水量土壤进行测量（附图 3-25）。

3.3.3　LI-8150 土壤碳通量自动测量系统

LI-8150 土壤碳通量自动测量系统能够对土壤 CO_2 流量进行长期测量和短期测量。当使用长期测量室时，其能够在同一位置，自动测量土壤 CO_2 流量的日变化，测量时间可以是几个星期，甚至几个月；利用短期测量室，则能够快速测量土壤 CO_2 流量，并且得到多个位置的数据，能完成空间变异较强的准确测量（附图 3-26）。

附图 3-24　Trime-T3
土壤水分测定仪

附图 3-25　AquaSorp 土壤等温水
分特征曲线快速测量仪

附图 3-26　LI-8150
土壤碳通量自动测量系统

附图 3-27　Lysimeter/KL2
自动称重蒸渗仪

3.3.4　Lysimeter/KL2 自动称重蒸渗仪

不同的研究内容需要不同的结构、测量设备、处理方法和数据采集工具，Lysimeter/KL2 自动称重蒸渗仪可实现 4 种不同标准规格的设计。其在林业方面主要用来测定土壤水向下的渗漏量，可用于研究森林水肥耦合机制、土壤水量平衡和地下水补给等问题（附图 3-27）。

3.4　水文因子观测仪器

3.4.1　YSI Level Scout 水位跟踪者

其用于精确测量水位和温度，水位量程高达 210m。数据记录模式包括线性、线性平均、事件触发和对数式采样。可野外更换 Data Scout 数据监控软件，用于设置记录频率、显示表格或图形数据、绝对压力数据的大气压相关性修正、下载数据、获取实时数据样本以及设置报警提示等(附图3-28)。

3.4.2　Tiasch 干湿沉降收集仪

Tiasch 干湿沉降收集仪用于收集和分离总的降水和颗粒沉积,方便实验室分析 pH 值和电导等参数。该取样器适合各种野外苛刻的环境条件,两侧拥有互相对称的收集器,一个收集器在降雨时打开,另一个在两次降雨之间打开,确保不降雨时收集干的颗粒沉积(附图3-29)。

3.4.3　DS5X 多参数水质分析仪

DS5X 多参数水质分析仪可现场快速观测水体中的溶解氧、叶绿素 a、蓝藻(藻胆蛋白,淡水中测藻蓝蛋白,海水中测藻红蛋白)、若丹明 WT、铵/氨离子、硝酸根离子、氯离子、环境光、总溶解气体以及水体的 pH 值、ORP(氧化还原电位)、电导率(盐度、总溶解固体、电阻)、温度、深度、浊度等共 15 种甚至更多参数(附图3-30)。

附图 3-28　YSI Level Scout　　附图 3-29　Tiasch　　附图 3-30　DS5X
水位跟踪者　　　　　　　　干湿沉降收集仪　　　多参数水质分析仪

3.4.4　DIK6000 人工模拟降雨器

其能模拟自然降雨,可应用于土壤地表径流观测、土壤侵蚀等领域的研究。在一定范围内能任意调节雨滴的尺寸和降雨量,也可调整降雨的起始时间,操作、安装简便,降雨均匀度高(附图3-31)。

3.4.5　7852 型自动记录雨量计

该仪器由一个数据采集器和一个 0.2mm 的翻斗式雨量桶组成,通过软件可以观测降雨开始时间和结束时间以及降雨速率,广泛应用于森林水文过程的动态监测(附图3-32)。

3.4.6　Odyssey 自动水位记录仪

Odyssey 自动水位记录仪适用于地下水和地表水的测量。该仪器包括数据采集器和传感器,传感器分为电容式和压力式两种。电容式传感器省去了铝制绳缆,传感器可以与水底接触;压力传感器可以浸入水中,同时测量水温(附图3-33)。

3.4.7　H-F-1 地表径流量测量系统

H-F-1 地表径流量测量系统用于测量流速从低到高变化大的水流流量,也适合测量农田灌溉水流量、高山融化的雪水水流量或工业排污的水流量。其有两个超声波传感器，一个用于测量堰口水面的高度，另一个是参照传感器，测量物理距离，修正因不同天气状况对测量传感器的影响（附图3-34）。

附图 3-31　DIK6000 人工模拟降雨器

附图 3-32　7852 型自动记录雨量计

附图 3-33　Odyssey 自动水位记录仪

附图 3-34　H-F-1 地表径流量测量系统

3.5　大气因子观测仪器

3.5.1　KEC-900 大气负离子连续测定仪

负离子测定仪是吸引空气（或者带有离子存在的气体）通过带电的平行极化电极板进行计数空气中的离子（气体）浓度的仪器。其外侧二板保持极化（正、负）电势，中间是线性检测器板，既可测定正离子，又可测定负离子（附图3-35）。

3.5.2　EC150 开路 CO_2/H_2O 分析仪

其是一种用于开路涡度相关系统的 CO_2/H_2O 分析仪。它不仅可以同步测量 CO_2 和 H_2O 的绝对浓度，还能测量采样管内气体的温度和压强。与此同时，EC150 还配置安装了一支 CSAT3A 三维超声风速探头，以实现三维超声风速和超声虚温的测量（附图3-36）。

3.5.3　LI-7700 开路式 CH_4 分析仪

该仪器采用涡度协方差方法原位测量 CH_4，非常适合测量微弱的 CH_4 吸收光谱。CH_4 的密度测量是基于甲烷吸收谱带的单一吸收线。利用波长调制光谱技术（WMS），可对感兴趣的吸收线进行激光波长连续扫描，信号经过放大后被调制频率谐波检出（附图3-37）。

图 3-35　KEC-900 大气负　　　附图 3-36　EC150 开路　　　　附图 3-37　LI-7700
离子连续测定仪　　　　　　　CO₂/H₂O 分析仪　　　　　　开路式 CH₄ 分析仪

3.5.4　PN1000 便携式二氧化硫检测仪

该仪器带有气体采样泵，采用泵吸式检测，主动吸气、反应更快、测量准确，其测量可选范围为 0~10ppm、50ppm、100ppm、500ppm、5000ppm；分辨率为 0.001ppm（0~10ppm）、0.01ppm（0~100ppm）、0.1ppm（0~1000ppm 以上）。仪器整机体积小、重量轻，防水、防尘、防爆、防震，有声、光震动报警及数据恢复等功能（附图 3-38）。

3.5.5　GD80-NOₓ 便携式氮氧化物检测仪

其是一款连续检测空气中氮氧化物气体浓度的仪器，采用先进的电化学传感器和微控制器技术，响应速度快，测量精度高，稳定性和重复性好。各项参数用户可自定义设置，测量范围：0~20ppm、100ppm、500ppm、1000ppm、2000ppm、5000ppm 可选；分辨率：0.01ppm（0~100ppm）、0.1ppm（0~1000ppm）、1ppm（1000ppm 以上）；检测精度：≤±3%（附图 3-39）。

附图 3-38　PN1000　　　　　附图 3-39　GD80-NOₓ　　　　附图 3-40　DUSTTRAK
二氧化硫检测仪　　　　　　　氮氧化物检测仪　　　　　　TM DRX 8533 粉尘仪

3.5.6　DUSTTRAK TM DRX 8533 粉尘仪

其可以测量的气溶胶包括灰尘、烟雾、浓烟和薄雾，能同时测量 5 个不同粒径段的质量浓度分布，分别对应 PM1、PM2.5、可吸入颗粒物、PM10 和总 PM（＜15μm）（附图 3-40）。

3.5.7　YQ-8 多路气体采样器

YQ-8 多路气体采样器是采集污染空气的仪器，一般由收集器、流量计和抽气动力系统三部分组成，其能自动累计采样体积，自动测量大气压，并同时根据气压、温度换算累计标况体积(附图 3-41)。

3.5.8　XLZ-300 型红外线气体分析仪

300 型红外线气体分析仪是在线式仪表，采用了不分光式红外线分析和电化学式氧分析两种测量原理，可用来连续测定混合气体中一种或多种组份浓度，如 CO、CO_2、CH_4、SO_2、NO、C_2H_4、C_3H_6、C_3H_8 等气体的浓度。另外，还可附加一个氧浓度测量(附图 3-42)。

3.5.9　LAS 大口径闪烁仪

大口径闪烁仪以发光二极管(LED)作为光源，工作时，发射器发出两束平行光束，接收器被放置在距离发射器 250～60000m 的位置。根据弱散射原理，通过计算光强的起伏变化来测量折射率波动的结构常数 C_{n2}，横向风的风速由两次波束信号间的时滞协方差得出。由 C_{n2} 得出温度脉动结构常数 C_{T2}，并通过自然对流尺度分析，结合气象传感器测量的温度、气压等结果，通过软件计算出传播路径上的显热通量、潜热通量、蒸散量等(附图 3-43)。

附图 3-41　YQ-8 多路
气体采样器

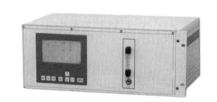
附图 3-42　XLZ-300
型红外线气体分析仪

附图 3-43　LAS
大口径闪烁仪

3.6　实验室常用测定仪器

3.6.1　Hach DR1010 COD 测定仪

Hach DR1010 COD 测定仪是采用密封催化消解法测定 COD 的值。在强酸性溶液中，加入一定量重铬酸钾作氧化剂，在专用复合催化剂存在下，于 165℃ 恒温加热消解水样，重铬酸钾被水中有机物还原为三价铬，在特定波长处测定三价铬离子含量，从而计算出所消耗氧的数量(附图 3-44)。

3.6.2　K9860 全自动凯氏定氮仪

其是根据蛋白质中氮的含量恒定的原理，通过测定样品中氮的含量从而计算蛋白质含量的仪器，因蛋白质含量测量计算的方法叫做凯氏定氮法，故被称为凯氏定氮仪。该仪器主要用于检测谷物、食品、水、土壤、淤泥、沉淀物和化学品中的氨氮和蛋白质氮含量，同时也可测定二氧化硫等物质(附图 3-45)。

3.6.3　FP650 火焰光度计

火焰光度计是以发射光谱法为基本原理的一种分析仪器。物质中的金属原子外层电子吸收火焰的热能，而跃迁到受激能级，再由受激能级回复到正常状态时，电子就要释放能量。这种能量的表征是发射出金属原子所特有波长的光谱线光谱。利用火焰的热能使某种元素的原子激发发光，并用仪器检测其光谱能量的强弱，进而判断物质中某元素含量的高低(附图 3-46)。

附图 3-44　Hach DR1010 COD 测定仪　　附图 3-45　K9860 全自动凯氏定氮仪　　附图 3-46　FP650 火焰光度计

3.6.4　C862 电导仪

一般用于化工、冶金、环保、制药、科研、食品和自来水等溶液中电导率值的连续监测，配合不同常数的电导电极可以测量多种量程的电导率值(附图 3-47)。

3.6.5　JY1600C 电泳仪

电泳技术是分子生物学研究不可缺少的重要分析手段，应用电泳仪便可以对不同物质进行定性或定量分析，或将一定混合物进行组份分析或单个组份提取制备(附图 3-48)。

3.6.6　UV-3501S 紫外可见分光光度计

紫外可见分光光度计定量分析基础是朗伯-比尔(Lambert-Beer)定律，即物质在一定浓度的吸光度与它的吸收介质的厚度呈正比，该仪器能在紫外可见光谱区域内对物质做定性、定量分析，是常规实验室必备的多用途分析仪器，实用性强，测试准确(附图 3-49)。

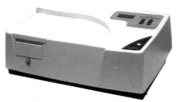

附图 3-47　C862 电导仪　　　附图 3-48　JY1600C 电泳仪　　　附图 3-49　UV-3501S
紫外可见分光光度计

3.6.7　LWY-84B 控温式远红外消煮炉

LWY-84B 控温式远红外消煮炉可用于对植株、种子、饲料、食品、土壤、矿石等样品化学分析之前消煮处理。加热炉采用碳化硅远红外加热板加热，具有升温快的特点。其可与定氮仪配套使用，用于被测样品中有机氮转化为无机氮的高温消煮处理(附图 3-50)。

3.6.8　GGX-800 原子吸收分光光度计

该仪器具有原子吸收、火焰发射、氘灯背景校正、自动调零、自动点火、自动波长扫描等功能。主要用于样品中的钾、钠、钙、镁、金、银、铜、铅、锌、锰、铁、铬、镍、钴等微量元素含量的检测(附图 3-51)。

3.6.9　FUTURA 连续流动分析仪

连续流动分析仪是采用片段流动技术，利用连续流从各种试剂容器中吸出的试样溶液，在流路系统中将试样与试剂混和，用蠕动泵将空气、试样和试剂分别吸引到已确定的流路中，最终到达自动检测器完成检测的分析过程。常用于土壤、植物等样品中氨氮、硝态氮/亚硝态氮、磷酸盐、硅酸盐、硼、硫化物等的自动分析(附图 3-52)。

3.6.10　BT-9300Z 激光粒度分析仪

主要用于各种悬浮液、泥浆、粉末、土壤等各种样品的颗粒度分析，是目前颗粒度分析中最客观、最迅速的分析方法，已广泛应用于国内外农林、环保、磨料、有色金属等各个领域。该仪器的使用可全方位了解土壤的粒径情况，从而大大加强在水土保护、防护林研究、林业种植等方面的研究(附图 3-53)。

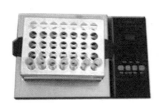

附图 3-50　LWY-84B　　　　附图 3-51　GGX-800　　　　附图 3-52　FUTURA
控温式远红外消煮炉　　　　原子吸收分光光度计　　　　连续流动分析仪

3.6.11 SPAD-502Plus 叶绿素测定仪

其也叫便携式叶绿素仪,小巧轻便,易携带。是通过测量叶子在红色区域和近红外区域的吸收率来确定叶片当前叶绿素的相对数量(附图3-54)。

3.6.12 1101 光合蒸腾作用测定系统

该仪器用于测定气体中 CO_2 浓度、空气湿度等要素,通过这些参数可以计算出植物的光合(呼吸)速率、蒸腾速率。适用于与生物代谢生理和水分生理有关的实验课教学及生态学研究工作(附图3-55)。

 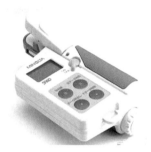 

附图 3-53 BT-9300Z 激光粒度分析仪　　附图 3-54 SPAD-502Plus 叶绿素测定仪　　附图 3-55 1101 光合蒸腾作用测定系统

3.6.13 PCR 仪

PCR 仪就是利用 DNA 聚合酶对特定基因做体外或试管内的大量合成。目前常用的技术可以将一段基因复制为原来的 100 亿至 1000 亿倍(附图3-56)。

3.6.14 BS323S 精密电子天平

主要用于实验样品、药品等的精确称量。BS323S 电子天平具有超级双杠杆单体传感器,防静电涂层玻璃防风罩、自动校准系统、超载保护,最大称重320g,可读性1mg(附图3-57)。

附图 3-56 PCR 仪　　附图 3-57 BS323S 精密电子天平

附录4 定位研究常规观测技术

4.1 森林小气候观测

依托自动气象站,按照地面气象观测规范第17部分——自动气象站观测(QX/T 61-2007)的要求,定期维护仪器设备,采集监测数据(观测指标如附表4-1)。

附表4-1 自动气象站观测指标

指标类别	测定指标	单位	观测频度
天气状况	晴、阴、多云、风、雨、雪等		1次/d
	气压	Pa	连续观测
风力和风向	作用在森林表面的风速等级	$m \cdot s^{-1}$(冠层上方3m)	1次/h
	作用在森林表面的风向	°	连续观测
空气温度	最低温度	℃	1次/d
	最高温度	℃	1次/d
	定时温度	℃	1次/h
地表及土壤温度	地表定时温度	℃	1次/h
	地表最低温度	℃	1次/d
	地表最高温度	℃	1次/d
	5cm深度地温	℃	1次/h
	10cm深度地温	℃	1次/h
	30cm深度地温	℃	1次/h
	40cm深度地温	℃	1次/h
空气湿度	相对湿度	%	1次/h
	降水总量	mm	连续观测
	降水强度	$mm \cdot h^{-1}$	连续观测
	蒸发量	mm	1次/d
辐射	总辐射量	$MJ \cdot m^{-2}$	1次/h
	净辐射量	$MJ \cdot m^{-2}$	1次/h
	直接辐射量	$MJ \cdot m^{-2}$	1次/h
	反射辐射量	$MJ \cdot m^{-2}$	1次/h
	UVA/UVB辐射量	$MJ \cdot m^{-2}$	1次/月
	日照时数	h	1次/d

4.2 森林生物观测

4.2.1 森林群落调查

4.2.1.1 乔木层调查

在固定样地内，采用每木检尺调查，起测胸径为5.0cm，每木检尺一律用钢围尺，读数记到0.1cm，检尺位置为树干距上坡根颈1.3m高度处，并挂标牌来长期固定胸径测量位置。调查的因子主要包括树种、树高、胸径、枝下高等。同时要用GPS确定样地地理位置和海拔高度，破坏性调查不能在样地内进行，所有的野外试验设施都必须处于样地外，结果记入调查附表4-2。

4.2.1.2 灌木层调查

在固定样方内，分别调查记录灌木(下层木)的种类、株数、盖度、平均地径、平均高度，结果记入调查附表4-3。

4.2.1.3 草本层调查

在固定小样方内，分别调查记录草本植物的种类、数量(丛、株)、平均高、盖度等，结果记入调查附表4-4。

附表4-2 ＿＿＿＿＿＿**乔木层调查表**

样地号：　　　　地点：　　　　调查时间：　　　　调查人：

编号	树种	胸径(cm)	树高(m)	枝下高(m)	冠幅 EW×SN(m×m)	备注
备注	林分郁闭度					

附表4-3 ＿＿＿＿＿＿**灌木层调查表**

样地号：　　　　地点：　　　　调查时间：　　　　调查人：

编号	树种名称	株数	平均地径(cm)	平均高度(m)	盖度(%)	备注

附表4-4 ＿＿＿＿＿＿**草本层调查表**

样地号：　　　　地点：　　　　调查时间：　　　　调查人：

编号	植物名称	平均高度(cm)	株数(株)	盖度(%)	备注

4.2.2 林分生产力测定

林分生产力的测定包括固定样地内乔木、灌木和草本层的干、枝、叶、果、根及凋落物量的测定。测定时间周期为每年 1 次，在生长季结束后，一般为当年 12 月至次年 2 月。

4.2.2.1　乔木层生物量测定

（1）标准木测定

在森林群落调查基础上，确定标准木，标准木按固定样方中的指标确定后，在外围相似地带寻找测定。通过测定各树种标准木的各部分生物量，再换算成样地或单位面积的生物量。

（2）树干生物量测定

在选取标准木后，按 Stoo 分层切割法，以 2m 为一区分段进行分割、称重，并立即剥皮、称重、计量、取样，取样要求样品量为 200～500g。样品从心材至树皮等比例（呈扇形）采集，而后带回实验室，置 80℃ 的烘箱内烘至恒重，称重计量，结果记入实测记录附表 4-5。

附表 4-5　_____树干区分段生物量实测记录表

样地号：　　　　　地点：　　　　　调查时间：　　　　　调查人：

段号	总鲜重（kg）	样品重(g)				各段总重(kg)				备注
		干		皮		干		皮		
		鲜重	干重	鲜重	干重	鲜重	干重	鲜重	干重	

在进行树干生物量测定的同时，进行树干解析。在伐倒木中分别截取基部、1.3m、3.6m、5.6m、7.6m、9.6m 处的圆盘，并测定树梢的长度，将圆盘带回室内判读，结果记入实测记录附表 4-6。

附表 4-6　_____树干解析木圆盘实测记录表

样地号：　　解析木号：　　地点：　　树干高度：　　调查时间：　　调查人：

圆盘号	断面高		径向	各龄阶直径(cm)									
	年轮数			年									
				年	年	年	年	年	年	年	年	年	年
		带皮	去皮										

（3）枝叶生物量测定

在进行树干生物量测定的同时，分别称量各区分段的枝叶总重量，并按平均基径及平均枝长每段抽取标准枝 2～3 枝，摘叶，分别称量枝重和叶重。从各部标准枝中取枝样 200g 左右，叶样 50g 左右，带回实验室置 80℃ 的烘箱内至绝干重，测定含水率。换算统计后求得各株枝、叶的重量，结果记入实测记录附表 4-7。

附表 4-7   枝叶果生物量实测记录表

样地号：   地点：   调查时间：   调查人：

段号	枝号	基径 (cm)	枝长 (cm)	枝量(kg)				叶量(kg)				果实(kg)			
				鲜重		干重		鲜重		干重		鲜重		干重	
				总重	样重	样重	总重	总重	样重	样重	总重	总重	样重	样重	总重

（4）根量测定

在测定其他地上各部分生物量后，从树干位置开始向四周小心清除表土，首先弄清横向根群的水平伸展范围，然后逐渐向下挖掘，使根系全部露出。根周围土壤应尽量沿根系延伸方向逐渐取出，以利分辨是否属于标准木的根系，挖掘深度以最深根系为准。随着挖掘工作的进展，应同时在方格纸上按适宜的比例尺将根系形态（水平分布与垂直分布）绘制下来。

根量的测定：先将侧根按 20cm 为一层，并分截成 30cm 等长根段，量各段中央直径。按中央直径 <2mm、2～5mm、5～10mm、10～20mm、>20mm 进行分级称鲜重，并各取样 200g 左右带回室内置 80℃ 的烘箱内至绝干重，结果记入实测记录附表 4-8。

附表 4-8   乔木层根量实测记录表

样地号：   地点：   调查时间：   调查人：

层次	项 目		根径(mm)					备注
			<2	2～5	5～10	10～20	>20	
	总重(kg)	鲜重						
		干重						
	样品(g)	鲜重						
		干重						
	总重(kg)	鲜重						
		干重						
	样品(g)	鲜重						
		干重						
	总重(kg)	鲜重						
		干重						
	样品(g)	鲜重						
		干重						

4.2.2.2 灌木（下层木）生物量测定

依据调查结果，分别确定不同树种、等级的样株 3～5 株，在样方外围选取，分杆、枝、叶、果、根称重，取样并带回实验室烘干，按株数推算各单位面积生物量，结果记入实测记录附表 4-9。

附表 4-9　　　　　　　　　灌木（下层木）生物量实测记录表

样地号：　　　　　地点：　　　　　调查时间：　　　　　调查人：

树种	样株号	项目	杆重		枝重		叶重		果实重		根重	
			鲜重	干重	鲜重	干重	鲜重	干重	鲜重	干重	鲜重	干重
		全株（kg）										
		样品（g）										
		全株（kg）										
		样品（g）										
		全株（kg）										
		样品（g）										

4.2.2.3　草本层生物量测定

依据调查结果，在样方外选择类似地段采用整株挖掘法取样、称重，并带回实验室烘干、称重，通过换算求得各单位面积的生物量，结果记入实测记录附表 4-10。

附表 4-10　　　　　　　　　草本层生物量实测记录表

样地号：　　　　　地点：　　　　　调查时间：　　　　　调查人：

植物名称	地上部分生物量				根　量				备注
	总重（kg）		样品重（g）		总重（kg）		样品重（g）		
	鲜重	干重	鲜重	干重	鲜重	干重	鲜重	干重	

4.2.2.4　凋落物测定

凋落物收集器采用 100cm×100cm×20cm 的木箱，并用 3mm 以下孔径的尼龙纱网作箱底。在样方内采用机械布点法，于生长季前放入林内，每个月收集 1 次，以 1 年为 1 个周期。

每次测定时，用塑料袋收集样品全部带回实验室，区分叶、枝、皮、果、碎屑等称量鲜重，置 80℃烘箱内烘干至恒重，测得各样品的绝干重量，求得含水率后，再换算成样地或单位面积的凋落物重量，结果记入实测记录附表 4-11。

附表 4-11　　　　　　　　　凋落物实测记录表

样地号：　　　　　地点：　　　　　调查人：

时间	项　目	枝重		叶重		果实重		皮重		碎屑重		备注
		鲜重	干重	鲜重	干重	鲜重	干重	鲜重	干重	鲜重	干重	
1 月	总量（kg）											
	样品（g）											
2 月	总量（kg）											
	样品（g）											

(续)

时间	项 目	枝重		叶重		果实重		皮重		碎屑重		备注
		鲜重	干重	鲜重	干重	干重	鲜重	干重	鲜重	鲜重	干重	
3 月	总量(kg)											
	样品(g)											
4 月	总量(kg)											
	样品(g)											
5 月	总量(kg)											
	样品(g)											
6 月	总量(kg)											
	样品(g)											
7 月	总量(kg)											
	样品(g)											
8 月	总量(kg)											
	样品(g)											
9 月	总量(kg)											
	样品(g)											
10 月	总量(kg)											
	样品(g)											
11 月	总量(kg)											
	样品(g)											
12 月	总量(kg)											
	样品(g)											
合计	总量(kg)											

4.2.3 植物化学指标分析方法

参照森林生态系统定位观测指标体系(LY/T 1606—2003)及实验室分析标准执行。

4.2.4 森林动物的观测

4.2.4.1 森林昆虫调查

设置大小为 1m×1m 的样方,每个样方放置无底木框,调查记录框中所有昆虫的种类。同时设置一定长度的样线调查,样线长度与调查区域的面积和生境复杂性成正比。

4.2.4.2 大型兽类调查

沿生态梯度设置若干条 5000m 长样线,沿样线进行调查,行进速度控制在 3km·h⁻¹ 左右,用自动步行计数器确定观测点位置。并借助望远镜、罗盘仪进行动物或痕迹观察和定位。

4.2.4.3 两栖类动物调查

根据生境类型设置若干 50m² 的样方,每种生境类型设样方 5~10 个,借助捕捉网、手电直接捕捉 1 昼夜，捕尽所有两栖类，记录其种类和数量。

附表 4-12　森林生物的常用观测指标

指标类型	测定指标	单位	观测频度
森林群落结构、组成	森林群落的年龄	年	1 次/5 年
	森林群落的起源	年	1 次/5 年
	乔木树高	m	1 次/5 年
	乔木胸径	cm	1 次/5 年
	乔木枝下高	m	1 次/5 年
	乔木冠幅	m × m	1 次/5 年
	树种密度	株·hm^{-2}	1 次/5 年
	树种组成		1 次/5 年
	乔木层郁闭度		1 次/5 年
	叶面积指数		1 次/5 年
	林下植被(灌木、草本)平均高		1 次/5 年
	(灌木)平均地径	cm	1 次/5 年
	林下植被盖度		1 次/5 年
	动植物种类数量		1 次/5 年
森林群落生产力	树高年生长量	m	1 次/年
	胸径年生长量	cm	1 次/年
	乔木层各器官(干、枝、叶、果、花、根)生物量	kg·hm^{-2}	1 次/年
	灌木层、草本层地上和地下部分生物量	kg·hm^{-2}	1 次/年
	凋落物量	kg·hm^{-2}	1 次/5 年
森林群落养分	植物体 C、N、P、K、Fe、Mn、Cu、Ca、Mg、Cd、Pb 含量	kg·hm^{-2}	1 次/5 年
	森林群落的枯落物平均厚度	mm	1 次/5 年

4.3　森林土壤观测

4.3.1　土壤剖面分析

选取的剖面地点要有代表性，可在样地边缘与样地条件相似的地段挖取，注意应设在植被均一、未遭受病虫害和人为因子影响的林冠下、距树干基部 1~2m 处进行。

剖面挖取深度为 100cm，若土层厚度不足则挖至母岩风化层。依据剖面表面枯落物聚集和分解特征及剖面颜色、质地、新生体、侵入体及各种障碍性因子，将剖面自上而下划分为 10 层，以 10cm 为记录单元，对剖面特征及各土壤层次的特点进行详细记录(附表 4-13、附表 4-14)。

附表 4-13 _____ 土壤实测记录表

样地号: 地点: 调查时间: 天气: 调查人:

地 形		坡 位		剖面位置:
海 拔		坡 形		
母 岩		土 类		
母 质		覆盖度		
地下水				
地面侵蚀情况				
坡 向				
坡 度				

附表 4-14 _____ 土壤各剖面层次特征

剖面图（cm）	深度（cm）	层次代号	颜色	质地	结构	松紧	根系	石砾	湿度	腐殖质	层次过渡
0											
10											
20											
30											
40											
50											
60											
70											
80											
90											
100											
说明											

4.3.2 土壤理化性质测定

根据土壤理化性质实际测量需要对剖面进行分层，在剖面上用环刀自上至下每层分别取样。并在环刀采样的相近位置另采土样 20g 左右放入铝盒内，与环刀一起装入塑料袋密闭，带回室内分别称重，测定含水量（W）。每层土壤采 2 个环刀，其中一个测容重和毛管水，另一个测土壤水分。

在环刀取样的同时，自下而上逐层分层采混合土样约 1kg 装入另一塑料袋，袋上注明剖面编号、采样地点、样地号、土层深度等，登记后带回实验室，依据国家标准测定土壤的理化性质（森林土壤的理化性质测定指标见附表 4-15）。

附表 4-15　森林土壤理化性质的常用观测指标

指标类别	测定指标	单位	观测频度
土壤物理性质	土壤厚度	mm	1 次/年
	土壤颗粒组成	%	1 次/5 年
	土壤容重	$g \cdot cm^{-3}$	1 次/5 年
	总孔隙度、毛管孔隙及非毛管孔隙度	%	1 次/5 年
土壤化学性质	pH 值		1 次/年
	土壤阳离子交换量	$cmol \cdot kg^{-1}$	1 次/年
	交换性钙和镁(盐碱土)	$cmol \cdot kg^{-1}$	1 次/年
	交换性钾和钠	$cmol \cdot kg^{-1}$	1 次/年
	交换性酸量	$cmol \cdot kg^{-1}$	酸性土壤, 1 次/年
	交换性盐基总量	$cmol \cdot kg^{-1}$	1 次/5 年
	碳酸盐	$cmol \cdot kg^{-1}$	盐碱土测定, 1 次/年
	有机质	%	1 次/年
	水溶性盐分(盐碱土测定)	%	1 次/年
	全盐量、碳酸根和重碳酸根、硫酸根、氯根、钙、镁离子、钾、钠离子	$mg \cdot kg^{-1}$	1 次/年
	全氮、水解氮、亚硝态氮	%、$mg \cdot kg^{-1}$、$mg \cdot kg^{-1}$	1 次/年
	全磷、有效磷	%、$mg \cdot kg^{-1}$	1 次/年
	全钾、速效钾、缓效钾	%、$mg \cdot kg^{-1}$、$mg \cdot kg^{-1}$	1 次/年
	全镁、有效态镁	%、$mg \cdot kg^{-1}$	1 次/5 年
	全钙、有效钙	%、$mg \cdot kg^{-1}$	1 次/5 年
	全硫、有效硫	%、$mg \cdot kg^{-1}$	1 次/5 年
	全铁、有效铁	%、$mg \cdot kg^{-1}$	1 次/5 年
	全硼、有效硼	%、$mg \cdot kg^{-1}$	1 次/5 年
	全锌、有效锌	%、$mg \cdot kg^{-1}$	1 次/5 年
	全锰、有效态锰	%、$mg \cdot kg^{-1}$	1 次/5 年
	全钼、有效态钼	%、$mg \cdot kg^{-1}$	1 次/5 年
	全铜、有效铜	%、$mg \cdot kg^{-1}$	1 次/5 年

4.3.3　土壤侵蚀测定

4.3.3.1　林地土壤侵蚀观测

在固定样地的左下方, 水平方向依次布设 3 支土壤侵蚀针(针头需垂直, 地上部分为 15cm), 位置为距样地左边线 2m, 针与针间距为 1m。主要记录侵蚀针地上部分长度, 测定因子为土壤侵蚀厚度、凋落物厚度(附图 4-1、附表 4-16)。

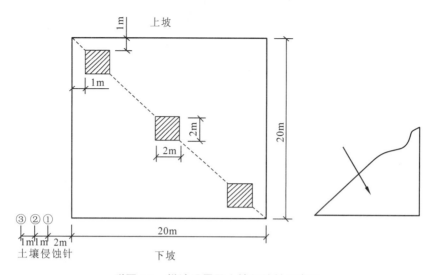

附图 4-1　样地设置及土壤侵蚀针示意图

附表 4-16　土壤侵蚀监测表

样地编号 _____

侵蚀针编号	1	2	3	平均
地上部分长度(mm)				
备注				

4.3.3.2　林地土壤侵蚀模数的计算

依托径流场测定径流泥沙含量，结合径流场的面积计算不同侵蚀强度的林地土壤侵蚀模数。径流泥沙主要包括两部分：悬浮泥沙和沉积泥沙。

悬浮泥沙测定：每次降雨结束测完集水池水深后，用聚乙烯塑料容器(容积大于 0.5L)自下而上采集，若水少可在收集沉积沙同时放一水桶接水收集；若大雨实际水深可能超过 60cm 后，应及时测定、取样和放水，否则雨量较大时，可能引起集水池溢流；将一个月收集的所有水混匀取上清液，烘干称重(0.1g)记录。

沉积泥沙测定：在排水管口绑纱布袋(2 层)，边放水边搅拌集水池中的水，等池中水全部排放后，将纱布袋编号带回，阴干称重(0.1g)记录；每次放水后要把集水槽和引水槽的枯枝落叶清理干净，若有泥沙冲洗后一并收回。

4.4　森林水文观测

4.4.1　森林水文要素测定

4.4.1.1　降水量

采用自动气象站观测的数据。

4.4.1.2　地表径流

采用地表径流场来测定。每次降雨后次日测定集水池中蓄水深度。直尺要与池底垂直，若底部有泥沙需要下插或搅拌开直至触底，读出刻度并记录。将标尺刻度和实际水深记录在附表4-17中。径流量等于把增加水深和集水池底面积相乘。

附表4-17　地表径流观测记录

编号	植被类型	接流池面积	产流量（水深cm）		测定时间（24h制）
			标尺刻度	实际水深	
1					
2					
3					
4					
5					
6					
7					
8					
9					

4.4.1.3　壤中流量

利用坡面水量平衡场壤中流观测设备，从地表径流集水槽下端混凝土浇筑的挡墙留有的水孔，用导管将地下径流引入量水器，进行观测。

4.4.1.4　林内穿透水

根据监测样地形状及面积，按一定距离画出方格线，在方格网的交点均匀布口径 >20cm 的广口瓶（以 1mm 滤网封口滤掉果、枝、花瓣等）来测定。

4.4.1.5　树干径流

调查观测样地内所有树木的胸径，按胸径对树木进行分级（一般2~4cm 为一个径级），从各级树木中选取2~3株标准木进行树干径流观测。将直径为2~3cm 的聚乙烯橡胶环开口向上，呈螺旋形缠绕于标准木树干下部，缠绕时与水平面成30°角，缠绕树干2~3圈，固定后，用密封胶将接缝处封严。将导管伸入量水器的进水口，并用密封胶带将导管固定于进水口，旋紧进水口的螺纹盖。收集导入量水器的树干径流，并进行人工或自动观测。

4.4.2　森林水质分析

森林水体理化分析采用两种方法进行，野外定期采集水样，带回实验室，参照试验室分析标准执行。另外可应用便携式水质分析仪，在野外定期定点现场速测（附表4-18）。

附表4-18　森林水质的常用观测指标

指标类别	测定指标	单位	观测频度
水体物理性质	温度	℃	1次/季
	色度	NTU	1次/季
	浊度		1次/季
	电导率	$\mu S \cdot cm^{-1}$	1次/季
	总残渣	kg	1次/季
	淤泥沉积量	$kg \cdot a^{-1}$	1次/季

（续）

指标类别	测定指标	单位	观测频度
水体的化学性质（包括富营养化指标）	pH 值		1 次/季
	矿化度	mg·dm^{-3}	1 次/季
	硬度 Ca^{2+}、Mg^{2+}	mg·dm^{-3}	1 次/年
	总碱度	mg·dm^{-3}	1 次/年
	悬浮性固体（SS）	mg·dm^{-3}	1 次/年
	可溶性固体	mg·dm^{-3}	1 次/年
	K$^+$、Na$^+$、Fe^{2+}、Al^{3+}、CO$_3^{2-}$、HCO$_3^-$、Cl$^-$、SO$_4^{2-}$	mg·dm^{-3}	1 次/年
	总氮，亚硝酸盐氮，硝酸盐氮，氨态氮	mg·dm^{-3}	1 次/年
	总磷，磷酸盐，有机磷，溶解性无机磷	mg·dm^{-3}	1 次/年
	藻类叶绿素 A	μg·dm^{-3}	1 次/季
	藻类生产的潜在能力（AGP）	mg·dm^{-3}	1 次/季
	富营养化指数		1 次/季
	微量元素（B、Mn、Mo、Zn、Fe、Cu），重金属元素（Cd、Pb、Ni、Cr、Se、As、Ti、Hg）	mg·m^{-3}	1 次/季
水体污染（常规指标）	化学需氧量（COD）	mg·dm^{-3}	发生时观测
	五日生物化学需氧量（BOD5）	mg·dm^{-3}	发生时观测
	颗粒状有机碳（POC）	mg·dm^{-3}	发生时观测
	氯离子	mg·dm^{-3}	发生时观测
	硫化物	mg·dm^{-3}	发生时观测
	凯氏氮	mg·dm^{-3}	发生时观测

4.5　森林大气质量观测

4.5.1　大气负离子、污染气体及气溶胶

选择典型林分设置样地，采用单对角线 3 点法或双对角线 5 点法布设监测点，通过大气负离子连续测定仪、便携式二氧化硫检测仪、便携式氮氧化物检测仪、粉尘仪测定。

当森林中 SO$_2$、NO$_x$ 的浓度低于分析的最低监测限而不能直接测定时，通常采用大气采样器采集森林中某一测定高度的空气，送回实验室，采用固体吸附法、溶液吸收法和低温冷凝法将样品富集起来测定。

4.5.2　大气干湿降尘

林外干湿沉降采样点应布设在研究区典型林分外的空地内，采样点四周无遮挡雨、雪、风的高大树木，并考虑风向（顺风、背风）和地形等因素；林内干湿沉降采样点应布设在研究区典型林分内。

干沉降采用集尘缸或集尘罐；湿沉降采用带盖口径 >40cm、高 20cm 的聚乙烯塑料容器。林外干湿沉降收集器的布设与周围物体（如树木、建筑物等）的距离，应不低这些物

体高度的 2 倍，平行安置两个完全相同的收集器；林内干湿沉降收集器的布设样地中选择 3 株标准木，连成一个三角形，在三角形每个边的三等分点各布设一个收集器。

4.6 森林生态系统对居民健康影响观测

参照森林生态系统长期定位观测方法体系（LY/T 1952 – 2011）观测，见附表 4-19、4-20。

附表 4-19　城市森林对居民健康影响的常用观测指标

测定指标	单　位	观测频度
（1）城市森林改善人居环境		
环境负离子	个·cm^{-3}	次/季度
空气可吸入颗粒物	个·cm^{-3}	次/季度
致病微生物（真菌、细菌）	名称及个·cm^{-2}	次/季度
植源污染物	种类	次/5 年
噪声	db	次/季度
污染气体	种类及浓度	次/季度
芬多精等	种类及浓度	次/5 年
湿热指数		次/季度
（2）城市森林对居民健康的影响		
人体生物电		不定期
心情舒爽度		不定期
血氧含量		不定期
心电		不定期
皮肤温度		不定期
呼吸		不定期
血压		不定期
环境游憩	人次或批次	批次

附表 4-20　森林生态系统健康的常用观测指标

指标类别	测定指标	单位	观测频度
病虫害的 发生与危害	有害昆虫与天敌的种类	名称	1 次/年
	受到有害昆虫危害的植株占总植株的百分率	%	1 次/年
	有害昆虫的植株虫口密度和森林受害面积	hm^2	1 次/年
	植物受感染的菌类种类	名称	1 次/年
	受到菌类感染的植株占总植株的百分率	%	1 次/年
	受到菌类感染的森林面积	hm^2	1 次/年

（续）

指标类别	测定指标	单位	观测频度
水土资源 的保持	林地土壤的侵蚀强度	级	1次/年
	林地土壤侵蚀模数	$t \cdot km^{-2}$	1次/年
	不同侵蚀强度林地面积和百分数	hm^2、%	1次/年
污染对 森林的影响	对森林造成危害的干、湿沉降组成成分		1次/年
	大气降水的酸度，即 pH 值		1次/年
	林木受污染物危害的程度		1次/年
与森林有关的灾 害的发生情况	森林流域每年发生洪水、泥石流的次数和危害程度；森林发生其他灾害的时间和程度，包括冻害、风害、干旱、火灾等		1次/年
生物多样性 与保护	国家或地方保护动植物种类、数量		1次/年
	地方特有物种的种类、数量		1次/年、动物1次/5年
	动植物编目、数量(包括土壤动物)		1次/5年
	多样性指数		1次/5年
	土壤微生物		1次/5年
	土壤酶		1次/5年
温室气体	光合速率	$\mu molCO_2 \cdot m^{-2} \cdot s^{-1}$	
	CO_2 释放量	$ml \cdot kg^{-1}$	
	土壤 CH_4 释放量	$ml \cdot kg^{-1}$	

附录 5　定位研究站历年气象观测数据摘录（2006~2010年）

附表 5-1　西湖气象站 2008.07~2010.12 全日观测月平均数据

时间（年.月）	风速(m·s⁻¹)	风向(°)	最高气温(℃)	最低气温(℃)	最大湿度(%)	最大植被温度(℃)	土温5cm(℃)	土温20cm(℃)	土温40cm(℃)	土温60cm(℃)	土湿5cm(%)	土湿20cm(%)	土湿40cm(%)	土湿60cm(%)	蒸发量(mm)	降雨量(mm)	日照时数(h)	净辐射量(MJ·m⁻²)	总辐射量(MJ·m⁻²)	颗粒物量(mg·m⁻³)
2008.07	7.78	150.66	35.97	22.06	97.40	44.47	29.83	29.15	28.05	26.97	0.22	0.23	0.28	0.36	44.9	NAN	69.10	9.62	16.61	5324.28
2008.08	6.14	85.67	35.23	21.63	98.90	43.05	29.07	28.55	27.52	26.62	0.20	0.21	0.27	0.36	53.6	NAN	77.53	10.68	17.66	5222.57
2008.09	7.37	56.98	35.23	0.00	100.0	41.04	25.96	25.84	25.26	24.84	0.22	0.22	0.28	0.36	130.8	NAN	224.99	7.86	12.81	7287.89
2008.10	5.23	63.40	29.21	10.84	95.10	35.17	20.05	20.43	20.56	21.00	0.22	0.22	0.27	0.36	50.8	NAN	117.50	4.53	9.18	7401.97
2008.11	7.57	85.66	21.87	-0.70	95.90	22.09	13.38	14.42	15.31	16.47	0.23	0.23	0.28	0.36	661.9	NAN	114.02	2.82	7.42	11635.66
2008.12	5.94	129.34	22.23	-6.64	93.60	22.63	7.44	8.84	10.11	11.65	0.19	0.19	0.25	0.34	32.2	109.3	151.35	2.42	7.55	4582.83
2009.01	6.00	107.03	15.67	-8.64	95.20	15.53	4.76	5.88	7.01	8.41	0.22	0.22	0.27	0.35	36.9	42.6	120.25	2.44	6.93	4953.90
2009.02	6.61	90.61	26.47	0.22	94.30	31.10	9.39	9.72	9.90	10.34	0.24	0.23	0.28	0.36	17.8	201.3	74.63	2.71	5.65	14618.85
2009.03	8.29	92.86	26.56	-0.10	94.40	27.42	10.23	10.76	10.62	10.81	0.24	0.23	0.28	0.36	168.7	152.4	96.43	4.47	8.77	24517.00
2009.04	6.15	81.41	29.77	0.00	93.40	36.13	17.10	16.45	15.57	15.05	0.22	0.22	0.28	0.36	73.4	124.2	178.23	8.43	15.07	10009.06
2009.05	6.64	86.58	34.22	11.06	93.10	41.64	20.79	20.79	19.96	19.14	0.17	0.17	0.25	0.34	98.9	77.3	214.56	10.84	18.13	3954.04
2009.06	6.61	166.48	35.58	15.76	91.70	48.65	21.43	24.20	23.06	22.13	0.17	0.17	0.27	0.35	75.5	93.2	169.77	12.29	15.72	5621.39

注：表中"NAN"为因仪器损坏等原因导致数据不正常或丢失。

（续）

时间 (年.月)	风速 (m·s⁻¹)	风向 (°)	最高 气温 (℃)	最低 气温 (℃)	最大 湿度 (%)	最大 植被 温度 (℃)	土温 5cm (℃)	土温 20cm (℃)	土温 40cm (℃)	土温 60cm (℃)	土湿 5cm (%)	土湿 20cm (%)	土湿 40cm (%)	土湿 60cm (%)	蒸发 量 (mm)	降雨 量 (mm)	日照 时数 (h)	净辐 射量 (MJ·m⁻²)	总辐 射量 (MJ·m⁻²)	颗粒 物量 (mg·m⁻³)
2009.08	26.77	152.6	0.31	188.42	26.36	26.05	25.59	25.06	0.20	0.20	0.27	0.36	162.76	14.06	118.12	10.21	28.18	39.37	100.26	87.42
2009.09	22.86	84.4	0.31	92.84	22.86	23.00	23.16	23.13	0.19	0.18	0.26	0.34	101.14	8.74	70.50	6.09	23.58	39.37	96.03	95.59
2009.10	18.30	56.6	0.34	208.10	18.17	18.67	19.27	19.76	0.19	0.18	0.26	0.34	126.91	10.97	68.71	5.94	18.96	39.34	170.05	85.85
2009.11	9.48	219.4	0.32	196.45	11.32	12.40	13.99	14.86	0.21	0.19	0.26	0.34	71.34	6.16	32.67	2.82	9.64	39.32	97.52	72.15
2009.12	4.83	86.9	0.29	175.89	6.54	7.71	9.36	10.42	0.22	0.20	0.27	0.35	68.09	5.88	24.89	2.15	4.92	39.32	118.14	55.53
2010.01	4.09	31.4	0.38	160.30	5.32	6.09	7.13	8.10	20.37	19.98	27.43	35.56	73.38	196.54	33.89	90.78	4.28	39.32	108.63	152.46
2010.02	5.93	173.5	0.46	137.37	6.80	7.23	7.87	8.38	19.47	17.78	26.03	34.18	69.27	167.57	34.07	82.42	6.48	39.32	78.08	670.35
2010.03	8.55	312.0	0.51	122.29	9.19	9.31	9.58	9.67	19.13	17.88	25.60	33.66	104.94	281.09	61.21	163.95	8.94	39.33	134.26	87.13
2010.04	12.11	146.6	0.38	119.64	12.94	12.73	12.90	12.27	20.77	18.82	26.39	34.11	119.41	309.51	73.98	191.74	12.72	39.33	111.99	173.85
2010.05	19.41	82.2	0.38	121.46	18.34	17.89	17.75	16.58	22.06	20.06	27.09	34.82	143.76	385.06	93.59	250.68	20.23	39.34	137.49	83.52
2010.06	21.75	163.1	0.32	143.74	20.63	20.22	20.41	19.03	21.99	19.82	26.71	34.40	131.05	339.67	89.95	233.13	22.66	39.36	104.82	91.64
2010.07	26.57	164.3	0.31	173.58	24.73	24.07	24.04	22.60	23.80	21.13	28.14	35.61	152.35	408.08	114.08	305.53	27.73	39.38	145.34	158.33
2010.08	28.15	98.3	0.27	167.31	25.48	25.06	24.36	23.73	23.71	21.06	28.17	35.66	188.75	505.54	137.78	369.05	29.75	39.39	224.24	167.74
2010.09	24.41	151.2	0.23	83.04	23.77	23.65	23.70	23.28	23.33	20.65	27.70	35.42	121.09	803.11	86.20	580.56	25.33	39.38	339.79	258.87
2010.10	NAN	NAN	NAN	NAN	NAN	NAN	NAN	NAN	NAN	NAN	NAN	NAN	NAN	NAN	NAN	NAN	NAN	NAN	NAN	NAN
2010.11	12.09	51.4	0.08	67.77	15.80	12.46	13.19	14.34	14.94	0.20	0.17	0.25	87.94	493.45	37.68	285.88	12.39	39.34	241.04	132.23
2010.12	6.85	0.0	0.27	171.54	34.02	7.43	8.53	10.19	11.08	0.23	0.19	0.27	74.39	199.26	31.44	84.21	7.06	39.33	156.05	68.13

附表 5-2　桐庐气象站 2006.07～2010.12 全日观测月平均数据

时间 (年.月)	大气 温度 (℃)	降雨量 (mm)	风速 (m·s⁻¹)	风向 (°)	土温 5cm (℃)	土温 20cm (℃)	土温 40cm (℃)	土温 60cm (℃)	土湿 5cm (%)	土湿 20cm (%)	土湿 40cm (%)	土湿 60cm (%)	太阳辐 射强度 (kW·m⁻²)	太阳 辐射量 (MJ·m⁻²)	净辐射 强度 (W·m⁻²)	净辐 射量 (MJ·m⁻²)	植被 温度 (℃)	空气相 对湿度 (%)	日照 时间 (h)
2006.07	26.52	138.2	0.237	46.10	26.98	26.19	25.46	24.91	21.53	12.60	14.75	16.51	0.096	8.27	66.50	5.75	27.08	89.39	67.38
2006.08	26.55	30.8	0.203	78.90	26.70	26.16	25.64	25.27	13.13	8.45	11.43	14.76	0.112	9.72	81.33	7.03	27.36	82.14	93.25
2006.09	20.75	151.3	0.128	167.86	22.27	22.48	22.62	22.73	17.50	10.46	12.64	15.77	0.072	6.25	44.93	3.88	21.30	88.36	62.03
2006.10	18.96	21.0	0.120	124.86	21.25	20.41	20.32	20.41	11.76	7.06	10.40	13.71	0.056	4.82	33.65	2.91	19.45	85.66	62.32
2006.11	13.04	68.5	0.107	114.51	16.30	17.47	15.96	16.43	13.09	7.32	9.88	13.20	0.034	2.97	12.77	1.10	13.23	81.86	40.51
2006.12	5.67	21.9	0.125	174.92	9.17	10.19	10.17	10.98	17.87	9.97	13.04	15.05	0.032	2.78	5.39	0.47	5.86	82.30	41.09
2007.01	3.75	104.4	0.128	160.40	6.88	7.42	6.95	7.60	19.43	10.65	13.64	15.37	0.029	2.53	7.06	0.61	3.87	84.38	38.82
2007.02	8.86	66.7	0.178	147.50	10.78	10.43	9.48	9.54	19.01	10.54	13.63	15.27	0.054	4.69	27.65	2.39	9.36	80.23	71.73
2007.03	11.07	176.3	0.207	177.79	13.64	13.16	11.77	11.73	20.34	11.15	14.18	15.81	0.068	5.84	45.27	3.91	11.69	81.42	81.40
2007.04	14.46	101.0	0.211	115.63	17.08	17.01	15.10	14.93	18.90	10.66	13.90	15.69	0.075	6.49	54.55	4.71	15.24	77.97	71.36
2007.05	20.37	43.6	0.258	21.83	21.28	19.94	18.40	18.00	18.86	10.44	13.57	15.57	0.097	8.36	74.23	6.41	21.50	82.40	80.23
2007.06	22.87	210.9	0.177	53.18	27.46	23.12	21.76	21.34	21.94	11.57	14.64	16.47	0.069	5.92	53.29	4.60	23.72	91.42	44.77
2007.07	27.15	26.0	0.329	11.27	29.77	28.43	25.69	25.08	19.32	10.28	13.57	15.96	0.100	8.65	79.35	6.85	28.31	81.95	82.72
2007.08	26.55	44.0	0.219	10.07	29.63	29.49	26.18	25.77	17.45	9.70	12.62	15.87	0.092	7.97	73.47	6.35	27.65	83.11	73.26
2007.09	21.98	12.5	0.142	54.59	30.35	24.94	22.89	22.89	19.80	10.63	13.68	16.32	0.059	5.07	42.47	3.67	22.70	88.14	46.59
2007.10	17.36	176.0	0.159	64.19	25.10	22.03	20.10	20.39	18.32	9.97	13.39	15.83	0.059	5.13	36.08	3.12	18.14	84.65	72.21
2007.11	10.49	27.4	0.146	91.70	16.63	15.10	14.56	15.20	16.66	8.82	11.44	13.95	0.042	3.67	17.08	1.48	11.02	82.80	51.22
2007.12	7.24	55.3	0.111	116.32	12.06	11.59	10.60	11.22	20.33	10.35	12.78	14.42	0.025	2.13	6.46	0.56	7.41	88.11	67.38

（续）

时间（年.月）	大气温度（℃）	降雨量（mm）	风速（m·s⁻¹）	风向（°）	土温5cm（℃）	土温20cm（℃）	土温40cm（℃）	土温60cm（℃）	土湿5cm（%）	土湿20cm（%）	土湿40cm（%）	土湿60cm（%）	太阳辐射强度（kW·m⁻²）	太阳辐射量（MJ·m⁻²）	净辐射强度（W·m⁻²）	净辐射量（MJ·m⁻²）	植被温度（℃）	空气相对湿度（%）	日照时间（h）
2008.01	2.62	85.30	0.13	106.09	83.02	6.89	7.52	6.93	7.80	21.34	10.90	13.79	15.39	0.0196	1.69	0.63	0.05	2.66	84.19
2008.02	1.93	51.40	0.20	88.38	95.04	6.30	5.74	4.65	5.14	21.87	11.25	14.06	15.57	0.0533	4.60	23.88	2.06	2.56	79.94
2008.03	10.99	47.50	0.21	98.29	93.11	14.05	11.70	10.68	10.47	20.81	10.88	13.88	15.50	0.0731	6.31	44.12	3.81	11.70	73.30
2008.04	14.98	99.50	0.17	63.19	93.83	18.95	15.69	14.56	14.32	21.57	11.32	14.20	16.02	0.0635	5.49	47.46	4.10	15.74	81.28
2008.05	20.29	189.40	0.19	22.43	84.31	22.56	20.43	18.40	18.00	17.19	9.74	13.02	15.76	0.0995	8.60	77.76	6.72	21.64	76.99
2008.06	22.13	400.90	0.12	52.26	89.35	25.01	24.21	21.16	20.93	23.51	12.54	15.09	17.17	0.0658	5.69	52.11	4.50	23.02	89.27
2008.07	25.96	205.70	0.16	18.66	80.78	NAN	29.21	24.87	24.40	23.16	12.26	14.85	17.06	0.1045	9.03	84.60	7.31	27.49	86.03
2008.08	25.40	145.90	0.10	38.66	89.41	NAN	28.60	25.35	25.09	22.38	12.56	14.58	16.80	0.0785	6.78	63.53	5.49	26.60	88.50
2008.09	23.19	92.70	0.08	77.92	96.45	NAN	26.64	23.80	23.70	22.38	12.59	14.69	16.66	0.0591	5.10	44.67	3.86	24.12	88.17
2008.10	17.82	71.90	0.08	76.73	98.49	25.89	22.39	20.21	20.49	20.22	11.65	13.99	15.88	0.0507	4.38	30.98	2.68	18.60	85.92
2008.11	10.80	124.60	0.09	102.98	98.22	16.95	19.71	15.12	15.75	22.46	12.48	14.78	16.08	0.0329	2.85	9.96	0.86	11.20	85.20
2008.12	5.56	19.10	0.15	86.53	94.12	19.37	13.48	9.18	9.97	10.94	5.99	7.44	8.27	0.0300	2.81	3.74	0.32	5.55	75.32
2009.01	2.93	35.0	0.14	123.63	63.60	10.26	12.58	6.34	7.07	21.43	11.97	14.33	14.81	0.035	3.00	6.89	0.60	1.16	74.26
2009.02	8.59	203.1	0.15	156.04	43.61	9.56	13.73	9.71	9.84	22.98	13.10	15.57	16.55	0.034	2.93	16.97	1.47	8.87	86.82
2009.03	11.47	93.1	0.18	98.34	46.41	12.38	14.22	11.31	11.34	23.19	13.36	15.99	17.30	0.069	5.98	46.57	4.02	12.14	78.80
2009.04	15.06	130.1	0.16	85.38	46.63	15.68	16.84	14.41	14.17	21.99	12.96	15.77	17.37	0.090	7.75	64.68	5.59	16.00	74.67
2009.05	19.15	117.9	0.12	28.94	29.99	19.21	21.35	18.10	17.84	21.04	12.70	15.68	17.40	0.101	8.71	79.11	6.83	20.31	77.56
2009.06	23.23	80.3	0.09	28.34	15.00	21.97	24.84	20.65	20.29	22.38	13.09	15.82	17.27	0.088	7.61	71.87	6.21	24.28	85.96

（续）

时间 （年·月）	大气温度 （℃）	降雨量 （mm）	风速 （m·s⁻¹）	风向 （°）	土温5cm （℃）	土温20cm （℃）	土温40cm （℃）	土温60cm （℃）	土湿5cm （%）	土湿20cm （%）	土湿40cm （%）	土湿60cm （%）	太阳辐射强度 （kW·m⁻²）	太阳辐射量 （MJ·m⁻²）	净辐射强度 （W·m⁻²）	净辐射射量 （MJ·m⁻²）	植被温度 （℃）	空气相对湿度 （%）	日照时间 （h）
2009.07	25.90	184.2	0.12	63.90	17.20	24.75	27.20	23.58	23.22	20.77	12.26	15.15	17.35	0.086	7.46	70.15	6.06	26.84	84.23
2009.08	25.78	219.9	0.09	52.51	20.22	24.31	29.84	22.56	22.09	23.68	14.04	16.76	20.16	0.071	6.11	61.16	5.28	26.62	89.56
2009.09	22.97	10.3	0.05	94.78	23.95	23.10	27.19	22.82	22.73	16.91	9.83	12.02	16.71	0.050	4.33	38.83	3.35	23.68	87.72
2009.10	17.14	26.6	0.09	49.54	29.90	18.34	20.61	19.02	19.26	17.09	10.06	14.10	17.02	0.059	5.09	39.00	3.37	18.01	82.01
2009.11	9.46	148.3	0.00	0.00	0.00	11.77	15.50	13.59	14.25	19.59	11.38	15.23	17.40	0.032	2.72	11.17	0.97	9.51	86.51
2009.12	5.49	57.6	0.06	60.00	19.48	7.37	11.03	9.34	10.06	21.51	12.14	16.09	17.33	0.023	1.96	2.46	0.21	7.04	85.08
2010.01	4.79	96.80	0.12	142.93	38.34	5.89	9.56	6.94	7.49	22.04	12.47	16.45	17.37	0.031	83.86	10.89	29.16	4.99	82.32
2010.02	7.03	99.80	0.15	120.23	40.56	7.92	8.68	7.85	8.12	23.04	13.14	17.11	18.16	0.061	83.81	37.70	55.37	7.31	81.35
2010.03	9.39	336.20	0.17	112.08	43.42	10.89	10.77	10.49	10.49	23.46	13.61	17.58	18.65	0.062	165.54	37.33	99.98	9.87	79.19
2010.04	12.54	146.9	0.13	84.73	40.77	13.44	13.02	12.73	12.63	23.45	13.53	17.32	18.44	0.058	151.56	41.21	106.82	13.24	82.59
2010.05	18.71	129.0	0.08	50.12	19.96	18.57	17.78	17.10	16.70	23.44	13.54	17.22	18.44	0.066	177.04	52.44	140.45	19.54	86.29
2010.06	21.17	84.4	0.05	69.33	16.50	21.14	20.21	19.52	19.11	22.71	13.32	16.92	18.34	0.071	172.02	54.03	140.04	22.07	88.16
2010.07	25.57	269.1	0.06	46.61	9.75	25.09	25.09	22.72	22.13	24.42	14.79	17.74	19.46	0.071	73.79	61.00	163.39	26.47	90.12
2010.08	26.93	14.7	0.06	33.36	21.16	26.71	27.99	24.89	24.43	16.22	10.26	13.51	17.28	NAN	0.00	81.24	217.59	28.01	81.53
2010.09	23.52	107.6	0.04	102.09	14.26	24.76	25.27	24.14	23.99	20.11	11.80	14.32	16.87	NAN	0.00	45.64	118.29	24.18	88.99
2010.10	15.78	178.9	0.06	149.04	24.29	18.09	18.80	18.70	19.04	21.32	12.75	16.18	18.41	0.042	65.66	28.77	77.07	16.37	86.34
2010.11	10.54	21.8	0.06	140.56	23.04	13.03	13.65	13.86	14.37	18.90	10.82	14.22	16.89	0.048	62.04	14.20	36.80	10.99	83.73
2010.12	6.14	104.1	0.12	91.38	28.03	8.67	9.91	10.03	10.68	22.13	12.51	15.60	17.34	0.037	38.02	3.30	8.84	5.77	80.96

附表 5-3　淳安气象站 2006.07～2010.12 全日观测月平均数据

时间（年.月）	大气温度（℃）	降雨量（mm）	风速（m·s⁻¹）	风向（°）	土温5cm（℃）	土温20cm（℃）	土温40cm（℃）	土温60cm（℃）	土湿5cm（%）	土湿20cm（%）	土湿40cm（%）	土湿60cm（%）	太阳辐射强度（kW·m⁻²）	太阳辐射量（MJ·m⁻²）	净辐射强度（W·m⁻²）	净辐射量（MJ·m⁻²）	植被温度（℃）	空气相对湿度（%）	日照时间（h）	日蒸发量（mm）
2006.07	28.30	134.9	0.210	241.27	28.02	27.10	26.04	25.06	7.64	9.96	6.96	6.50	0.174	15.08	109.17	9.43	29.55	79.73	164.4	35.76
2006.08	28.42	30.1	0.249	240.82	26.78	26.22	25.44	24.85	4.77	6.74	4.86	4.72	0.208	18.00	128.00	11.06	29.78	72.38	241.9	0.00
2006.09	22.04	154.2	0.157	239.50	21.94	22.39	22.33	22.55	7.02	9.34	6.65	6.53	0.111	9.55	60.34	5.21	22.82	82.17	118.8	13.92
2006.10	20.28	26.1	0.118	228.88	19.84	20.16	20.05	20.29	6.06	7.78	5.50	5.45	0.075	6.48	37.35	3.23	20.94	80.04	58.7	0.01
2006.11	14.05	54.0	0.145	226.37	14.32	15.37	15.75	16.54	6.66	8.40	6.13	5.85	0.041	3.58	8.85	0.77	14.23	80.07	32.3	20.34
2006.12	7.04	31.4	0.195	229.46	7.86	9.66	10.54	11.80	8.05	10.11	7.44	7.02	0.039	3.33	1.84	0.16	6.72	77.73	29.8	179.76
2007.01	5.00	101.2	0.211	232.72	5.24	6.58	7.26	8.43	8.52	10.62	7.97	7.41	0.036	3.10	3.19	0.27	4.53	79.44	29.5	80.45
2007.02	9.41	74.4	0.184	216.64	8.50	8.83	8.86	9.37	8.40	10.43	7.70	7.16	0.063	5.43	20.94	1.81	9.59	79.58	43.9	145.83
2007.03	11.64	131.4	0.245	205.71	11.22	11.34	11.21	11.52	8.83	10.90	8.28	7.57	0.085	7.30	43.79	3.78	12.27	79.53	79.8	107.79
2007.04	15.22	162.8	0.189	240.35	15.04	15.01	14.65	14.57	8.64	10.45	7.99	7.21	0.128	11.05	73.22	6.33	16.44	75.48	129.9	120.18
2007.05	21.82	73.0	0.154	220.47	20.49	19.69	18.82	18.14	7.91	9.44	7.19	6.56	0.174	15.04	107.21	9.26	23.72	76.16	186.0	29.39
2007.06	24.35	209.9	0.094	258.48	23.96	23.34	22.50	21.79	9.76	10.42	8.18	7.21	0.128	11.02	83.16	7.19	25.94	84.18	106.6	102.55
2007.07	27.88	143.7	0.142	251.07	26.62	26.02	25.16	24.38	8.75	9.58	7.58	6.71	0.186	16.06	122.04	10.54	30.16	78.60	208.8	15.84
2007.08	27.60	113.0	0.183	247.18	26.15	25.79	25.13	24.63	8.63	9.29	7.22	6.29	0.180	15.51	115.85	10.01	29.59	77.26	204.2	0.03
2007.09	22.84	168.3	0.104	219.60	22.41	22.59	22.37	22.49	9.85	10.51	8.21	7.13	0.094	8.10	54.02	4.67	23.94	83.54	94.7	114.59
2007.10	18.41	122.4	0.179	222.77	18.31	19.15	19.35	19.89	8.41	9.14	7.37	6.38	0.073	6.32	30.32	2.62	19.07	77.59	70.4	20.77
2007.11	11.59	28.0	0.183	225.55	12.07	13.48	14.12	15.14	8.04	8.77	7.11	6.07	0.043	3.75	2.54	0.22	11.67	77.14	36.2	0.00
2007.12	8.49	63.6	0.158	237.96	9.05	10.13	10.66	11.67	9.70	10.38	8.45	6.93	0.029	2.48	1.32	0.11	8.42	82.50	14.7	57.56

（续）

时间（年.月）	大气温度（℃）	降雨量（mm）	风速（m·s⁻¹）	风向（°）	土温 5cm（℃）	土温 20cm（℃）	土温 40cm（℃）	土温 60cm（℃）	土湿 5cm（%）	土湿 20cm（%）	土湿 40cm（%）	土湿 60cm（%）	太阳辐射强度（kW·m⁻²）	太阳辐射量（MJ·m⁻²）	净辐射强度（W·m⁻²）	净辐射量（MJ·m⁻²）	植被温度（℃）	空气相对湿度（%）	日照时间（h）	日蒸发量（mm）
2008.01	3.82	103.5	0.24	221.80	4.63	6.31	7.23	8.58	10.00	10.66	8.74	7.23	0.02	2.00	-2.91	-0.25	3.03	78.49	15.70	2082.69
2008.02	2.95	65.8	0.21	224.74	2.71	3.83	4.44	5.61	10.22	11.12	9.37	7.53	0.06	4.85	13.62	1.18	2.02	73.24	44.23	3008.98
2008.03	11.21	51.0	0.20	196.59	9.89	9.79	9.50	9.66	9.89	10.80	8.95	7.26	0.10	8.36	45.78	3.96	11.89	72.94	101.71	1779.65
2008.04.	16.19	88.4	0.18	206.46	15.79	15.41	14.81	14.49	10.31	11.08	9.25	7.44	0.12	18.81	68.98	10.05	17.52	75.64	102.55	3293.17
2008.05	21.88	236.9	0.14	213.50	19.96	19.45	18.67	18.04	8.69	9.57	7.91	6.61	0.19	16.49	113.42	9.80	23.94	69.96	206.08	204.99
2008.06	23.83	425.7	0.08	239.61	23.62	23.13	22.39	21.75	13.76	11.40	9.68	7.85	0.12	10.33	74.99	6.48	25.20	82.91	89.12	1333.35
2008.07	27.96	148.1	0.15	264.27	30.64	28.75	27.39	26.06	20.58	9.89	8.75	7.11	0.19	16.31	129.29	11.17	30.08	77.44	211.77	531.63
2008.08	27.10	81.0	0.11	266.71	27.80	27.00	26.39	25.97	23.26	9.88	8.27	6.62	0.16	13.99	102.73	8.88	29.14	79.99	176.72	264.35
2008.09	24.85	62.5	0.13	252.73	24.40	24.47	24.25	24.33	23.19	9.69	8.17	6.62	0.11	9.73	67.96	5.87	26.22	78.72	109.29	15.69
2008.10	19.27	56.9	0.12	247.81	18.66	19.60	19.89	20.60	24.42	9.85	8.29	6.67	0.07	5.82	29.69	2.57	20.01	78.02	59.37	22.81
2008.11	11.93	147.6	0.13	248.68	11.41	13.80	14.66	15.90	29.30	11.08	9.13	7.34	0.03	2.95	1.39	0.12	11.96	80.39	21.84	345.47
2008.12	6.44	17.5	0.18	239.08	3.94	6.72	7.67	9.15	27.28	9.51	7.70	6.18	0.03	2.73	-3.68	-0.32	5.90	73.04	25.76	108.69
2009.01	3.93	42.5	0.18	232.88	1.88	4.75	5.64	7.08	11.88	4.56	3.75	3.00	0.032	27.79	-0.37	0.00	0.61	71.18	23.93	NAN
2009.02	9.53	122.1	0.20	209.95	9.07	9.62	9.61	10.03	NAN	11.50	9.68	7.65	0.032	2.78	-0.37	-0.03	9.66	83.99	15.15	NAN
2009.03	10.14	171.7	0.15	250.35	9.92	10.28	10.22	10.64	NAN	11.96	10.03	7.84	0.035	3.00	11.63	1.01	10.66	79.90	59.88	NAN
2009.04.	15.99	132.8	0.15	205.35	16.29	15.69	15.08	14.74	NAN	11.01	9.32	7.42	0.147	12.66	89.36	7.72	17.65	69.76	155.90	NAN
2009.05	20.55	101.3	0.07	234.22	21.06	20.27	19.37	18.76	NAN	10.04	8.40	6.65	0.180	15.57	112.89	9.75	22.78	70.01	164.71	NAN
2009.06	24.90	98.9	0.05	254.02	26.22	24.56	23.23	22.18	NAN	10.55	9.05	7.15	0.175	15.16	121.72	10.52	27.20	79.03	137.61	325.56

（续）

时间（年.月）	大气温度（℃）	降雨量（mm）	风速（m·s⁻¹）	风向（°）	土温5cm（℃）	土温20cm（℃）	土温40cm（℃）	土温60cm（℃）	土湿5cm（%）	土湿20cm（%）	土湿40cm（%）	土湿60cm（%）	太阳辐射强度（kW·m⁻²）	太阳辐射量（MJ·m⁻²）	净辐射强度（W·m⁻²）	净辐射量（MJ·m⁻²）	植被温度（℃）	空气相对湿度（%）	日照时间（h）	日蒸发量（mm）
2009.07	27.76	152.4	0.06	231.93	28.90	27.53	26.58	25.66	NAN	9.68	7.89	6.41	0.159	13.55	114.21	9.74	29.71	77.29	291.56	757.43
2009.08	27.04	58.3	0.04	209.19	26.61	26.31	25.71	25.30	NAN	11.44	9.37	7.45	0.124	10.61	97.21	8.58	28.80	83.80	147.48	358.22
2009.09	24.38	33.5	0.04	246.36	24.21	24.14	23.85	23.87	9.70	10.15	8.25	6.58	0.088	7.63	56.82	4.91	25.59	81.67	92.26	229.74
2009.10	18.20	19.3	0.08	234.90	17.73	18.29	18.74	19.62	9.77	9.81	7.87	6.28	0.068	5.40	26.75	1.98	18.80	76.04	71.61	168.97
2009.11	10.92	74.3	0.14	224.01	11.43	12.38	13.22	14.45	10.35	10.55	8.83	7.18	0.032	2.76	4.13	0.36	10.91	80.97	19.81	65.94
2009.12	6.39	49.3	0.12	223.19	6.91	8.09	9.21	10.59	10.98	10.93	9.00	7.35	0.027	2.02	-3.70	-0.35	5.82	80.52	16.94	44.965
2010.01	5.73	49.6	0.11	175.94	6.75	7.60	8.49	8.87	14.33	21.66	18.55	16.96	0.039	103.59	9.97	26.71	5.78	80.09	42.41	NAN
2010.02	7.46	250.1	0.13	204.81	8.46	8.76	8.83	9.04	18.66	26.40	22.54	21.05	0.053	127.37	19.81	47.93	7.88	85.44	50.36	NAN
2010.03	10.32	288.4	0.18	147.77	11.67	11.64	11.69	11.33	20.16	26.39	22.80	21.49	0.090	241.15	42.06	112.65	11.35	72.59	112.35	NAN
2010.04	13.13	33.9	0.13	136.45	14.47	14.23	13.98	13.70	24.96	26.53	22.47	21.31	0.043	112.41	52.73	136.70	14.36	58.20	69.98	NAN
2010.05	20.12	233.5	0.11	68.64	21.00	20.28	19.77	19.06	24.80	26.43	21.93	21.35	0.076	203.20	59.87	160.37	21.29	52.92	73.42	89.25
2010.06	22.29	130.1	0.12	104.36	23.08	22.56	21.96	21.64	26.48	27.07	21.78	21.24	0.086	223.95	57.35	148.67	23.23	66.80	62.92	324.20
2010.07	26.67	269.5	0.14	97.82	28.24	27.56	26.80	26.33	28.31	27.15	21.08	21.06	0.104	279.14	68.33	183.02	27.91	84.58	93.13	176.02
2010.08	27.78	79.1	0.15	134.34	30.25	29.80	29.46	28.69	23.15	24.52	17.78	18.85	0.141	376.88	76.61	205.20	29.40	77.86	145.45	1717.35
2010.09	24.70	44.4	0.11	216.16	26.38	26.77	26.95	26.84	25.49	26.03	19.62	20.46	0.074	192.26	27.82	25.83	82.72	76.15	419.68	169.68
2010.10	17.06	192.1	0.13	201.86	19.10	20.22	20.87	21.46	26.75	26.68	20.11	20.53	0.045	121.74	16.67	44.64	17.78	80.28	33.25	13.23
2010.11	11.84	6.5	0.13	204.12	13.91	15.15	15.94	16.72	26.51	24.64	18.24	19.05	0.054	139.88	13.69	35.48	12.57	79.69	79.96	11.68
2010.12	6.82	90.1	0.18	182.24	8.79	10.32	11.38	12.33	31.33	26.19	20.15	20.24	0.033	88.39	-3.53	-9.45	6.57	79.38	47.26	23.11

附表 5-4　磐安气象站 2006.07～2010.12 全日观测月平均数据

时间 (年.月)	大气 温度 (℃)	降雨量 (mm)	风速 (m·s⁻¹)	风向 (°)	土温 5cm (℃)	土温 20cm (℃)	土温 40cm (℃)	土温 60cm (℃)	土湿 5cm (%)	土湿 20cm (%)	土湿 40cm (%)	土湿 60cm (%)	太阳辐 射强度 (kW·m⁻²)	太阳 辐射量 (MJ·m⁻²)	净辐射 强度 (W·m⁻²)	净辐 射量 (MJ·m⁻²)	植被 温度 (℃)	空气相 对湿度 (%)	日照 时间 (h)
2006.07	24.08	310.7	0.950	260.35	25.44	24.72	23.10	22.23	37.14	31.70	27.66	36.08	0.182	15.73	107.86	9.32	25.43	83.70	178.56
2006.08	23.24	63.4	0.720	181.42	24.82	24.44	23.36	22.74	27.76	24.28	17.58	17.25	0.182	15.76	107.51	9.29	24.81	82.81	190.13
2006.09	18.21	187.4	0.697	134.77	19.95	20.20	20.30	20.36	35.40	30.62	25.72	27.86	0.123	10.64	67.19	5.80	19.22	86.26	123.87
2006.10	16.56	7.5	0.618	147.75	17.58	17.85	17.98	18.06	25.16	21.53	18.38	14.68	0.118	10.21	61.61	5.32	17.66	81.23	137.02
2006.11	11.46	74.9	0.796	190.23	12.39	13.20	14.21	14.74	26.68	22.66	18.59	21.31	0.077	6.62	29.29	2.53	11.97	76.81	98.25
2006.12	4.04	52.7	0.629	147.37	5.93	7.16	8.89	9.87	36.06	32.26	24.63	28.98	0.069	5.93	23.85	2.06	4.59	78.33	84.73
2007.01	1.78	70.9	0.724	179.59	3.41	4.22	5.40	6.17	36.98	33.52	28.09	41.75	0.065	5.62	26.94	2.33	2.27	78.13	85.28
2007.02	7.36	50.4	0.766	204.38	6.48	6.42	6.32	6.46	36.24	32.48	24.44	31.33	0.096	8.31	44.52	3.85	7.99	72.43	115.36
2007.03	8.15	123.8	0.809	188.37	9.37	9.04	8.43	8.29	37.92	33.87	28.26	39.10	0.103	8.91	62.36	5.39	9.13	84.14	113.17
2007.04	11.43	158.2	0.887	191.83	13.09	12.70	11.77	11.32		33.01	26.92	32.95	0.136	11.74	83.32	7.20	12.65	74.00	155.02
2007.05	18.42	86.5	1.061	242.04	18.48	17.56	15.80	14.92	35.43	29.87	23.71	26.55	0.178	15.40	108.82	9.40	20.14	73.71	204.91
2007.06	20.37	134.7	0.631	231.95	21.15	20.58	19.14	18.32	38.47	31.37	25.79	30.29	0.134	11.60	91.67	7.92	22.00	88.76	117.92
2007.07	NAN	124.4	0.837	241.44	25.32	24.48	22.49	21.35	30.35	26.76	22.83	28.07	0.218	18.87	141.88	12.26	27.49	NAN	244.43
2007.08	NAN	NAN	0.690	204.37	NAN	NAN	NAN	NAN	35.67	30.01	25.50	33.60	NAN	NAN	NAN	NAN	24.74	NAN	NAN
2007.09	NAN	NAN	0.524	137.54	NAN	NAN	NAN	NAN	39.86	31.91	27.78	33.26	NAN	NAN	NAN	NAN	21.45	NAN	NAN
2007.10	NAN	NAN	0.538	125.09	NAN	NAN	NAN	NAN	39.64	29.42	23.75	21.06	NAN	NAN	NAN	NAN	16.06	NAN	NAN
2007.11	NAN	NAN	0.612	135.26	NAN	NAN	NAN	NAN	37.22	27.82	22.34	22.62	NAN	NAN	NAN	NAN	10.47	NAN	NAN
2007.12	NAN	NAN	0.704	215.57	NAN	NAN	NAN	NAN	39.09	29.93	23.33	20.51	NAN	NAN	NAN	NAN	7.21	NAN	NAN

（续）

时间（年.月）	大气温度（℃）	降雨量（mm）	风速（m·s⁻¹）	风向（°）	土温5cm（℃）	土温20cm（℃）	土温40cm（℃）	土温60cm（℃）	土湿5cm（%）	土湿20cm（%）	土湿40cm（%）	土湿60cm（%）	太阳辐射强度（kW·m⁻²）	太阳辐射量（MJ·m⁻²）	净辐射强度（W·m⁻²）	净辐射量（MJ·m⁻²）	植被温度（℃）	空气相对湿度（%）	日照时间（h）
2008.01	NAN	NAN	0.73	216.46	NAN	NAN	NAN	NAN	40.60	31.85	24.58	26.35	NAN	NAN	NAN	NAN	9.20	NAN	NAN
2008.02	NAN	NAN	0.63	124.10	NAN	NAN	NAN	NAN	41.90	33.38	28.61	29.31	NAN	NAN	NAN	NAN	1.02	NAN	NAN
2008.03	NAN	NAN	0.92	205.71	NAN	NAN	NAN	NAN	41.22	32.62	26.61	42.83	NAN	NAN	NAN	NAN	11.53	NAN	NAN
2008.04.	NAN	NAN	0.86	201.13	16.28	NAN	12.66	11.57	41.97	32.63	26.85	33.26	NAN	NAN	137.16	11.85	14.88	58.27	NAN
2008.05	17.77	6.1	0.70	216.38	18.32	NAN	15.62	14.39	39.38	30.95	25.63	27.83	NAN	NAN	106.74	9.22	19.74	73.36	194.82
2008.06	20.41	13.3	0.61	258.26	20.65	NAN	18.51	17.57	41.54	33.41	29.02	32.67	NAN	NAN	71.12	6.14	21.67	87.77	92.04
2008.07	23.80	161.1	0.68	261.38	24.02	NAN	NAN	20.57	38.50	30.55	25.99	24.73	NAN	NAN	100.90	8.72	25.81	82.10	195.78
2008.08	22.81	65.0	0.61	267.66	24.20	NAN	NAN	21.54	40.32	31.37	25.31	27.45	NAN	NAN	96.93	8.38	24.62	85.83	158.23
2008.09	20.34	140.5	0.51	196.88	22.29	NAN	NAN	20.86	43.29	33.65	26.97	32.45	NAN	NAN	62.66	5.41	21.69	91.25	100.94
2008.10	15.21	7.2	0.49	207.08	17.14	NAN	17.94	17.44	41.67	30.97	23.54	22.13	NAN	NAN	53.41	4.61	16.38	87.95	97.93
2008.11	8.57	2.3	0.56	205.94	11.09	-51.54	12.30	13.07	43.87	34.08	26.09	31.51	NAN	NAN	24.41	2.11	9.35	75.82	77.65
2008.12	4.73	0.4	0.70	214.88	4.67	-51.96	6.30	6.84	40.65	29.64	22.40	16.94	NAN	NAN	15.97	1.38	5.19	62.76	105.15
2009.01	1.44	0.4	0.59	209.14	1.37	1.79	3.25	3.69	39.80	31.57	22.86	17.83	0.083	7.14	17.22	1.20	-1.34	70.38	58.24
2009.02	7.829	2.9	0.66	214.70	7.54	7.16	6.40	6.29	42.00	34.79	26.51	32.58	0.082	7.08	36.03	3.11	8.33	87.03	71.58
2009.03	8.659	4.8	0.69	226.30	9.35	8.92	7.57	7.74	43.83	36.03	28.09	36.29	0.161	13.94	60.78	5.25	9.57	78.27	94.27
2009.04.	12.5	11.6	0.74	232.46	14.12	13.09	12.60	10.68	42.69	34.26	26.26	28.60	0.199	17.22	96.13	8.31	14.12	70.08	182.33
2009.05	17.21	134.3	0.70	231.84	19.24	17.68	16.03	14.76	35.44	29.35	23.01	21.03	0.214	18.52	122.92	10.62	19.32	65.17	228.65
2009.06	20.95	372.7	0.60	273.77	22.21	20.87	19.26	17.89	37.16	31.16	24.18	23.72	0.175	15.09	106.68	9.22	22.82	80.27	173.07

（续）

时间 (年.月)	大气 温度 (℃)	降雨量 (mm)	风速 (m·s⁻¹)	风向 (°)	土温 5cm (℃)	土温 20cm (℃)	土温 40cm (℃)	土温 60cm (℃)	土湿 5cm (%)	土湿 20cm (%)	土湿 40cm (%)	土湿 60cm (%)	太阳辐 射强度 (kW·m⁻²)	太阳 辐射量 (MJ·m⁻²)	净辐射 强度 (W·m⁻²)	净辐 射量 (MJ·m⁻²)	植被 温度 (℃)	空气相 对湿度 (%)	日照 时间 (h)
2009.07	23.51	141.1	0.58	292.75	25.05	23.91	22.47	21.04	26.15	23.69	20.07	19.10	0.168	14.55	99.60	8.61	25.27	81.90	159.56
2009.08	23.04	654.2	0.47	269.98	24.26	23.95	23.16	21.79	7.28	35.40	27.41	30.68	0.112	9.64	65.87	5.69	24.41	89.17	105.52
2009.09	20.16	187.1	0.29	250.18	22.00	22.30	22.16	21.21	5.43	30.91	24.42	22.73	0.097	8.41	56.80	4.91	21.52	90.73	85.25
2009.10	14.81	135.5	0.48	205.07	15.44	16.28	17.01	16.74	5.51	31.70	24.96	23.17	0.102	8.80	41.20	3.56	15.87	79.73	115.99
2009.11	7.722	99.8	0.44	178.91	9.08	10.24	11.50	11.64	5.71	33.95	26.51	32.95	0.045	3.86	11.86	1.02	7.74	85.84	44.72
2009.12	3.29	32.3	0.54	212.70	4.55	5.77	7.34	7.28	5.61	35.56	26.78	26.87	0.040	3.42	-1.21	-0.10	2.62	70.42	51.47
2010.01	2.83	37.6	0.48	213.91	3.54	4.10	4.94	4.72	5.82	35.99	27.28	28.36	0.042	113.36	6.68	17.90	1.34	76.51	45.94
2010.02	4.79	209.7	0.40	168.95	5.25	5.56	5.99	5.49	8.82	38.43	29.65	37.09	0.066	159.60	25.73	62.24	4.46	81.58	65.11
2010.03	7.59	292.6	0.56	200.28	8.18	8.25	8.38	7.64	10.35	37.28	28.69	33.35	0.096	255.86	48.44	129.75	8.56	71.05	114.41
2010.04	9.92	209.5	0.68	229.43	11.02	10.81	10.44	9.51	10.86	37.58	28.74	34.38	0.112	280.36	57.88	150.03	10.97	75.57	100.27
2010.05	16.62	256.2	0.61	265.0	10.84	17.03	15.90	14.49	10.66	36.57	28.21	30.90	0.135	361.38	77.23	206.84	18.18	78.30	131.56
2010.06	18.36	253.1	0.44	271.1	8.81	19.42	18.51	17.20	13.01	36.42	27.98	29.16	0.111	288.15	63.33	164.14	19.61	83.79	75.72
2010.07	23.35	179.7	0.48	304.9	11.26	23.64	22.49	20.88	12.07	32.31	25.02	24.75	0.150	401.94	91.26	244.43	24.76	81.75	129.19
2010.08	23.92	156.7	0.29	291.1	14.53	28.60	23.64	22.23	9.76	29.17	23.24	22.87	0.150	400.82	77.84	208.48	25.59	81.52	156.38
2010.09	20.27	112.0	0.21	291.3	9.61	22.30	22.18	21.18	12.44	33.37	25.64	27.33	0.073	188.61	34.61	89.71	21.23	89.15	62.61
2010.10	12.89	129.6	0.25	219.9	3.46	18.30	16.76	16.36	13.59	35.62	27.38	30.50	0.073	188.61	34.61	89.71	21.23	89.15	62.61
2010.11	8.77	46.0	0.20	230.7	0.77	NAN	11.59	11.43	11.85	31.73	23.83	20.86	0.044	118.80	14.49	38.80	13.48	84.36	18.07
2010.12	4.38	136.9	0.51	261.3	-1.40	39.28	7.83	7.82	14.81	37.68	28.62	36.96	0.034	87.18	-1.29	-3.34	8.94	73.83	14.49

附表 5-5　开化气象站 2006.07～2010.12 全日观测月平均数

时间(年.月)	大气温度(℃)	降雨量(mm)	风速(m·s⁻¹)	风向(°)	土温5cm(℃)	土温20cm(℃)	土温40cm(℃)	土温60cm(℃)	土湿5cm(%)	土湿20cm(%)	土湿40cm(%)	土湿60cm(%)	大阳辐射强度(kW·m⁻²)	大阳辐射量(MJ·m⁻²)	净辐射强度(W·m⁻²)	净辐射射量(MJ·m⁻²)	植被温度(℃)	空气相对湿度(%)	日照时间(h)
2006.07	28.14	139.5	0.331	111.74	29.47	28.28	26.93	25.84	19.84	10.58	15.36	19.74	0.193	16.71	125.89	10.88	29.63	80.12	100.36
2006.08	28.12	30.0	0.330	103.11	29.32	28.42	27.33	26.51	12.69	8.13	10.86	12.29	0.213	18.38	136.74	11.81	29.86	73.76	160.36
2006.09	22.36	75.7	0.300	164.06	24.21	24.39	24.38	24.44	17.34	9.49	12.23	12.93	0.155	13.38	87.55	7.56	23.63	79.20	137.94
2006.10	20.65	21.9	0.256	100.17	21.40	21.64	21.74	21.95	14.97	8.49	10.72	11.99	0.115	9.97	62.81	5.43	21.54	78.01	118.46
2006.11	13.86	50.5	0.208	116.13	15.04	16.05	17.02	18.00	15.92	8.84	11.11	11.90	0.080	6.91	32.21	2.78	14.27	79.88	99.03
2006.12	6.96	30.8	0.259	125.10	8.65	10.20	11.80	13.36	20.27	10.54	13.56	13.93	0.079	6.80	27.47	2.37	7.42	79.68	104.43
2007.01	5.18	77.8	0.308	105.60	6.58	7.62	8.73	10.01	21.27	10.99	14.54	15.58	0.071	6.16	26.38	2.28	5.46	80.52	90.62
2007.02	10.19	92.7	0.281	103.47	10.60	10.67	10.70	11.07	20.86	10.83	14.49	17.10	0.108	9.31	52.08	4.50	10.92	78.65	114.10
2007.03	11.98	138.6	0.354	93.36	13.68	13.43	13.13	13.19	21.53	11.15	14.96	19.14	0.101	8.70	53.98	4.66	12.63	82.66	82.13
2007.04	15.49	168.2	0.344	117.11	17.97	17.52	16.83	16.41	20.93	10.88	14.76	17.21	0.134	11.55	76.99	6.65	16.57	79.64	91.79
2007.05	22.23	70.8	0.314	104.40	23.92	22.55	21.00	19.95	18.80	10.02	13.72	16.21	0.180	15.57	114.09	9.86	23.78	81.01	110.22
2007.06	24.52	208.5	0.246	142.08	26.57	25.48	24.16	23.15	21.43	11.28	14.96	17.39	0.139	12.04	95.95	8.29	25.69	91.49	63.45
2007.07	27.93	98.3	0.286	95.79	29.44	28.31	26.93	25.84	19.18	10.23	13.32	14.77	0.190	16.41	137.60	11.89	29.54	86.64	122.80
2007.08	27.72	87.2	0.306	122.72	28.90	28.19	27.22	26.46	14.62	8.84	11.06	12.78	0.180	15.53	129.73	11.21	29.38	85.37	124.96
2007.09	23.40	101.4	0.242	151.92	24.74	24.67	24.45	24.37	19.72	10.49	13.56	15.53	0.129	11.12	85.12	7.36	24.53	88.73	111.52
2007.10	22.19	40.3	0.303	150.53	20.68	21.22	21.64	22.07	17.38	9.53	12.29	14.45	0.136	11.74	76.66	6.62	20.27	83.91	159.79
2007.11	15.26	15.5	0.252	133.02	13.73	14.93	16.12	17.27	15.96	8.80	10.86	12.94	0.101	8.73	42.97	3.71	12.45	85.51	132.59
2007.12	9.92	70.3	0.219	119.23	10.52	11.37	12.37	13.52	19.41	10.12	12.66	14.67	0.055	4.73	20.51	1.77	8.90	86.09	65.98

（续）

时间 (年.月)	大气温度 (℃)	降雨量 (mm)	风速 (m·s⁻¹)	风向 (°)	土温5cm (℃)	土温20cm (℃)	土温40cm (℃)	土温60cm (℃)	土湿5cm (%)	土湿20cm (%)	土湿40cm (%)	土湿60cm (%)	大阳辐射强度 (kW·m⁻²)	大阳辐射量 (MJ·m⁻²)	净辐射强度 (W·m⁻²)	净辐射量 (MJ·m⁻²)	植被温度 (℃)	空气相对湿度 (%)	日照时间 (h)
2008.01	6.79	83.6	0.30	108.42	6.337	7.603	9.034	10.52	21.46	11.01	14.26	19.07	0.05	4.36	15.66	1.35	4.29	86.03	64.20
2008.02	8.48	67.2	0.33	80.39	5.276	5.974	6.779	7.882	22.06	11.40	14.92	21.94	0.10	8.79	49.26	4.26	4.38	78.63	3.65
2008.03	17.83	81.5	0.30	101.96	12.76	12.41	11.93	11.84	21.35	11.21	14.59	19.16	0.12	10.66	67.24	5.81	12.83	75.57	130.68
2008.04.	25.20	162.5	0.25	103.25	18.03	17.32	16.44	15.92	21.59	11.35	15.31	22.47	0.12	10.34	74.24	6.41	17.54	81.38	77.41
2008.05	25.81	231.8	0.20	146.37	23.44	22.27	20.84	19.83	18.49	10.24	14.34	18.43	0.18	15.48	118.29	10.22	23.39	78.2	121.72
2008.06	25.79	478.9	0.13	163.49	25.57	24.67	23.57	22.74	22.39	12.48	24.00	29.30	0.12	10.47	84.04	7.26	25.16	87.97	56.41
2008.07	28.11	112.8	0.19	127.54	29.34	28.03	26.5	25.36	16.73	9.50	12.05	16.42	0.19	16.35	142.92	12.35	29.55	85.64	133.57
2008.08	27.83	248.3	0.15	149.60	28.39	27.56	26.62	25.96	18.19	10.67	14.86	19.59	0.16	13.87	119.68	10.34	29.05	86.95	111.15
2008.09	27.32	91.6	0.21	196.08	26.28	25.87	25.39	25.08	18.45	10.45	13.79	19.95	0.14	12.53	104.09	8.99	26.83	88.9	132.93
2008.10	27.58	65.7	0.16	234.33	21.19	21.52	21.84	22.27	16.33	9.55	11.51	14.43	0.11	9.72	71.30	6.16	20.79	84.27	121.80
2008.11	13.08	171.0	0.15	176.03	14.66	15.87	17.04	18.16	22.18	11.46	15.40	20.75	0.08	7.30	38.81	3.35	12.79	82.62	104.88
2008.12	13.95	22.5	0.18	153.03	7.517	8.931	10.48	12.12	19.45	9.85	12.27	15.52	0.09	7.35	35.96	3.11	7.16	75.31	129.43
2009.01	NAN	40.3	0.16	139.05	5.784	6.928	8.197	9.63	22.39	11.46	13.82	16.36	0.071	6.12	28.57	2.47	5.357	74.04	93.82
2009.02	14.72	127.6	0.21	121.86	11.44	11.42	11.38	11.65	24.04	12.53	15.55	21.42	0.058	5.05	32.67	2.82	10.76	87.09	53.58
2009.03	21.92	187.5	0.20	100.07	12.43	12.29	12.14	12.34	24.65	12.77	16.25	24.76	0.083	7.14	52.62	4.55	11.18	82.77	64.51
2009.04.	20.54	170.9	0.19	149.95	18.06	17.26	16.32	15.81	23.38	12.25	16.23	22.33	0.148	12.80	99.55	8.60	17.8	73.29	115.11
2009.05	21.29	118.3	0.17	196.26	22.92	21.97	20.9	20.18	21.44	11.55	14.55	20.29	0.143	12.34	101.14	8.74	22.81	78.34	37.25
2009.06	24.76	145.0	0.11	156.10	25.79	24.54	23.11	22.11	18.91	9.85	12.45	17.21	0.150	12.97	110.37	9.54	26.39	80.18	98.62

（续）

时间（年.月）	大气温度（℃）	降雨量（mm）	风速（m·s⁻¹）	风向（°）	土温5cm（℃）	土温20cm（℃）	土温40cm（℃）	土温60cm（℃）	土湿5cm（%）	土湿20cm（%）	土湿40cm（%）	土湿60cm（%）	太阳辐射强度（kW·m⁻²）	太阳辐射量（MJ·m⁻²）	净辐射强度（W·m⁻²）	净辐射量（MJ·m⁻²）	植被温度（℃）	空气相对湿度（%）	日照时间（h）
2009.07	27.20	210.6	0.11	98.80	28.29	27.25	26.00	25.03	21.14	11.20	14.25	19.32	0.162	13.99	122.59	10.59	29.07	81.35	94.49
2009.08	27.49	98.0	0.17	155.37	28.49	27.65	26.6	25.84	21.11	11.23	14.13	18.28	0.158	13.61	118.49	10.24	29.2	81.82	117.54
2009.09	25.23	29.6	0.16	262.44	26.34	26.03	25.56	25.27	14.58	8.68	10.66	13.91	0.133	11.53	93.75	8.10	26.65	77.91	113.48
2009.10	18.71	9.6	0.13	246.93	20.35	20.89	21.32	21.87	13.38	8.29	10.26	13.34	0.133	11.53	76.23	6.59	20.07	73.42	162.29
2009.11	10.83	85.70	0.13	165.89	13.79	14.90	15.99	17.14	19.00	10.49	12.59	15.33	0.081	7.00	37.37	3.23	11.47	82.42	93.59
2009.12	6.19	30.90	0.11	192.26	9.41	10.61	11.83	13.12	22.77	11.57	14.03	17.09	0.063	5.40	20.74	1.79	6.12	83.82	72.66
2010.01	6.05	65.60	0.14	142.93	7.84	8.52	9.32	10.38	23.94	12.27	14.94	18.26	0.060	159.59	26.49	70.94	5.95	83.64	64.29
2010.02	8.82	177.80	0.16	104.49	9.88	10.08	10.33	10.88	25.19	12.96	16.60	26.16	0.07	162.96	36.00	87.08	8.53	85.79	57.15
2010.03	10.95	326.00	0.19	118.84	12.34	12.29	12.19	12.36	24.86	12.96	21.45	25.00	0.107	287.29	63.01	168.76	11.64	77.62	106.84
2010.04	13.72	229.20	0.13	152.79	15.38	14.95	14.45	14.30	25.73	13.04	19.25	23.02	0.098	253.76	62.30	161.49	14.64	81.96	54.88
2010.05	20.51	332.4	0.08	228.3	21.03	20.10	19.04	18.34	24.81	12.64	17.97	25.50	0.127	340.42	89.56	239.87	21.85	82.30	63.68
2010.06	22.61	252.3	0.08	181.9	23.56	22.69	21.65	20.96	24.03	12.30	17.16	22.48	0.121	312.52	86.89	225.24	23.90	83.64	33.41
2010.07	27.08	278.1	0.08	158.3	27.65	26.55	25.26	24.35	23.17	11.96	17.47	22.73	0.152	406.79	111.47	298.54	28.97	82.84	93.08
2010.08	27.95	100.8	0.10	146.8	28.65	27.75	26.64	25.86	20.47	10.80	13.33	16.69	0.208	556.75	152.38	408.14	30.47	77.64	156.49
2010.09	25.09	101.0	0.10	216.3	26.32	26.02	25.56	25.29	18.03	9.95	11.37	14.14	0.138	357.96	96.67	250.56	26.73	81.40	110.92
2010.10	17.32	103.3	0.16	264.4	20.08	20.48	20.89	21.45	22.51	12.50	14.49	18.10	0.104	8.98	50.80	4.39	18.50	78.97	97.19
2010.11	12.00	25.0	0.10	230.9	14.54	15.30	16.16	17.16	20.50	12.61	12.48	15.55	0.093	225.85	34.69	83.92	13.01	80.62	127.35
2010.12	6.74	123.1	0.11	160.6	9.91	10.98	12.17	13.46	23.40	14.41	14.45	19.82	0.075	6.45	26.87	2.32	7.06	79.98	106.06

附表 5-6　龙游社阳气象站 2006.02 ~ 2009.12 全日观测月平均数据

时间(年·月)	风速 (m·s⁻¹)	风向 (°)	大气温度 (℃)	空气相对湿度 (%)	太阳辐射 (W·m⁻²)	土温 5cm (℃)	土温 20cm (℃)
2006.02	0.269	118.3	4.762	88.17	58.56	6.68	6.13
2006.03	0.223	169.8	9.763	82.26	115.43	9.80	10.15
2006.04	0.227	166.1	15.52	83.89	137.22	14.26	15.25
2006.05	0.149	164.1	18.98	87.92	121.17	17.52	18.57
2006.06	0.123	167.5	22.93	90.2	147.07	20.34	21.75
2006.07	0.141	173.5	26.99	86.22	159.30	23.97	25.38
2006.08	0.196	171.5	26.72	80.26	172.34	24.47	25.57
2008.05	0.10	180.85	21.41	80.59	152.09	3.20	19.02
2008.06	0.03	172.50	22.15	92.82	106.61	13.80	19.87
2008.07	0.11	179.95	26.02	85.75	167.69	9.20	23.50
2008.08	0.10	174.42	24.31	91.31	116.04	1.10	23.28
2008.09	0.12	179.60	22.51	88.40	105.54	10.90	22.00
2008.10	0.09	178.17	17.11	88.41	72.85	28.80	17.74
2008.11	0.05	186.70	9.18	88.91	43.40	2.40	12.43
2008.12	0.06	175.72	4.27	81.68	71.50	15.80	7.13
2009.01	0.11	103.91	12.00	78.30	818.19	28.50	12.74
2009.02	0.12	125.17	20.04	88.50	968.85	4.50	17.63
2009.03	0.15	139.39	15.32	85.03	503.95	27.40	13.44
2009.04	0.22	152.40	16.09	78.99	263.11	35.70	14.78
2009.05	0.19	167.45	18.72	79.59	155.36	46.50	17.22
2009.06	0.07	181.70	22.84	88.31	145.08	0.10	19.93
2009.07	0.09	182.51	25.47	89.22	145.70	0.50	22.71
2009.08	0.12	163.60	25.05	92.07	127.67	1.00	22.82
2009.09	0.13	161.06	22.69	89.83	107.79	5.70	21.66
2009.10	0.13	183.60	16.28	84.04	77.43	3.20	16.88
2009.11	0.09	154.56	8.21	92.17	36.62	10.21	11.25
2009.12	0.05	182.45	3.67	91.79	32.32	17.40	7.20

附表 5-7 龙涎溪口气象站 2010.01～2010.12 全日观测月平均数据

时间(年.月)	大气温度(℃)	降雨量(mm)	风速(m·s⁻¹)	风向(°)	土温5cm(℃)	土温20cm(℃)	土温40cm(℃)	土温60cm(℃)	土湿5cm(%)	土湿20cm(%)	土湿40cm(%)	土湿60cm(%)	太阳辐射强度(kW·m⁻²)	太阳辐射量(MJ·m⁻²)	净辐射强度(W·m⁻²)	净辐射量(MJ·m⁻²)	植被温度(℃)	空气相对湿度(%)	日照时间(h)	日蒸发量(mm)
2010.01	5.71	65.40	0.25	292.16	5.80	6.90	7.69	8.29	27.35	29.25	30.81	29.85	0.023	50.72	1.96	4.40	5.29	83.61	8.02	51.02
2010.02	8.05	235.70	0.30	293.57	7.71	8.02	8.30	8.57	29.56	31.48	32.94	31.06	0.026	62.47	8.76	21.19	7.73	88.01	21.72	30.16
2010.03	10.92	253.90	0.34	275.58	9.61	9.65	9.71	9.75	30.22	32.05	33.60	31.38	0.037	70.85	18.26	34.71	10.37	78.69	34.43	1011.40
2010.04	NAN	NAN	NAN	NAN	NAN	NAN	NAN	NAN	NAN	NAN	NAN	NAN	NAN	NAN	NAN	NAN	NAN	NAN	NAN	NAN
2010.05	20.64	258.90	0.24	233.36	20.10	19.09	18.22	17.37	29.33	32.96	34.13	31.69	0.068	152.33	39.75	89.29	20.50	84.77	57.73	1301.53
2010.06	22.51	234.50	0.20	272.94	22.04	21.33	20.57	19.86	27.90	33.17	34.27	31.71	0.070	162.93	43.38	101.20	22.33	82.66	56.60	867.88
2010.07	27.58	226.20	0.16	232.20	26.67	25.73	24.67	23.70	26.60	33.08	34.53	31.84	0.099	266.20	63.54	170.18	27.24	78.79	125.42	1637.62
2010.08	28.46	106.20	0.22	221.78	27.43	26.91	26.03	25.20	15.84	25.30	27.20	26.94	0.118	316.66	77.44	207.42	28.19	72.28	147.55	113.60
2010.09	24.81	198.30	0.21	303.35	25.04	25.36	25.07	24.61	17.31	22.98	27.11	26.82	0.062	159.76	39.73	102.97	24.57	81.31	73.04	1539.33
2010.10	17.13	122.40	0.36	309.71	18.10	19.40	20.04	20.32	24.83	28.88	32.21	30.53	0.032	85.79	14.53	38.90	16.78	79.91	30.80	800.37
2010.11	12.35	26.40	0.20	292.41	12.87	14.27	15.20	15.75	22.34	25.22	29.38	28.86	0.023	60.48	1.24	3.21	11.90	76.58	12.64	191.65
2010.12	7.35	118.30	0.26	254.29	8.10	9.90	11.18	12.03	26.93	28.48	30.66	29.27	0.015	40.96	-5.61	-15.04	6.70	75.80	5.54	145.16

附表 5-8　定海气象站 2009.09～2010.12 全日观测月平均数据

时间 (年.月)	大气 温度 (℃)	降雨量 (mm)	风速 (m·s⁻¹)	风向 (°)	风向 标准 差	土温 5cm (℃)	土温 20cm (℃)	土温 40cm (℃)	土温 60cm (℃)	土湿 5cm (%)	土湿 20cm (%)	土湿 40cm (%)	土湿 60cm (%)	太阳辐 射强度 (kW·m⁻²)	太阳 辐射量 (MJ·m⁻²)	净辐射 强度 (W·m⁻²)	净辐 射量 (MJ·m⁻²)	植被 温度 (℃)	空气相 对湿度 (%)	日照 时间 (h)	日蒸 发量 (mm)
2009.09	24.71	34.0	0.33	258.06	38.26	25.28	25.33	25.33	25.00	20.58	26.51	32.05	22.27	0.164	9.62	53.32	4.61	24.30	82.24	47.51	97.19
2009.10	20.65	149.1	0.42	229.72	43.23	20.32	20.73	21.22	21.37	18.80	23.31	26.59	19.20	0.111	10.35	47.30	4.09	20.22	72.23	41.98	148.60
2009.11	13.64	119.0	0.88	257.13	38.93	14.33	15.14	16.20	16.82	19.75	24.24	27.49	20.90	0.120	4.17	11.80	1.02	13.02	84.30	32.74	32.52
2009.12	7.86	48.8	0.95	290.72	37.50	8.15	9.23	10.66	11.59	21.13	25.23	28.48	21.25	0.048	5.45	15.00	1.30	6.43	71.02	108.48	46.41
2010.01	6.36	31.8	0.90	280.96	43.57	6.56	7.19	8.17	8.81	21.06	24.96	26.68	20.86	0.069	184.81	21.94	58.77	4.93	73.04	112.93	41.78
2010.02	7.71	135.7	0.80	273.96	40.66	8.71	9.00	9.49	9.71	22.93	26.83	29.65	22.64	0.061	147.66	25.77	62.33	6.78	82.04	66.21	164.66
2010.03	9.22	188.6	0.98	257.29	45.82	10.56	10.64	10.88	10.88	22.93	27.09	30.21	23.09	0.094	250.85	47.38	126.88	8.19	77.39	123.67	59.73
2010.04	12.35	108.5	0.70	246.07	53.13	14.10	13.74	13.46	13.07	23.02	27.22	28.83	22.61	0.101	260.84	62.25	161.37	11.97	79.09	102.00	158.53
2010.05	18.49	227.6	0.45	212.4	44.59	19.60	18.89	18.11	17.24	22.67	26.76	29.32	22.72	0.112	552.44	74.14	354.58	18.20	79.7	205.82	347.20
2010.06	22.01	148.3	0.24	211.5	41.45	23.30	22.75	22.07	21.25	23.49	26.00	28.59	21.78	0.082	191.04	55.82	130.22	21.74	88.0	61.27	110.69
2010.07	26.29	184.7	0.34	176.5	35.57	27.14	26.57	25.82	24.86	24.74	27.39	30.84	23.37	0.108	290.48	79.18	212.09	26.04	88.2	107.48	202.64
2010.08	28.36	5.4	0.42	198.0	32.36	28.80	28.51	27.95	27.05	15.77	20.10	24.54	18.18	0.154	411.62	96.21	257.68	28.24	82.5	174.25	135.95
2010.09	25.16	32.6	0.45	230.1	37.13	25.67	25.87	26.05	25.80	25.10	24.74	27.06	20.45	0.097	251.11	55.20	143.08	25.07	84.4	115.91	63.25
2010.10	18.84	117.5	0.59	233.0	42.28	19.47	19.96	20.63	20.86	26.41	24.99	27.21	21.26	0.071	191.03	33.41	89.47	18.83	76.4	99.16	54.43
2010.11	14.31	18.4	0.40	208.0	44.6	14.69	15.27	16.11	16.56	22.71	21.82	24.37	18.56	0.074	192.07	23.98	62.16	13.85	68.7	110.72	210.84
2010.12	9.64	95.3	0.96	270.8	44.68	9.81	10.62	11.77	12.48	27.16	25.77	26.92	21.02	0.073	196.29	15.59	41.75	9.11	63.9	138.97	50.49

附表 5-9 莲都气象站 2009.11～2010.12 全日观测月平均数据

时间（年.月）	大气温度（℃）	降雨量（mm）	风速（m·s⁻¹）	风向（°）	风向标准差	土温5cm（℃）	土温20cm（℃）	土温40cm（℃）	土温60cm（℃）	土湿5cm（%）	土湿20cm（%）	土湿40cm（%）	土湿60cm（%）	太阳辐射强度（kW·m⁻²）	太阳辐射量（MJ·m⁻²）	净辐射强度（W·m⁻²）	净辐射射量（MJ·m⁻²）	植被温度（℃）	空气相对湿度（%）	日蒸发量（mm）
2009.11	7.41	127.9	0.63	220.95	49.33	9.58	11.54	12.61	13.52	24.88	6.89	18.25	23.48	0.074	6.38	36.11	3.12	7.41	92.18	42.60
2009.12	3.69	57.3	0.92	258.72	49.78	5.96	7.92	9.04	10.00	28.02	7.47	19.72	25.64	0.070	6.02	27.74	2.40	4.15	87.47	108.87
2010.01	3.51	97.8	0.81	185.3	48.74	5.07	6.28	7.08	7.91	24.88	6.89	18.25	23.48	0.065	174.88	33.52	89.77	4.08	88.2	NAN
2010.02	5.50	181.7	0.70	193.3	42.99	6.41	6.92	7.23	7.69	28.02	7.47	19.72	25.64	0.068	164.24	41.65	100.76	5.72	92.9	NAN
2010.03	8.30	245.7	0.95	196.3	56.45	9.05	9.30	9.24	9.28	28.80	7.66	21.20	26.03	0.101	270.11	68.58	183.70	8.91	82.4	NAN
2010.04	10.09	325.7	0.98	194.8	59.29	10.43	10.07	9.87	9.86	29.75	7.98	22.38	26.90	0.091	236.65	69.11	179.14	10.53	86.0	36.00
2010.05	16.23	387.2	0.82	193.5	57.97	16.21	14.95	14.14	13.52	29.51	7.91	22.43	27.11	0.105	280.27	78.91	211.37	16.45	87.8	94.80
2010.06	17.63	342.9	0.67	189.8	52.43	18.03	17.15	16.50	15.97	29.29	7.95	22.79	28.05	0.084	217.30	67.27	174.36	17.83	92.0	61.62
2010.07	22.47	217.4	0.87	222.2	47.73	22.32	21.11	20.20	19.41	28.03	8.16	22.45	27.10	0.123	329.01	105.52	282.65	22.64	86.3	130.82
2010.08	22.84	133.8	0.61	201.1	56.33	22.77	21.82	21.06	20.45	28.71	8.75	22.61	27.27	0.150	403.08	117.39	314.41	23.17	83.4	172.05
2010.09	19.73	229.20	0.58	172.79	58.56	20.93	20.74	20.44	20.21	27.12	8.55	21.90	25.45	0.092	239.14	75.26	195.05	20.06	90.6	85.87
2010.10	12.10	180.40	0.77	151.48	52.61	14.49	15.81	16.41	16.93	28.99	8.91	22.52	27.21	0.065	173.24	46.17	123.65	12.29	90.8	65.47
2010.11	8.66	45.70	0.60	172.87	51.22	9.97	11.30	12.05	12.81	26.32	8.30	21.53	25.35	0.080	208.22	40.84	105.85	8.95	76.5	145.71
2010.12	4.28	145.30	0.86	208.71	43.99	5.65	7.63	8.70	9.71	30.29	9.17	22.97	27.67	0.070	191.90	26.14	70.01	4.47	72.67	144.42

附录6　定位研究网络发表论文摘编
（按年份排序）

154　李土生．浙江省公益林森林资源与生态状况综合监测方案．林业资源管理，2006（1）：43－46.

159　葛永金，袁位高，江波，等．浙江省生态公益林土壤理化性质的初步研究．江西农业大学学报，2006，28（6）：828－832.

164　杨娟，袁位高，江波，等．环境因子对浙江省重点公益林生物量的影响研究．浙江林业科技，2007，27（2）：20－23.

170　林海礼，宋绪忠，钱立军，等．千岛湖地区不同森林类型枯落物水文功能研究．浙江林业科技，2008，28（1）：70－74.

177　李土生，邱瑶德，高洪娣，等．浙江省公益林雨雪冰冻灾情评估及恢复重建对策．林业科学，2008，44（11）：168－170.

181　应宝根，袁位高，葛永金，等．浙江省重点公益林松类生物量模型研究．浙江林业科技，2008，28（2）：1－5.

188　高俊香，梅盛龙，鲁小珍，等．凤阳山自然保护区麂角杜鹃种群结构与分布．南京林业大学学报，2009，33（2）：35－38.

193　黄进，杨会，张金池．桐庐生态公益林主要林分类型的土壤水文效应．生态环境学报，2009，18（3）：1094－1099.

200　刘源月，江洪，邱忠平，等．亚热带典型森林生态系统土壤呼吸．西南交通大学学报，2009，44（4）：590－594.

205　袁位高，江波，葛永金，等．浙江省重点公益林生物量模型研究．浙江林业科技，2009，29（2）：1－5.

212　张骏，葛滢，江波，等．浙江省杉木生态公益林碳储量效益分析．林业科学，2010，46（6）：22－26.

218　张骏，袁位高，葛滢，等．浙江省生态公益林碳储量和固碳现状及潜力．生态学报，2010，30（14）：3839－3848.

229　高俊香，鲁小珍，马力，等．凤阳山常绿阔叶林乔木层优势种群生态位分析．南京林业大学学报，2010，34（4）：157－160.

234　贾景丽，楼崇，叶立新，等．凤阳山常绿阔叶林土壤养分特性．华东森林经理，2010，22（2）：5－10.

241　黄进，张晓勉，张金池．开化生态公益林主要森林类型水土保持功能综合评价．水土保持研究，2010，17（3）：87－91.

248　李雅红，江洪，原焕英，等．西天目山毛竹林土壤呼吸特征及其影响因子．生态学报，2010，30（17）：4590－4597.

256　马元丹，江洪，余树全，等．模拟酸雨对毛竹凋落物分解的影响．中山大学学报，2010，49（2）：95－99.

262　姚兆斌，江洪，曹全．不同高生长阶段毛竹器官含水率的测定．安徽农业科学，2011，39（5）：2778－2780.

268　李美琴，郝琦，张晓利，等．凤阳山自然保护区生物多样性现状及保护对策研究．中国科技信息，2011（10）：17－19.

浙江省公益林森林资源与生态状况综合监测方案

李土生[1,2]

（1. 南京林业大学，江苏南京　210037；2. 浙江省林业生态工程管理中心，浙江杭州　310020）

摘　要：浙江省于 2004 年起全面实施 200 万 hm^2 重点公益林森林生态效益补偿基金制度，开展公益林森林资源与生态状况综合监测及效益评价已成迫切需求。本文提出了浙江省开展公益林森林资源与生态状况综合监测及效益评价的监测内容、监测指标体系、监测技术路线和监测方法，以期指导全省监测工作的开展。

关键词：公益林；森林资源；生态状况；综合监测

中图分类号：S757.2；X171.1　**文献标识码**：A　**文章编号**：1002-6622（2006）01-0043-04

我国森林生态效益补偿制度在 2001 年试点的基础上，2004 年已在全国大范围内推开，除了中央补助实施的面积之外，地方各级也相继采取扶持政策，加大对生态公益林的补偿，浙江省于 2004 年起全面实施 200 万 hm^2 重点公益林森林生态效益补偿基金制度，现阶段每公顷每年补助 120 元。为了及时了解和评价公益林区域的森林生态状况和生态效益，正确反映森林对生态环境改善和社会经济发展的促进作用，科学评价生态公益林建设成效，为政府制定和调整生态建设的方针政策、加强公益林的经营管理提供科学依据，全面开展公益林森林资源与生态状况监测及效益评价已成当务之急。国内许多学者[1-6]对森林资源与生态状况的综合监测及森林生态效益评价的内涵、定义、方法、计量等作了有益的探索，但从最近在湖北宜昌召开的中央森林生态效益补偿制度落实南方省区经验交流会情况来看，对森林资源与生态状况的监测内容、监测指标、监测技术、监测方法、监测标准及其生态效益的计量评价全国尚无统一标准，满足不了当前的迫切需求。本文就浙江省开展公益林森林资源与生态状况监测及效益评价的技术方案作一介绍，以期对全国形成统一的监测方案和对浙江省当前的监测工作起到一定的作用。

1　监测内容

根据科学反映森林资源、生态状况和效益的要求，结合目前的技术及装备水平，浙江省公益林森林生态状况和效益监测的主要内容包括：生态建设状况、森林灾害状况、森林数量质量状况、森林生态系统服务功能 4 个方面。

1.1　生态建设状况

生态建设状况方面的内容是对目前正在开展的重点生态工程的建设成效进行监测，反映工程建设的情况，包括生态建设工程和生态保护工程两类。

（1）生态建设工程　包括长防林工程、海防林工程、绿色通道工程、退耕还林工程、迹地更新工程、阔叶林发展工程等的建设成效。

(2)生态保护工程 主要指对自然保护区、自然保护小区、湿地保护等的建设成效。

1.2 森林灾害状况

这方面的监测内容主要反映森林受到的负面影响,包括对森林火灾、森林病虫害以及台风、洪涝、雪害等自然灾害进行监测。

1.3 森林数量质量状况

根据森林生态学原理,森林生态系统监测,应是对森林、森林环境、森林与环境之间的关系3个方面的内容进行监测。在这三者中森林为主体,森林功能发挥的强弱,取决于森林本身的质量、数量、结构和时空分布状态。森林数量、质量方面的内容包括传统森林资源的内容,以及扩充的内容,扩充的包括生物量、自然度、健康度、生物多样性等。

(1)数量 包括各类面积(各群落类型面积、各地类面积)、森林覆盖率、蓄积、立竹量、生物量、生长量。

(2)质量 包括单位面积蓄积、自然度、健康度、生物多样性状况。

(3)结构 包括群落类型、树种结构、龄级结构、径阶结构、层次结构、疏密结构。

1.4 森林生态系统服务功能

森林生态系统服务功能是指人类从森林生态系统中获得的效益。根据现有条件,浙江省目前可以测定与计量的内容包括:①涵养水源;②固土保肥与改良土壤;③改善小气候;④净化水质;⑤碳贮量;⑥碳氧平衡;⑦植物储能与光能利用;⑧游憩功能。

2 指标体系

为使监测指标能有效地、合理地描述上述监测内容,指标设置和选择时尽量考虑到可操作性、针对性、敏感性和公认性。

指标体系构成详见表1。

表1 浙江省公益林森林生态状况及效益监测指标体系

内容		指标	因子
生态建设状况	生态建设工程 生态保护工程	工程量、资金量、成活率、保存率 自然保护区面积与占国土面积比例	面积、资金 面积
森林灾害状况	森林火灾 森林病虫害 其他灾害	面积、发生率、等级 面积、发生率、等级 面积、发生率、等级	面积、等级 面积、等级 面积、等级
森林资源状况	数量 森林覆盖状况 各类面积 各类蓄积 立竹量 生物量	覆盖率、林木绿化率 地类面积、森林植被类型面积 蓄积、生长量 立竹量 生物总量、增长率	各类面积 各类面积 胸径、树高 株数、年龄 胸径、树高、盖度、株数
	质量 单位面积蓄积 自然度 健康度 生物多样性	单位面积蓄积 自然度、天然更新等级 健康度 生物多样性压力指数、森林物种多样性指数、生物多样性变化指数、植被类型多样性指数	 干扰程度 生长发育状况、受灾程度等 各类面积、树种

（续）

	内容		指标	因子
森林资源状况	结构	群落类型	各森林类型比例	
		树种组成	树种(组)比例	
		龄级结构	龄级比例	
		径阶结构	径阶比例	
		层次结构	群落层次结构	
		疏密结构	郁闭度等级、覆盖度等级	
森林生态系统服务功能		涵养水源	森林储水量、调蓄率	土壤孔隙、土层厚度、凋落物等
		固土保肥、改良土壤	水土流失面积指数、林地土壤肥力增长指数、泥沙流失量、森林固土量、森林保肥量、森林植物返还肥力量	侵蚀模数、侵蚀等级面积、土壤养分等
		改善小气候	调温率、调湿率、辐射调节率	风向、风力、温度、湿度、降水、蒸发、太阳辐射、日照时数
		净化水质	污染净化率	有机污染物、pH 值、溶解氧、总盐量等
		碳贮量	碳贮量	生物量、换算系数
		森林碳氧平衡	森林同化二氧化碳量、森林植物释氧量	生物量、换算系数
		森林植物储能与光能利用	森林植物储能量、光能利用率	生物量、换算系数、太阳辐射量
		游憩功能	景观等级指数、森林公园面积比例	游憩森林面积、游客数量

3 技术路线

以浙江省森林资源连清监测体系样地调查为基础，结合生态定位观测、典型调查、专题汇总统计、实验分析等信息采集方法，采用数理统计、模型技术等手段，分析森林资源及生态状况，评价森林生态效益。具体工作流程分为监测内容与监测指标体系构建、信息采集、信息处理、成果产出 4 个阶段。详见图 1。

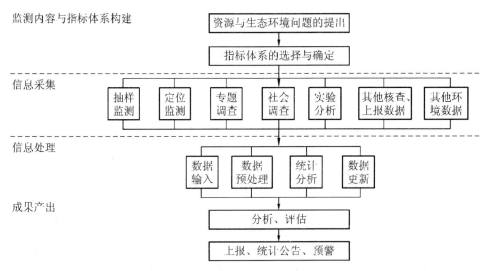

图 1 浙江省公益林森林生态状况与效益监测技术路线

4 技术方法

4.1 抽样调查

（1）抽样方案设计 浙江省于1979年建立森林资源连续清查体系，按4km×6km间距系统布设样地，全省共布设固定样地4253个。样地为正方形，面积0.08hm²。2005年进行的森林资源动态监测，从总固定样地中系统抽取1/3进行调查，样地数为1417个，用以估计全省数据。公益林样地监测与全省森林资源动态监测体系的样地共用，全省样地数1417个，其中落在生态公益林内为244个。

（2）监测内容 通过固定样地实行监测的主要为森林资源数量、质量、结构等指标。

（3）统计分析 统计总体分为2个：①全省国土；②公益林区域；为了提高估计效率，采用二相抽样的估计方法，以当年调查的样本为二相样本，以全面调查的样本为一相样本，通过建立尽可能好的一、二相样本之间的联系，对当年的数据作出估计。

a. 面积成数估计

$$a_i = \sum_{i=1}^{L} p_i p_{ij}$$
$$= p_1 p_{1j} + p_2 p_{2j} + \cdots + p_L p_{Lj}, i = 1, 2, \cdots, L$$

式中：a_i 为经二相样本修正的第 i 类型的成数估计值；p_i 为根据一相样本估计的第 i 类型的面积成数；p_{ij} 为二相样本中在一相样本调查时为第 i 类型，二相样本中为 j 类型的成数估计数；L 为类型数。

b. 平均数估计

$$\hat{Y} = \hat{X}' \hat{B}$$

式中：$\hat{X}' = (1, \hat{X}_1, \hat{X}_2, \cdots, \hat{X}_{h-1})'$ 是第一相总体各变量均值的估计值；$\hat{B}$ 为用最小二乘法估计的回归参数。

c. 年净增量平均估计值

$$\overline{\triangle} = \hat{Y}_2 - \hat{Y}_1$$

式中：$\hat{Y}_2$ 为当年调查估计的样地总平均数；$\hat{Y}_1$ 为前一年调查估计的总平均数。

4.2 定位观测

（1）定位观测站设置 定位观测站的布设遵循分流域、分类控制的原则，在全省主要流域分别上、中、下游设置定位观测站，全省考虑设置10~12个，每个定位站内按阔叶林、针阔混交林、针叶林、竹林、经济林、灌木林、无林地等类型设置7~9个径流场，其中选择1个径流场，在其附近设置小气候观测点。

（2）观测内容 主要为森林生态系统服务功能所涉及的涵养水源、固土保肥、改良土壤、改善小气候及净化水质等各项指标。

（3）推算方法 用定位观测数据及已有研究基础建立模型，用模型测算出样地数据值，进而推算全省数据。

4.3 专题调查

对其他需要特定调查与监测的内容采用专题调查，获取数据。如生物量建模、生物多样性等数据。

4.4 社会调查

有些数据需要通过大量访问、资料收集和信息查询等方式获取。如游憩效益计算中所需的有关数据。

4.5 专题汇总统计

对生态建设工程、生态保护工程建设成效以及森林灾害方面的数据，已有固定的统计上报渠道，本方案直接采用其上报数据。

参考文献

[1]肖兴威. 中国森林资源与生态状况综合监测体系建设的战略思考[J]. 林业资源管理，2004(3)：1-5.

[2]王登峰. 广东省森林生态状况监测报告(2002年)[M]. 北京：中国林业出版社，2004.

[3]米锋，李吉跃，杨家伟. 森林生态效益评价的研究进展[J]. 北京林业大学学报，2003，25(5)：77-83.

[4]薛立，杨鹏. 森林生物量研究综述[J]. 福建林学院学报，2004，24(3)：283-288.

[5]郎奎建，李长胜，殷有，等. 林业生态工程10种森林生态效益计量理论和方法[J]. 东北林业大学学报，2000，28(1)：1-7.

[6]李卫忠，郑小贤，张秋良. 生态公益林建设效益评价指标体系初探[J]. 内蒙古农业大学学报，2001，22(2)：12-15.

浙江省生态公益林土壤理化性质的初步研究①

葛永金¹ 袁位高² 江 波² 杜天真³ 朱锦茹² 沈爱华²

(1. 丽水市林业科学研究所，浙江丽水 323000；2. 浙江省林业科学研究院，浙江杭州 310023；
3. 江西农业大学园林与艺术学院，江西南昌 310045)

摘 要：通过对222个固定样地土壤跟踪调查及对79个针阔混交林的典型样地资料分析表明，随着林分年龄的延长，土壤容重、毛管持水量等物理性质有不同程度的提高，但土壤营养成份则各因素表现各异，其中有机质含量随林龄的增长而提高；全氮、水解性氮在幼龄林阶段有所提高，中龄阶段则下降，成熟阶段又提高；全磷、速效磷、速效钾则在成过熟林时有下降的趋势。土壤有机质、全氮和水解性氮等主要土壤化学性能指标与针阔混交林中树种比例有密切关系，土壤有机质以针叶树占乔木总数的40%~60%时最高，平均林地土壤有机质达到36.6917g·kg⁻¹，全氮、水解性氮、全磷和速效磷含量则以针叶树种占20%~40%时最高，分别为$1.4612g \cdot kg^{-1}$、$158.9926mg \cdot kg^{-1}$、$0.3634g \cdot kg^{-1}$、$2.7451mg \cdot kg^{-1}$。
关键词：生态公益林；全氮；水解性氮；全磷；速效磷；速效钾
中图分类号：S714.2 **文献标识码**：A

植被和土壤是生态系统的重要组成部分，土壤是植物群落发生和发展的物质基础，而植物群落又反过来影响着土壤性质和肥力状况。很多学者在森林与土壤相互影响、森林自身的生物循环、枯落物分解对土壤性质的影响以及森林土壤化学性质变化对森林生长、养分循环的影响诸方面做了大量的工作[1-4]。植被在改良土壤的过程中，对不同成分有不同的作用方式，导致有不同的累积结果。随着群落的进展演替，对于大多数成分来讲，在土壤中的累积不断增加[5]。本研究拟通过对浙江省生态公益林中不同森林群落的土壤为对象，研究群落结构与土壤的物理性质和化学性质的相互关系，以期为开展生态公益林功能的评价及恢复促进技术研究提供基础资料和技术依据。

1 试验地自然概况

浙江省位于东海之滨，地势西南部高，东北部低，自西南向东北倾斜，呈梯级下降。东北部为冲积平原，地势平坦，土层深厚，河网密布。各山脉一直延伸到东海，露出水面的山峰构成半岛和岛屿。气候温和湿润，四季分明。无霜期8~9个月，年平均气温17℃，年平均降水量1319.7mm，冬夏季风交替显著，年温适中，四季分明，光照充足，热量丰富，降水充沛，空气湿润。同时，因濒临海洋，受明显的海洋影响，温、湿条件比同纬度的内陆季风区优越，是我国自然条件最优越的地区之一。

---

① 基金项目：浙江省科技厅与浙江省林业厅重大联合招标项目(02110254)。

2 研究方法及内容

2.1 土壤剖面和采样

（1）土壤剖面　野外以剖面形式进行，剖面地点要有代表性，可在标准样地边缘与样地条件相似的地段挖取，注意设在植被均一、未遭受病虫害和人为因子影响的林冠下，距树干基部 1~2m 处进行。

（2）剖面挖取　挖掘深度 100~120cm，土层厚度不足 100cm 时，挖至母岩风化层。

（3）土壤采样　土壤物理性质测定在剖面自上而下用环刀每层采集，顶盖盖住刃口，底盖（有小孔）覆滤纸后盖上，记录编号。

在环刀采样的相近位置另采土样 20g 左右，装入有盖铝盒，记录编号，与环刀一起装入塑料袋密封，带回室内分别称重，测定含水量(W)。

每一层土壤取 2 个环刀，其中一个测容重和毛重水；另一个测土壤水分，做 2 个重复。

2.2 土壤理化性质测定

测定每个样地的土壤基本情况、土壤理化性质、土壤水分。其中土壤基本情况、土壤容重、土壤孔隙、土壤水分由各样点现场测定，其他土壤理化性质由各样点取样后送浙江省林业科学研究院分析测试中心统一测定。

2.3 土壤化学性质测定

在环刀取样的同时，自下而上逐层分层采混合土样 1000g 装入另一塑料袋，样袋内外均附上标签，写明剖面编号、采集地点、样地号、土层深度、采集时间等。封口后送浙江省林业科学研究院分析测试中心进行各项理化性质测定。

3 结果与分析

3.1 不同森林群落类型的土壤理化性质

浙江省现有生态公益林中主要植物群落可划分为松林（含马尾松林、湿地松林、火炬松林、黄山松林等）、杉木林、松阔混交林、杉阔混交林、松杉阔混交林、落叶阔叶林、常绿阔叶林、竹林（含毛竹林、杂竹林）、灌木林及无林地等类型。通过对 222 个固定样地土壤跟踪调查及对 79 个针阔混交林的典型样地，各群落类型林地样地分布及土壤的理化性质列表 1 和表 2。

土壤有机质含量、全氮、水解性氮含量、毛管持水量是评价林地土壤的重要指标。从调查测试结果看，10 种群落类型林地土壤的整体理化性质以常绿阔叶林最优，平均土壤有机质含量达到 36.4395g·kg^{-1}，全氮、全磷分别为 1.3071g·kg^{-1}、0.2486g·kg^{-1}，水解性氮、速效磷、速效钾分别为 147.9450mg·kg^{-1}、1.5603mg·kg^{-1}、81.4750mg·kg^{-1}，0~20cm 和 20~40cm 的土壤容重和毛管持水量分别为 1.04g·cm^{-3}、50.5490% 和 1.16g·cm^{-3}、

表 1　试验样地的分布

群落类型	样地数(个)
无林地	22
灌木林	23
竹林	23
松林	22
杉木林	23
松阔混交林	48
杉阔混交林	50
松杉阔混交林	46
落叶阔叶林	21
常绿阔叶林	23
合计	301

41.8260%。以土壤有机质含量、全氮、水解性氮含量、毛管持水量指标来评价，则 10 种群落类型的林地土壤的优劣顺序依次为：常绿阔叶林、松杉阔混交林、竹林、杉阔混交林、松阔混交林、落叶阔叶林、杉木林、灌木林、松林和无林地。

表2　不同群落类型的林地土壤的理化指标

| 群落类型 | 0~20cm | | 20~40cm | | 有机质 (g·kg⁻¹) | 全氮 (g·kg⁻¹) | 水解性氮 (mg·kg⁻¹) | 全磷 (g·kg⁻¹) | 有效磷 (mg·kg⁻¹) | 有效钾 (mg·kg⁻¹) | pH值 |
	容量 (g·cm⁻³)	毛管持水量(%)	容量 (g·cm⁻³)	毛管持水量(%)							
A	1.30	41.2814	1.31	35.9000	16.9700	0.7833	92.5733	0.3877	0.9417	46.1367	5.61
B	1.12	41.8811	1.29	39.4292	29.8917	1.0192	96.7240	0.2687	1.5590	64.8327	4.90
C	1.09	44.7889	1.20	39.2362	31.8822	1.2167	139.8328	0.4928	2.3333	74.5789	5.44
D	1.15	43.5143	1.25	37.8200	20.9096	0.6323	60.7150	0.2171	0.7083	73.4700	4.80
E	1.10	51.5165	1.30	39.0652	25.5128	0.9889	108.6750	0.3392	1.6894	78.4478	5.27
F	1.14	43.9539	1.24	40.4409	31.4235	1.0751	107.8877	0.2370	0.8382	66.4081	4.93
G	1.09	47.3772	1.13	42.7888	34.2375	1.2440	117.4313	0.2678	0.7328	47.0200	5.05
H	1.07	45.8006	1.17	39.5976	34.7806	1.2083	135.2669	0.2966	1.1111	67.9906	4.80
I	1.13	45.1104	1.19	40.0420	29.8750	1.2575	118.8075	0.3743	2.2150	77.8500	5.37
J	1.04	50.5490	1.16	41.8260	36.4395	1.3071	147.9450	0.2486	1.5603	81.4750	4.82

注：A：无林地；B：灌木林；C：竹林；D：松林；E：杉木林；F：松阔混交林；G：杉阔混交林；H：松杉阔混交林；I：落叶阔叶林；J：常绿阔叶林。

3.2　针阔混交林的树种结构与土壤理化性质的关系

针阔混交林，不仅能调解大面积人工针叶林地力衰退、林分生长量下降、抗灾害能力减弱等问题，也是保护森林生态系统、缓解木材品种单一、调整林种结构的有效途径。通过79个针阔混交林的典型样地资料分析可以看出，针阔混交林在维护地力，改良林地土壤具有显著效果，调查结果列表3。

表3　针阔混交林林木组成与林地土壤营养结构

| 针叶树比重(%) | | 乔木总数 (株·hm⁻²) | 灌木 (株·hm⁻²) | 有机质 (g·kg⁻¹) | 全氮 (g·kg⁻¹) | 全磷 (g·kg⁻¹) | 速效钾 (mg·kg⁻¹) | 水解性氮 (mg·kg⁻¹) | 速效磷 (mg·kg⁻¹) | pH值 |
区间	平均值									
0	0.0	1149.0	804.0	31.8001	1.3451	0.3523	108.1370	135.9720	2.0618	5.26
<20	8.4	2218.5	1029.0	31.8787	1.2250	0.3165	81.8750	139.3491	1.7896	5.07
20~40	34.3	2082.0	1230.0	32.5453	1.4612	0.3634	87.0000	158.9926	2.7451	5.16
40~60	52.2	1333.5	1193.5	36.6917	1.2855	0.2838	91.2500	141.0750	1.4106	5.13
60~80	73.2	1425.0	1063.5	29.2873	0.8792	0.2423	84.1827	139.2679	1.1249	5.11
>80	91.9	1923.0	871.5	27.5713	0.8783	0.3755	84.6795	141.4367	1.7504	5.19
100	100.0	1915.5	417.0	25.0267	0.7668	0.2771	71.0324	121.9807	1.3840	5.06

土壤有机质、全氮和水解性氮等主要土壤化学性能指标与针阔混交林的树种比例有密切关系，土壤有机质、全氮、全磷、水解性氮、速效磷与针叶树比重的相关系数分达到0.63603、0.8395、0.3224、0.3609和0.5249。从图1、图2可以看出，土壤有机质以针叶树占乔木总数的40%~60%时最高，平均林地土壤有机质达到36.6917g·kg⁻¹，全氮、水解性氮、全磷和速效磷含量则以针叶树树种占20%~40%时最高，分别为1.4612g·kg⁻¹、158.9926mg·kg⁻¹、0.3634g·kg⁻¹、2.7451mg·kg⁻¹；而当针叶树比例超过60%后，林地土壤质量迅速下降，针叶纯林的平均土壤有机质、全氮、水解性氮、全磷和速效磷含量分别为25.0267g·kg⁻¹、0.7668g·kg⁻¹、121.9807mg·kg⁻¹、0.2771g·kg⁻¹、1.3840mg·kg⁻¹，仅

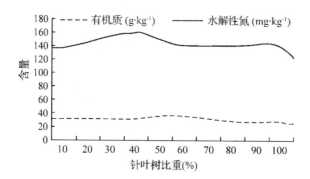

图1　针叶树比重与土壤有机质、水解性氮关系

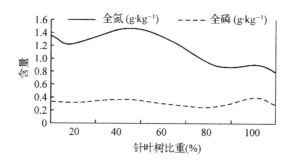

图2　针叶树比重与土壤全氮、全磷关系

为针叶树比例占20%~40%时的33.9%、52.5%、76.1%、76.2%和50.4%。

3.3　森林凋落物与土壤理化性质的关系

凋落物也可称为枯落物或有机碎屑，是指在生态系统内，由地上植物组分产生并归还到地表面，作为分解者的物质和能量来源，借以维持生态系统功能的所有有机质的总称。它包括林内乔木和灌木的枯叶、枯枝、落皮及繁殖器官、野生动物残骸及代谢产物，以及林下枯死的草本植物及枯死植物的根。在植物—凋落物—土壤森林生态系统的养分循环中，植物群落作为主动因子，从土壤中吸收养分形成有机体，然后养分随死亡有机体落到地表，并主要以有机体形态归还土壤。凋落物作为养分的基本载体，在养分循环中是连接植物与土壤的"纽带"。因而在维持土壤肥力，促进森林生态系统正常的物质循环和养分平衡方面，凋落物有着特别重要的作用，如表4所示。

表4　森林凋落物与土壤理化性质

凋落物总量 (kg·hm⁻²·a⁻¹)		容重 (g·cm⁻³)	毛管持水量(%)	有机质 (g·kg⁻¹)	全氮 (g·kg⁻¹)	水解性氮 (mg·kg⁻¹)	全磷 (g·kg⁻¹)	有效磷 (mg·kg⁻¹)	速效钾 (mg·kg⁻¹)
区间	平均值								
<500	278.5993	1.2005	41.0578	26.7615	0.9835	107.9808	0.3357	1.3846	80.4108
500~1000	749.7917	1.2225	41.5584	27.2221	1.0054	106.1377	0.3298	1.2619	79.9000
1000~1500	1700.7177	1.2412	41.1470	28.1840	0.9885	107.3288	0.2800	1.2940	69.0745
1500~2000	2251.0875	1.1754	43.4342	31.7792	1.1200	112.1813	0.2281	0.9950	83.4296
2000~3000	2832.1685	1.1911	44.0290	31.0875	1.0900	110.1150	0.2467	0.7300	64.2817
>3000	3619.2493	1.1765	45.8938	35.5300	1.1275	115.5083	0.2338	0.7900	61.4075

4 结果与讨论

土壤是植物群落发生和发展的物质基础，而植物群落又反过来影响着土壤性质和肥力状况。浙江省现有生态公益林中 10 种主要群落类型的林地土壤的优劣顺序依次为：常绿阔叶林、松杉阔混交林、竹林、杉阔混交林、松阔混交林、落叶阔叶林、杉木林、灌木林、松林和无林地。

(1)通过对 222 个固定样地土壤的跟踪调查结果，随着林分年龄的延长，土壤容重、毛管持水量等物理性质有不同程度的提高，但土壤营养成分则各因素表现各异，其中有机质含量随林龄的增长而提高；全氮、水解性氮在幼龄林阶段有所提高，中龄阶段则下降，成熟阶段又提高；全磷、速效磷、速效钾则在成过熟林时有下降的趋势。从 1999~2004 年各群落类型的林地土壤的营养状况也发生了较大变化，其中杉木林、松林只有全氮量 1 个指标有所提高，其他指标均出现明显下降；其他群落的有机质、全氮和水解性氮均有不同程度的提高，而全磷、速效磷和速效钾则各群落均有部分指标下降。由此可见，杉、松等针叶纯林不利于维持地力，并随着林龄的增长，地力不断衰退；而常绿阔叶林、针阔混交林则能提高或稳定土壤理化性质，有利于林地的可持续经营。森林凋落物对土壤毛管持水量、有机质含量、全氮、水解性氮土壤理化指标有较好的促进作用。

(2)通过对 79 个针阔混交林的典型样地资料分析表明，土壤有机质、全氮和水解性氮等主要土壤化学性能指标与针阔混交林中树种比例有密切关系，土壤有机质、全氮、全磷、水解性氮、速效磷与针叶树比重的相关系数分别达到 0.63603、0.8395、0.3224、0.3609 和 0.5249。土壤有机质以针叶树占乔木总数的 40%~60% 时最高，平均林地土壤有机质达到 36.6917g·kg^{-1}，全氮、水解性氮、全磷和速效磷含量则以针叶树种占 20%~40% 时最高，分别为 1.4612g·kg^{-1}、158.9926mg·kg^{-1}、0.3634g·kg^{-1}、2.7451mg·kg^{-1}；而当针叶树比例超过 60% 后，林地土壤质量迅速下降，针叶纯林的平均土壤有机质、全氮、水解性氮、全磷和速效磷含量仅为针叶树比例占 20%~40% 时的针阔混交林的 33.9%、52.5%、76.1%、76.2% 和 50.4%。

参考文献

[1]张春娜，延晓冬，杨剑虹．中国森林土壤氮储量估算[J]．西南农业大学学报，2004，26(5)：572 - 575.

[2]杨丽霞，潘剑君，苑韶峰．黎平县森林土壤分解过程中有机碳的动态变化[J]．水土保持学报，2004，18(6)：71 - 73.

[3]林德喜，樊后保，苏兵强，等．马尾松林下套种阔叶树土壤理化性质的研究[J]．土壤学报，2004，41(4)：655 - 659.

[4]曹裕松，李志安，傅声雷，等．模拟氮沉降对鹤山 3 种人工林表土碳释放的影响[J]．江西农业大学学报，2006，2(1)：101 - 105.

[5]欧阳学军，黄忠良．鼎湖山南亚热带森林群落演替对土壤化学性质影响的累积效应研究[J]．水土保持学报，2003，17(4)：51 - 54.

环境因子对浙江省重点公益林生物量的影响研究[①]

杨　娟[1,2]　袁位高[2]　江　波[2]　朱锦茹[2]　温莉娜[2,3]　徐小静[4]

(1. 浙江林学院，浙江临安　311300；2. 浙江省林业科学研究院，浙江杭州　310023；3. 江西农业大学林学院，江西南昌　330045；4. 浙江省泰顺县下洪乡人民政府，浙江泰顺　325500)

摘　要：利用在浙江省 200 万 hm^2 重点公益林范围内取得的 854 个典型样地的调查资料，分析比较了不同地貌、坡度、坡向、坡位、土层厚度等条件下样地的生物量及其组成，结合林龄、立木数等指标，研究了环境因子对浙江省重点公益林生物量的影响，结果表明：①重点公益林现存生物量与地貌、坡向、坡位、坡度等地理特征密切相关，往往与平均生长量呈负相关。现存生物量随着地势的下降而下降，即中山＞低山＞丘陵；从坡向分析，西北向的平均生物量最大，南坡、东南和西南次之；从坡度看，以陡坡最高，急坡、斜坡次之，缓坡和险坡最低；从坡位分析，以上坡最高，中坡和山脊次之，下坡最低。②土层厚度是影响林地生物量的重要因素，随着土层厚度的加深，林地生物量迅速增加。年均生物量生长也与立地状况密切相关。年均生物量以丘陵最高，低山次之，中山最低；各坡向年均生物量由高到低依次为南、西南、东南、西北、东北、西、东、北；从下坡、中坡、上坡至山脊也呈逐渐下降趋势。

关键词：浙江省；公益林；环境因子；生物量；马尾松；杉木；阔叶林

中图分类号：S718　**文献标识码**：A

森林生物量是森林生态系统最基本的数量特征，它既表明森林的经营水平和开发利用的价值，同时又反映森林与其环境在物质循环和能量流动上的复杂关系。生物量数据是研究许多林业问题和生态问题的基础，因而，森林生物量的测定和估计已成为当代林业生产和科研的热点问题。1994 年联合国粮农组织在《国际森林资源监测大纲》(IUFRO International Guidelines for Forest Moritoring) 中就明确规定森林生物量是森林资源监测中的一项重要内容。而我国目前森林资源清查中缺少这方面的数字。为了满足实施可持续发展战略过程中宏观调控的信息需求和浙江省林业发展的需要，在森林资源监测体系中增加生物量检测项目势在必行。

项目组在系统开展森林生态效益监测的基础上，于 2005～2006 年在浙江省进行了"浙江省重点公益林森林植物生物量模型"研究。通过对样地生物量实测，建立了林木易测因子生物量模型，利用模型和连清样地数据及典型样地数据，测算了浙江省重点公益林的生物量，系统分析了浙江省重点公益林的生物量区域分布、结构组成、增长潜力等特征。本文利用在全省 200 万 hm^2 重点公益林范围内取得的 854 个典型样地调查资料，通过比较不同地貌、坡度、坡向、坡位、土层厚度等条件下样地的生物量及其组成，结合林龄、立木数等指标，研究环境

---

①　基金项目："浙江省重点公益林生态效益监测"部分内容。

因子对浙江省重点公益林生物量的影响，为提高公益林林分质量提供技术依据。

1　样地选择与调查方法

1.1　样地选择原则与布局

（1）气候区　根据气候区在全省10个地区市布置样点。

（2）林分类型　分别设置松林(马尾松、黄山松、国外松等)、杉木林、次生阔叶林、针阔混交林、毛竹林、杂竹林、灌木林等类型。

（3）林龄组成　根据模型设计要求，综合考虑幼龄林、中龄林、近成熟林及成熟林等林龄。

（4）立地条件　结合样地坡位、坡度、坡向、海拔高度等因子进行选点。

（5）林分组成　林分郁闭度、复层林与单层林、树种组成比例等因素。各区域样地组成与涵盖因子见表1。

表1　各区域样地组成与涵盖因子

立地		群落类型				
		松林	杉木林	次生阔叶林	针阔混交林	毛竹林
坡位	上坡	✓	✓	✓	✓	✓
	中坡	✓	✓	✓	✓	✓
	下坡	✓	✓	✓	✓	✓
坡度	<25°	✓	✓	✓	✓	✓
	>25°	✓	✓	✓	✓	✓
坡向	阳坡	✓	✓	✓	✓	✓
	半阳坡	✓	✓	✓	✓	✓
	阴坡	✓	✓	✓	✓	✓
林龄	幼龄林	✓	✓	✓	✓	
	中龄林	✓	✓	✓	✓	
	成熟林	✓	✓	✓	✓	
土壤条件	好	✓	✓	✓	✓	✓
	中	✓	✓	✓	✓	✓
	差	✓	✓	✓	✓	✓
郁闭度	<0.4	✓	✓	✓	✓	
	0.4~0.7	✓	✓	✓	✓	
	>0.7	✓	✓	✓	✓	

本项研究以地市为单位，每个地市以一个典型县为重点，其他县为补充。各类型样地数如表2。

1.2　外业调查及内业处理

（1）样地特征调查　调查因子为群落类型、郁闭度、起源、林龄、人为干预情况、海拔、坡度、坡位、坡向、立地状况等。

表2　各类型样地分配数　　　　　　　个

地点	群落类型							
	松林	杉木林	次生阔叶林	针阔混交林	毛竹林	杂竹林	灌丛	合计
杭州	24	19	10	9	10	10	5	87
温州	20	17	8	10	10	10	5	80
湖州	23	15	8	10	10	10	5	81
台州	20	11	9	7	10	10	5	72
金华	26	15	16	14	10	10	5	96
衢州	25	15	13	12	10	10	5	90
舟山	15	17	6	6	10	10	5	69
绍兴	19	15	8	9	10	10	5	76
丽水	32	24	20	20	20		5	131
宁波	21	12	7	7	10	10	5	72
合计	225	160	105	104	110	100	50	854

（2）乔木层生物量调查　标准样地面积为 20m×30m，主林冠层每木检尺。起测胸径 5.0cm，调查因子为胸径、树高、枝下高、冠幅，并分树种统计各径级的平均值，分树种选取各径级的标准木（1株），按 Stoo 分层切割法，以 2m 区分段测定干（带皮）、枝叶（含花果）生物量；根系采取全株挖掘法测定。样地生物量根据各树种、径级标准木单株生物量统计。

（3）下木层生物量调查　沿标准样方的对角设 2m×2m 样方3个，调查下木层的盖度、株数和平均高度、各树种数量、地径、高度。选择主要树种平均木收获干、枝叶花果、根称重，根据树种组成比例，测定各树种及单位面积生物量。

（4）草本层生物量调查　在下木层小样方的左上角和右下角设 1m×1m 的小样方，调查草本层种类、盖度和平均高度。全株收获、称重，根据各草种比例测定单位面积生物量。

2　结果分析

2.1　地貌特征与公益林群落生物量关系

由表3表明，公益林平均生物量与地貌有关，公益林现存生物量随着地势的下降而下降，中山类平均生物量为 $108.00t\cdot hm^{-2}$，低山为 $87.75t\cdot hm^{-2}$，丘陵立地平均生物量为 $81.93\ t\cdot hm^{-2}$；而年均生物生长量则恰好相反，以丘陵最高，低山次之，中山最低。这一方面说明森林植物的自然生长量随着地势的降低而提高；另一方面，地势较低区域，如丘陵和低山地区，由于交通方便，人类活动频繁，对森林资源的采伐利用强度增大，从而导致森林生物量的现存量降低。

表3　不同地貌公益林的平均生物量　　　　　$t\cdot hm^{-2}$

地貌	平均树龄（a）	总生物量	年均生物量	乔木层				下木层	草本层
				合计	树干	树冠	树根		
中山	24.2	108.00	4.46	76.90	44.59	16.11	16.19	31.00	0.10
低山	18.0	87.75	4.88	57.58	32.67	12.60	12.31	30.04	0.13
丘陵	16.3	81.93	5.03	54.63	31.41	11.71	11.52	27.16	0.13

注：中山海拔大于1000m，低山海拔大于500m、小于1000m，丘陵海拔500m以下。

　　从生物量组成看,乔木层是生物量的主要组成部分,下木层次之,草本层最低。但在不同条件下,其构成有一定差异,中山乔木层生物量占总生物量71.2%,比低山(65.6%)和丘陵(66.7%)高5%左右,而下木层则中山的比重最低。3种类型的下木层和草本木生物量十分相近,而乔木层生物量则差异较大。

2.2　坡向与公益林群落生物量的关系

　　由于坡向的不同,植物生长的光照、水分等环境条件也不同,从而影响森林植物的生物量。从表4可知,西北向的生物量平均最大,为97.71t·hm^{-2},西南次之,为93.29t·hm^{-2},南坡为96.37t·hm^{-2}、东南为92.79t·hm^{-2};而从年均生物量看,各坡向生物量由高到低依次为南、西南、东南、西北、东北、西、东、北。

表4　不同坡向下的生态公益林生物量　　　　　　　　　　　　t·hm^{-2}

坡向	平均树龄(a)	总生物量	年均生物量	乔木层				下木层	草本层
				合计	树干	树冠	树根		
北	18.1	57.87	3.20	29.68	17.62	5.47	6.59	28.07	0.12
东北	15.4	70.63	4.59	42.48	23.77	9.26	9.44	27.99	0.16
东	16.4	66.57	4.06	41.11	23.11	8.99	9.01	25.29	0.17
东南	18.8	92.79	4.94	42.41	21.87	10.54	10.00	50.37	0.01
南	17.3	96.37	5.57	63.29	37.75	12.72	12.82	32.99	0.09
西南	17.6	93.29	5.30	65.43	38.03	13.89	13.51	27.81	0.05
西	19.0	78.89	4.15	53.14	30.51	11.41	11.22	25.63	0.12
西北	21.0	97.71	4.65	69.20	38.58	15.76	14.86	28.38	0.12

　　从生物量组成看,东南坡的乔木层生物量比重最低,下木层生物量比重最高,乔木层占45.71%,下木层占54.28%;而西北坡的乔木层生物量比重最高,下木层比重最低,分别为70.82%和29.05%。各坡向按乔木层所占比例大小,依次为东南<北<东北<东<南<西<西南<西北;草本层生物总量及所占比例均以东、东北方向最高,东南、西南方向最低。

2.3　坡度与公益林群落生物量的关系

　　坡度与林地的土层厚度、水分条件和土壤性质有关,一般在自然状态下,坡度越低,立地条件越好,生物量越高。从表5可知,浙江省重点公益林的现存生物量以陡坡最高(106.45t·hm^{-2}),急坡(98.65t·hm^{-2})、斜坡(89.44t·hm^{-2})次之,缓坡(81.76t·hm^{-2})和险坡(72.58t·hm^{-2})最低;年均生物量与现存生物量基本一致。之所以会出现这种情况,我们认为有可能是由于受人类活动的影响造成,缓坡、斜坡虽然立地条件较好,但人类利用程度也随之提高,随着坡度的上升,虽然立地条件变差,但由于采伐利用的难度增加,破坏也相对较少,从而使其生物量逐渐上升,这一点从林分的平均年龄也可以得到初步证明,坡度越大,林分平均年龄也越大。

　　从生物量组成结构可以进一步得到说明,乔木层生物量的现存量均以陡坡最高,斜坡和急坡次之,缓坡和险坡最低;下木层生物量则以急坡最高,险坡和陡坡次之,斜坡和缓坡最低。从组成比例看,乔木层生物量随着坡度增加而下降,下木层则随着坡度的提高而上升。

表5　不同坡度下的公益林生物量　　　　　　　　　　t·hm⁻²

坡度(°)	坡度级	平均树龄(a)	总生物量	年均生物量	乔木层				下木层	草本层
					合计	树干	树冠	树根		
5.1~14.9	缓坡	17.7	81.76	4.62	60.84	27.56	23.44	9.84	20.78	0.14
15.0~24.9	斜坡	16.1	89.44	5.56	67.92	30.68	25.96	11.28	21.36	0.16
25.0~34.9	陡坡	19.5	106.45	5.46	79.39	36.00	30.43	12.97	26.92	0.13
35.0~44.9	急坡	19.9	98.65	4.96	66.46	30.00	25.18	11.28	32.08	0.12
>45	险坡	22.4	72.58	3.24	45.31	20.61	16.94	7.76	27.24	0.03

2.4 坡位与公益林群落生物量的关系

从不同坡位的浙江省重点公益林生物量的现存量(表6)看,以上坡生物量最高,为99.20t·hm⁻²,中坡和山脊次之,下坡最低,为83.64t·hm⁻²;年均生物量虽然显现出从下坡至山脊逐渐下降的趋势,但差异不显著。这一方面有可能与浙江省重点公益林的山地坡面不长,立地条件相近有关;另一方面可能与人类活动相关,从平均林龄、下木层生物量等比较可以说明,下坡的平均林龄为15.6a,而上坡为19.2a,两者相差3.6a,上坡的下层木生物量为27.62t·hm⁻²,下坡为19.21t·hm⁻²,两者差距达到8.41t·hm⁻²。由此可见,上坡、山脊的条件虽然较下坡差,但下坡的人为干扰也较上坡、山脊要频繁。

表6　不同坡位的公益林生物量　　　　　　　　　　t·hm⁻²

坡位	平均树龄(a)	总生物量	年均生物量	乔木层				下木层	草本层
				合计	树干	树冠	树根		
山脊	18.1	90.99	5.03	64.55	28.91	25.38	10.26	26.29	0.14
上坡	19.2	99.20	5.17	71.47	31.45	27.87	12.15	27.62	0.11
中坡	18.0	93.77	5.21	68.11	30.68	25.88	11.55	25.53	0.13
下坡	15.6	83.64	5.36	64.27	29.35	24.72	10.2	19.21	0.16

2.5 土层厚度与公益林群落生物量的关系

土层的厚度直接影响林地的生物量。由表7表明,随着土层厚度的加深,林地生物量迅速增加,土层厚度小于20cm的平均生物量仅为44.03t·hm⁻²,当土厚度超过40cm时,平均林分生物量达到78.95t·hm⁻²。

表7　不同土层厚度的生态公益林生物量　　　　　　　　　　t·hm⁻²

土层厚度(cm)	平均树龄(a)	总生物量	乔木层				下木层	草本层
			合计	树干	树冠	树根		
0~20.0	10.4	44.03	17.94	10.02	4.26	3.66	25.91	0.17
20.1~39.9	18.3	73.27	42.41	21.87	10.54	10.00	30.86	0.14
>40	18.1	78.95	54.58	31.35	11.72	11.50	26.98	0.13

通过比较不同土层厚度的生物量组成可以进一步看出,虽然不同土层厚度的下木层和草本层生物量相近,但乔木层生物量差异十分明显,如土层厚度小于20cm的乔木层生物量为17.94t·hm⁻²,仅占总生物量的40.74%,而当土层厚度超过40cm时,乔木层生物量达到

$54.58t \cdot hm^{-2}$，占总生物量的69.13%。

3　结果讨论

（1）重点公益林现存生物量与地貌、坡向、坡位、坡度等地理特征密切相关，往往与平均生长量呈负相关。现存生物量随着地势的下降而下降，即中山 > 低山 > 丘陵；从坡向分析，西北向的平均生物量最大，南坡、东南和西南次之；从坡度看，以陡坡最高，急坡、斜坡次之，缓坡和险坡最低；从坡位分析，以上坡最高，中坡和山脊次之，下坡最低。这可能与重点公益林的分布区域和森林受保护程度有关，山高、坡陡、路险地段人为干扰少、保护程度高，总体上生物量存量就大。因此，继续加大封禁力度是提高重点公益林生物量、森林生态功能的主要措施。

（2）土层的厚度是影响林地生物量的重要因素，随着土层厚度的加深，林地生物量迅速增加。年均生物量生长也与立地状况密切相关。年均生物量以丘陵最高，低山次之，中山最低；各坡向年均生物量由高到低依次为南、西南、东南、西北、东北、西、东、北；从下坡、中坡、上坡至山脊也呈逐渐下降趋势。因此，对立地条件较好地段，在坚持保护前提下，加强阔叶化改造、林下补植、人工促进更新等措施，可充分发挥林地生产潜力、有效提高重点公益林生物产量和森林生态效能。

参考文献

[1]胥辉，张会儒．林木生物量模型研究[M]．昆明：云南科技出版社，2002．
[2]冯宗伟，陈楚莹，张家武．湖南会同地区马尾松林生物量的测定[J]．林业科学，1982，18(2)：127 - 134．
[3]李文华，邓坤枚，李飞．长白山主要生态系统生物量生产量的研究[J]．森林生态系统研究(试刊)，1981，34 - 50．
[4]冯宗炜，效科，吴刚．中国森林生态系统的生物量和生产力[M]．北京：科学出版社，1999．
[5]刘世荣，徐德应，王兵．气候变化对中国森林生产力的影响Ⅱ[J]．林业科学研究，1994，7(4)：425 - 430．
[6]彭少麟，刘强．森林凋落物动态及其对全球变暖的响应[J]．生态学报，2002，22(9)：1534 - 1544．
[7]彭少麟．南亚热带森林群落动态学[M]．北京：科学出版社，1996．
[8]唐守正．多元统计方法[M]．北京：中国林业出版社，1984．
[9]唐守正，张会儒，胥辉．相容性生物量模型的建立及其估计方法研究[M]．林业科学，2006(36)：19 - 27．
[10]曾慧卿，刘琪，马泽清，等．千烟洲灌木生物量模型研究．浙江林业科技，2006，26(1)：13 - 17．

千岛湖地区不同森林类型枯落物水文功能研究[①]

林海礼[1,2]　宋绪忠[2]　钱立军[3]　江　波[2]　朱锦茹[2]　袁位高[2]

(1. 浙江林学院，浙江杭州　311300；2. 浙江省林业科学研究院，浙江杭州　310023；
3. 浙江省淳安县富溪林场，浙江淳安　311700)

摘　要：通过对千岛湖库区富溪林场针阔混交林、常绿阔叶林、毛竹林、灌木林、新造林、马尾松林、杉木林7种林分林下枯落物层的厚度、储量及其持水特性的研究，揭示了该区不同森林类型林下枯落物层的水文生态功能。在实验室进行持水试验得出各种林分最大含水量大小顺序是：灌木林＞阔叶林＞混交林＞新造林＞杉木林＞毛竹＞马尾松；前30min内林地枯落物持水作用最强，其吸水速率顺序为：混交林＞毛竹林＞灌木林＞阔叶林＞杉木林＞新造林＞马尾松林；各林分枯落物有效拦蓄量大小顺序为：混交林＞阔叶林＞杉木林＞灌木林＞毛竹林＞新造林＞马尾松林；从水文效应各项指标来比较，阔叶林水文生态效应最好，马尾松林最差。

关键词：千岛湖；枯落物；持水量；持水率

中图分类号：S715　**文献标识码**：A

枯落物层是指由林木及林下植被凋落下来的茎、叶、枝条、花、果实、树皮和枯死的植物残体所形成的一层地面覆盖层，在森林生态系统中枯落物层是森林水文效应的第2个层次。研究表明，森林枯落物层是森林涵养水源作用的主要作用层，枯落物对森林土壤的发育和改良有重要意义，枯落物层作为森林生态系统重要的组成层次，具有良好的透水性和持水能力，在降水过程中起着缓冲器的作用[1]。它一方面削弱雨滴对土壤的直接溅击，另一方面吸收一部分降水，减少了到达土壤表面的降水量，同时由于枯落物层的机械阻挡作用，大大地减少了地表径流的产生，起到了保持水土和涵养水源的作用。大量的实验表明：枯枝落叶的水文作用主要体现在枯枝落叶的吸水方面，吸水量的多少与其林地现存量、分解状况以及自身的含水量、天气状况等多种因子有关[2]。林地枯落物的储量对其持水量有重大影响，树种不同，枯落物的吸水能力及分解情况有很大差异，枯落物分解程度不同其持水能力也有较大区别[3,4]。中野秀章[5]、周鸿歧等对凋落物层水文生态功能研究结果均表明，凋落物层对减少地表径流、降低径流速度的作用非常明显。

本文研究了枯落物、地表径流等水文特征，探讨森林凋落物层的水文生态功能，旨在查明凋落物在降水再分配中的作用、凋落物层的持水能力等效应，为进一步科学评价凋落物在森林生态系统中的作用提供理论依据。

---

① 基金项目：浙江省科技厅重大科技项目"五千万亩生态(经济)公益林建设关键技术研究和集成示范"(2005C12026)。

1　试验地概况

千岛湖位于浙江西部,淳安县中部,钱塘江上游。千岛湖区富溪林场地貌以低山丘陵为主,低平地区海拔在110m左右,海拔108m以下为水域。湖区主要为黄红壤,土体中常含半风化的页岩碎片,下部风化层较深。

千岛湖地处亚热带季风气候区,是中亚热带和亚热带的过渡带,气候温暖湿润,雨量充沛,四季分明,光照充足,年平均气温17℃,年平均降水量1430mm,年平均无霜期263d,植物资源较丰富,现有森林植被以天然次生马尾松为主,人工林主要有杉木(*Cunninghamia lanceolata*)、柏木(*Cupressus funebris*)、马尾松(*Pinus massoniana*)、麻栎(*Quercus acutissima*)、枫香(*Liquidambar formosana*)、木荷(*Schima superba*)、毛竹(*Phyllostachys heterocyla* var. *pubescens*)以及茶叶和干水果等新造林。林下灌木层主要有白檀(*Symplocos paniculata*)、白栎(*Quercus fabri*)、白背叶(*Mallotus apelta*)、山胡椒(*Lindera benzoin*)等,草本层主要有蕨类和禾本科植物。

本试验以中亚热带的千岛湖森林生态系统为研究地点,在富溪林场选择具有代表性的7种不同植被类型的径流小区(针阔混交林、常绿阔叶林、毛竹林、灌木林、杉木林、新造林和马尾松林),对其枯落物及地表径流进行研究。

2　研究内容和实验方法

2007年8月中旬,在研究区内选取针阔混交林、常绿阔叶林、毛竹林、灌木林、新造林、马尾松林、杉木林7种有代表性的林分类型,在代表性地段建立标准地(面积约为667m²),林分基本概况见表1。在每个标准地内各取面积为30cm×40cm的枯落物样方2个,全层收集枯枝落叶,现场记录各层厚度,并将枯落物保持原样装箱。

表1　千岛湖富溪林区样地概况

名称	主要树种	林分起源	林龄	郁闭度	坡位	坡向
马尾松林	马尾松	人工林	近成熟龄	0.6	下坡	南坡
阔叶林	苦槠(*Castanopsis sclerophylla*)	天然次生林	近成熟龄	0.8	下坡	东南坡
灌木林		天然次生林	成熟龄	0.7	中坡	南坡
混交林	苦槠、杉木、木荷(1:2:2)	人工林	成熟龄	0.7	下坡	西坡
杉木林	杉木	人工林	近成熟龄	0.6	下坡	东坡
毛竹林	毛竹	人工林		0.7	下坡	北坡
新造林	马尾松、木荷(1:1)	人工林	幼龄	0.5	下坡	西北坡

2.1　枯落物储量调查

将新采集的枯落物放置于实验室干燥通风处7d以上,直至用手触摸无潮湿感时,称其质量作为不同林分枯落物风干质量,从风干样品中随机取部分装入塑料网袋中,85℃烘干8h后冷却称质量,计算样品自然含水量,以此为参数计算样方枯枝落叶烘干质量,并推算枯落物的自然含水率和单位面积储量。

2.2　枯落物持水动态测定

7类样地分别取部分自然风干样品进行浸水试验,测定时段为0.5、1、1.5、2、4、6、8、10、12、14、16、18、20、24h。称量时将凋落物连同土壤筛一并取出,静置5min左右,直至凋落物不滴水为止,迅速称量枯落物的湿重并进行记录,以浸泡24h后的持水量为最大持水量。计算公式：

$$持水量 = 湿质量 - 自然质量$$
$$持水率 = 持水量/自然质量 \times 100\%$$
$$持水速度 = 持水量/浸水时间$$

2.3 枯落物层对降水的拦蓄能力

枯落物的现存量和其最大持水率对拦蓄能力也起相当大的作用，有效拦蓄量用下式表示[6]：

$$W = (0.85R_m - R_0) \times M \tag{1}$$

式中：W为有效拦蓄量($t \cdot hm^{-2}$)；R_0为平均自然含水率(%)；R_m为最大持水率(%)；M为枯落物现存量($t \cdot hm^{-2}$)；0.85为有效拦蓄系数。

3 结果与分析

3.1 各种林分枯落物的储量比较

枯落物的储量与枯落物的输入量、分解速度、林龄、林分组成、林型、生长季节、气候状况、人为活动等都有很大关系，其中森林的树种组成不同、林分所处的水热条件对其有较大的影响。

从表2可以看出：富溪林场各林分的枯落物层储量在7.25~18.17t·hm⁻²。不同林分枯落物储量由大到小的顺序为：混交林>阔叶林>新造林>杉木林>灌木林>马尾松>毛竹林。各林型和枯落物层的覆盖度和枯枝落叶层储量不同，由于混交林可以充分利用空间和各种条件，林冠层次多，枝叶量大，枯枝落叶量也多，枯落物层总厚度和现存量都是混交林大于纯林。杉木林和马尾松针叶林相对较小，毛竹林最小。也可以看出枯落物的总厚度与积蓄量存在一定的相关性。

表2 不同林分枯落物厚度与储量

林分类型	马尾松	新造林	灌木林	阔叶林	杉木林	混交林	毛竹林
枯落物厚度(mm)	35	38	35	42	41	62	25
样储量(g)	106.00	140.90	128.90	218.10	136.60	233.20	87.00
总储量(t·hm⁻²)	8.83	11.74	10.74	18.17	11.38	19.4	7.25

3.2 各种林分枯落物自然含水量与最大持水量比较

枯落物自然含水量反映了枯落物在自然状态下的持水能力，枯落物层的持水性能与生态系统的树种组成、林分发育、林分水平及垂直结构，枯落物的组成、成分、特性、质地和分解程度等因子有关[7]。一般认为，枯落物充分浸水后(约24h)的持水量为最大持水量。

从表3可以看出，几种林分样方最大含水量大小顺序是：灌木林>阔叶林>混交林>新造林>杉木林>毛竹林>马尾松，由于灌木林的枯落物树种比较多，枯落物种类也多，导致其最大持水量大于其他林分，而阔叶林中苦槠由于树体比较高大，长年累月积攒下来的枯落物最多，但是树种单一，其持水量略小于灌木林，新造林与混交林组成成分上差别不是太大，其持水量相当。而杉木林、马尾松林、毛竹林等树种由于其树种组成单一，枯落物不易分解，所以其持水量相对较小。

表3　枯落物含水量
g

名称	总自然重	总自然含水量	最大持水量
马尾松	106.00	16.56	215.63
新造林	140.90	21.19	243.95
灌木林	128.90	26.25	308.20
阔叶林	218.10	39.50	286.05
杉木林	136.60	20.33	233.42
混交林	91.00	11.47	250.84
毛竹林	87.00	7.07	223.98

从表3还可以看出，总自然含水量与最大持水量有一定的关系，马尾松、新造林、灌木林、阔叶林、杉木林最显著。

从图1可看出，不同森林类型林下枯落物持水量随浸泡时间的变化趋势。不同林分的林下枯落物平均在浸泡6h时达到最大持水量，马尾松林下枯落物分解层在浸泡10h时达到最大持水量，混交林大约8h时达到最大持水量，这与其枯落物组成成分的吸水特性有关，对吸水有一定的阻碍作用。

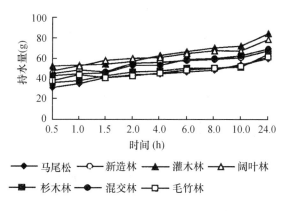

图1　不同时间各林型持水量

枯落物的最大持水量(率)一般只能反映枯落物层持水性能的优劣，不能反映对降雨实际的拦截情况，因为最大持水率(量)是一个在完全浸水的情况下测得的理想的最大持水能力，现实中，山区森林一般不会有较长时间的浸水条件，落到枯枝落叶层上的雨水，一部分被它拦蓄，一部分透过孔隙很快入渗到土壤中去。

3.3　枯落物持水速度比较

枯落物刚浸入水中时吸水率很高，主要是枯枝落叶从风干状态浸入水中后，枯枝落叶的死细胞间或者枝叶表面水势差较大，吸水速率高，还有枯枝落叶中有分解和半分解的枯枝落叶碎屑，它们的表面积比未分解枯枝落叶的表面积大得多，其吸水量也很大，以后就逐渐变小。从表4可以看出平均持水速度最大的是混交林，其次是毛竹林，最小的是马尾松林。

表4 不同枯落物平均持水量与持水速度

名称	平均持水量 (g)	平均持水速度 $(g \cdot g^{-1} \cdot h^{-1})$	名称	平均持水量 (g)	平均持水速度 $(g \cdot g^{-1} \cdot h^{-1})$
马尾松	2.03	0.51	杉木林	2.30	0.58
新造林	1.80	0.52	混交林	3.00	0.81
灌木林	2.43	0.64	毛竹林	2.77	0.74
阔叶林	2.07	0.56			

从图2可看出，吸水速率最快的前2h内，最快的是混交林3.70g·g⁻¹·h⁻¹，其次为毛竹林3.33g·g⁻¹·h⁻¹、灌木林为3.0g·g⁻¹·h⁻¹，最小的为马尾松林为0.809g·g⁻¹·h⁻¹。在林地枯落物持水作用最强的前30min内，其吸水速率顺序为：混交林＞毛竹林＞灌木林＞阔叶林＞杉木林＞新造林＞马尾松林。这与枯落物组成成分的吸水特性有关，马尾松的针叶含油脂，对吸水有一定的阻碍作用。

对所研究的7种森林类型林下枯落物层持水速度与浸泡时间之间的关系进行数据分析拟合，发现林下枯落物持水速度与浸泡时间存在指数关系。

$$y = ke^{nx}$$

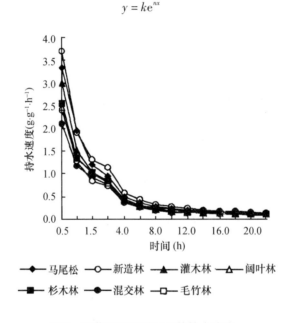

图2 枯落物不同时间下的持水速度

7种林型的关系式分别为：马尾松 $y = 1.6215e^{-0.2373x}$，新造林 $y = 1.7079e^{-0.2494x}$，灌木林 $y = 2.0235e^{-0.2420x}$，阔叶林 $y = 2.0235e^{-0.2420x}$，杉木林 $y = 1.8502e^{-0.2400x}$，混交林 $y = 2.6049e^{-0.2420x}$，毛竹林 $y = 2.3313e^{-0.2418x}$。

由此可看出，林下枯落物浸入水中刚开始时其吸水速度相差很大，但随浸泡时间延长，7种林型林下枯落物吸水速度趋向一致，这主要是因为随着浸泡时间增长，各种枯落物持水量接近其最大持水量，枯落物逐渐趋于饱和，其持水速率随之减缓。枯枝落叶层一开始迅速吸水的过程对于短时间、大暴雨的降水产生的径流、滞后径流有显著的影响，这正是枯枝落叶保持水土、调节水文作用的巨大功能所在(表5)。

表5 不同枯落物的持水率

名称	平均自然含水率(%)	最大持水率(%)	枯落物现存量(t·hm⁻²)
马尾松	15.75	203.42	8.83
新造林	17.58	180.16	11.74
灌木林	21.89	243.27	10.74
阔叶林	17.28	206.82	18.17
杉木林	16.19	230.47	11.38
混交林	16.89	300.43	19.40
毛竹林	11.90	276.68	7.25

3.4 枯落物层对降水的拦蓄能力

枯落物层对降水的拦蓄能力，与其自然含水量、最大持水率密切相关，长时间降雨可使枯落物层的拦蓄能力迅速降低，另外枯落物的现存量对拦蓄能力也起相当大的作用。根据雷瑞德的研究，当降雨量达到20~30mm以后，不论哪种植被类型，实际持水率约为最大持水率的85%左右[8]，因而采用有效拦蓄量来表示对降雨的实际拦蓄量。

从图3可以得出，各林分枯落物有效拦蓄量大小顺序为：混交林 > 阔叶林 > 杉木林 > 灌木林 > 毛竹林 > 新造林 > 马尾松林。

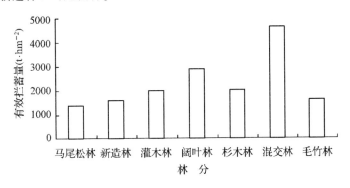

图3 不同林型枯落物有效拦蓄量

4 结论与讨论

（1）不同森林类型林下枯落物各层次的厚度与储量分布不均匀，总厚度和总储量的分布也不均匀，枯落物层均具有较强的蓄水和保水的水文生态功能。

（2）各植被类型中，灌木林的持水能力最大，马尾松林的持水能力最小。林地枯落物的持水作用主要表现在降雨前期的2h以内，特别是在前30min以内，6h后其持水量变化很小，在枯落物持水量变化较大的前6h内，枯落物的持水量与吸水速率在不同林分的不同枯落物层之间差异极显著，在不同时段之间差异极显著。林地枯落物持水作用最强的前30min内，其吸水速率顺序为：混交林 > 毛竹林 > 灌木林 > 阔叶林 > 杉木林 > 新造林 > 马尾松林。

（3）某一时间段内枯落物对降水的拦蓄能力，取决于枯落物的现存量和平均自然含水率。各森林类型枯落物对降水的拦蓄能力排序依次为：混交林 > 阔叶林 > 杉木林 > 灌木林 > 毛竹林 > 新造林 > 马尾松林。

（4）枯落物层是保障森林充分发挥涵养水源功能的一个极其重要的水文层次，保护好这一层是维护水源林的重要任务，一般应该通过封山育林和调节林分密度，搞好树种搭配和林分结构配置多种经营管理措施，来提高枯落物的储量。

参考文献

[1]朱金兆，刘建军，朱清科，等．森林凋落物层水文生态功能研究[J]．北京林业大学学报，2002，24
    (6)：30－31．

[2]赵鸿雁，吴钦孝．黄土高原几种枯枝落叶吸水机理研究[J]．防护林科技，1996，(4)：15－18．

[3]王佑民．中国林地枯落物持水保土作用研究概况[J]．水土保持学报，2000，14(4)：110－115．

[4]黄礼隆．川西亚高山暗针叶森林涵养水源性能的初步研究[A]．周晓峰．中国森林生态系统定位研究
    [C]．哈尔滨：东北林业大学出版社，1994，400－412．

[5]中野秀章．森林水文学[M]．北京：中国林业出版社，1983．

[6]阮宏华，孙多，叶镜中．下蜀林场主要森林类型凋落物水文特性的研究[A]．姜志林．下蜀森林生态
    系统定位研究论文集[C]．北京：中国林业出版社，1992，36－41．

[7]罗跃初，韩单恒，王宏昌，等．辽西半干旱区几种人工林生态系统涵养水源功能研究[J]．应用生态
    学报，2004，15(6)：921－922．

[8]雷瑞德．秦岭火地塘林区华山松林水源涵养功能究[J]．西北林学院学报，1984，(1)：19－32．

浙江省公益林雨雪冰冻灾情评估及恢复重建对策[①]

李土生　邱瑶德　高洪娣　周子贵　应宝根　盛萍萍

（浙江省林业生态工程管理中心，浙江杭州　310020）

摘　要： 对全省公益林小班进行灾情调查，2008 年年初雨雪冰冻灾害导致浙江省 200 万 hm^2 公益林中的 78.15 万 hm^2 受灾，其中重度以上（受损木比重 ≥30%）受灾面积达 23.33 万 hm^2，受灾区位以水系源头、自然保护区等生态区位非常重要和生态环境非常脆弱地区为主。经初步测算，本次雨雪冰冻灾害造成直接经济损失 26.08 亿元，生物总量减少 1172.61 万 t，未来 10 年累计各项生态损失 942.71 亿元。提出开展雨雪冰冻灾害对区域环境影响的监测与评估、受灾公益林生态系统恢复技术研究及实施灾后恢复重建工程等对策建议。

关键词： 公益林；雨雪冰冻；灾情评估；恢复重建；浙江省

中图分类号： S761　**文献标识码：** A　**文章编号：** 1001-7488(2008)11-0168-03

浙江省自 2001 年开展公益林建设以来，200 万 hm^2 公益林每年发挥的生态效益在 700 亿元以上，对维护生态平衡、保障社会经济可持续发展和区域生态安全起到了积极作用，但 2008 年年初历史罕见的特大雨雪冰冻使全省公益林受灾严重。为全面掌握全省公益林受灾情况，及时指导灾后恢复重建，缩短受损公益林的恢复周期，特开展此次雨雪冰冻灾情评估。

1　公益林受灾情况

1.1　受灾范围广，近四成面积受灾

通过各县（市、区）林业部门对公益林小班的灾情调查，全省受灾公益林小班 9.1 万个，占全省公益林小班总数的 40.47%，公益林受灾面积 78.15 万 hm^2，占全省公益林总面积的 39.64%。全省除浙东沿海外，其他区域均受到不同程度危害，受灾范围涉及 62 个县（市、区）、434 个乡（镇、林场）、4800 多个村。水系源头、自然保护区等生态区位非常重要和生态环境非常脆弱地区的公益林受灾情况尤为严重。

1.2　危害程度深，森林资源损失巨大

全省公益林 78.15 万 hm^2 受灾程度可分 4 种。轻度：受损木比重 <10%，受灾面积 31.31 万 hm^2；中度：受损木比重 10%~30%，面积 23.51 万 hm^2；重度：受损木比重 30%~70%，面积 15.38 万 hm^2；强度：受损木比重 >70%，面积 7.95 万 hm^2，分别占受灾总面积的 40.07%、30.08%、19.68% 和 10.17%。

从受灾林分来看，松木林受灾面积达 32.56 万 hm^2，阔叶林和针阔混交林受灾面积分别为

---

①　基金项目：浙江省森林生态效益补偿基金项目。

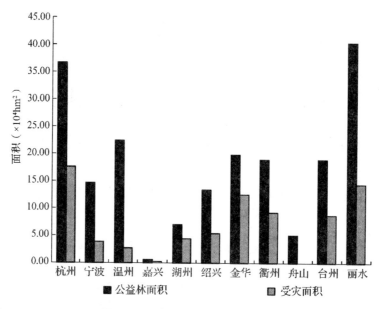

图 1　浙江省各市公益林受灾面积

14.84 万 hm² 和 12.12 万 hm²，杉木（*Cunninghamia lanceolata*）林受灾面积为 9.81 万 hm²，毛竹（*Phyllostachys edulis*）林受灾面积为 8.43 万 hm²，分别占受灾总面积的 41.66%、18.98%、15.51%、12.55% 和 10.79%（表 1）。

表 1　浙江省公益林主要林分受灾情况

林分类型	合计	松木林	杉木林	阔叶林	针阔混交林	毛竹林	杂竹林	其他
受灾面积（ × 10⁴ hm²)	78.15	32.56	9.81	14.84	12.12	8.43	0.18	0.22
占受灾面积比例(%)	100.00	41.66	12.55	18.98	15.51	10.79	0.23	0.28

　　从灾情的表现形式来看，重度受灾的林分中，马尾松（*Pinus massoniana*）、湿地松（*Pinus elliottii*）等松类树种以立木拦腰折断为主，杉木树种以断梢为主，阔叶树种以折枝为主；强度受灾的林分则以林木倒伏为主，特别是毛竹林的成片倒伏最为突出。

2　公益林受灾成因分析

2.1　雨雪天气持续时间长，冻雨和雨凇强度大

　　浙江省从 1 月 13 日至 2 月 2 日持续 21 天均为雨雪天气，降雨、降雪和积雪厚度大大超过历年同期水平，如安吉山区积雪厚度达 60cm 以上。1 月 20 日至 2 月 2 日，浙江省较高海拔地区连续出现冻雨、雨凇天气，据个别林农实测，一根毛竹荷载的冰冻重量竟超过 1000kg，冻雨、雨凇造成的林(竹)木损失大大超过雪灾。

2.2　公益林所处海拔高，低温程度更强

　　浙江省公益林大多分布于江河源头等重点保护区域，所处海拔较高、坡度较陡，与低海拔地区相比，低温持续时间更长，冰冻危害更加严重。据浙江省公益林生态定位站（磐安站，海拔 890m，比城区高 655m）监测（图 2），2008 年 1 月 21 日至 2 月 10 日，定位站所在区域日平均气温均在 0℃ 以下，持续时间长达 21 天，比城区多 13 天；日平均气温较城区低 2.8℃；绝对最低温 -7.9℃，较城区低 3.5℃。其次，浙江省公益林建设时间不长，针叶纯林、中幼

龄林比重大，林分结构不尽合理，在特殊气象条件下抗灾能力仍然较弱。

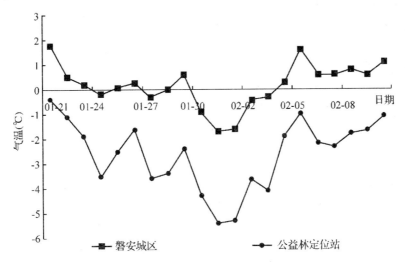

图2　磐安公益林生态定位站与城区气温变化比较

3　公益林灾后影响评估

3.1　经济损失巨大，生态功能衰退，次生灾害增加

　　本次雨雪冰冻灾害使浙江省公益林质量受到严重影响，灾区林分结构遭到破损，导致森林生态环境改变，森林生物多样性减少，群落稳定性减弱。经初步测算，全省公益林林分平均郁闭度从原有的0.57下降到0.52，降低了8.77%。重度、强度受灾的公益林由原来茂密的森林一下子成为了疏林甚至荒山，木竹直接损失724.32万 m^3，折合直接经济损失为26.08亿元。

　　其次，公益林生物总量减少1172.61万 t，占2006年公益林生物总量的8.75%。据测算，未来10年内，全省公益林释放氧气量将减少1375.32万 t，二氧化碳吸收量将减少1891.54万 t，贮碳量将减少516.13万 t，森林贮能将减少2299.21亿 MJ，还将导致泥沙流失量增加7070.43万 t，10年累计各项生态损失942.71亿元。

　　再者，由于本次雨雪冰冻灾害导致大量倒木、断枝、森林枯死物的存在，加大了诱发森林病虫害、森林火灾以及地质灾害等林业次生灾害的可能性。

3.2　灾后恢复周期长，重建难度大且成本高

　　林业灾后恢复重建工作，不同于交通、电力、农业等其他行业，需要一个漫长的过程。软阔类树种、松、杉及经济林树木的恢复需一二十年，硬阔类树种的恢复周期更长。而且，恢复后的森林生态系统结构在许多区域已难以达到原有天然林为主的状态，森林生态系统的复杂性、稳定性将明显下降。

　　由于本次受灾严重的公益林绝大部分位于海拔高、坡度陡、立地条件差、交通不便地区，灾后恢复重建工作难度大。许多地块须采取一定的人工促进措施，甚至重新造林才能得以恢复，故恢复重建成本相对较高。据初步调查统计，全省公益林灾后需人工干预恢复重建的面积达46.81万 hm^2，人工补植造林15.38万 hm^2，更新造林7.95万 hm^2。据测算，恢复重建成本需21.68亿元，含林地清理3.51亿元，抚育管理5.29亿元，人工补植6.92亿元，更新造林5.96亿元。

4 灾后恢复重建对策建议

鉴于本次受灾的公益林所处生态区位的重要性，对生态环境影响的长期性，以及恢复周期长、重建难度大等问题与特点，对于浙江省公益林灾后恢复重建工作，提出如下对策。

4.1 深入开展雨雪冰冻灾害对区域生态影响的监测与评估

本次雨雪冰冻灾害造成的损失不仅仅是林业本身，而且对区域生态环境及社会经济也影响深远。因此，在初步调查公益林受损受灾情况的基础上，还应深入开展其对区域生态与社会经济影响的综合评估与监测（薛建辉等，2008），特别是要进一步加强对重灾区森林生态系统影响及恢复重建成效的监测与评估，切实防范次生灾害的发生，并为科学指导恢复重建工作提供支撑。

4.2 扎实开展受灾公益林生态系统恢复技术研究

为缩短受灾公益林的恢复周期，给灾后恢复重建工作提供技术支撑，需要开展受损公益林生态系统结构与功能恢复技术研究。分析受灾生态系统结构和功能，摸清浙江省公益林受灾类型及成因，对受灾公益林进行科学的规划与设计；研究受灾公益林培育和生态系统管理关键技术，并制定相关生态系统管理和培育技术规程。

4.3 实施公益林灾后恢复重建工程

各级人民政府应从区域生态环境建设和国土生态安全的战略高度，充分认识公益林灾后恢复重建工作的必要性和紧迫性，切实加强组织领导，把公益林的恢复重建工作纳入与其他基础设施的灾后恢复重建同等重要的地位来抓。各重灾区应在广泛调查评估的基础上，研究制定科学有效的恢复重建方案，尽快组织实施，并建议在国家层面启动实施公益林灾后恢复重建重大生态工程。

参考文献

薛建辉，胡海波. 冰雪灾害对森林生态系统的影响与减灾对策[J]. 林业科学，2008，44(4)：1-2.

浙江省重点公益林松类生物量模型研究

应宝根[1]　袁位高[2]　葛永金[3]　江　波[2]　朱锦茹[2]　沈爱华[2]

（1. 浙江省林业生态工程管理中心，浙江杭州　310020；2. 浙江省林业科学研究院，
　浙江杭州　310023；3. 浙江省丽水市林业科学研究所，浙江丽水　323000）

摘　要： 根据浙江省森林群落和树种分布特点，在浙江省 200 万 hm² 重点公益林范围内，按气候区、林分类型、林龄组成、立地条件、林分组成等设置松类树种（包括马尾松、黄山松、湿地松、华南松和火炬松）典型样地 122 个，实测标准木 255 株。通过相关分析表明，树干干重、木材干重、皮干重、枝干重、冠干重、根干重与胸径和树高的相关系数较大，其冠干重、枝干重、叶干重则与胸径和树高以及枝下高有较大的相关系数，从变量得到的简洁性和准确性考虑，经不同模型的拟合和检验，确定了松类生物量各器官的独立模型，总量、木材、树皮、树根、树干的模型结构为 $W = c_1 D^{c_2} H^{c_3}$，树叶、树枝、树冠的模型结构为 $W = c_1 D^{c_2} L^{c_3}$；拟合了浙江省重点公益林松类生物量各器官及总量的独立模型和相容性模型，经检验，各模型均具有较好的拟合精度和预估水平，样本总体预估精度指标（P%）在多数分量中以相容性模型最高，而且相对误差绝对值指标（E2%）最小，总量、木材，树干、树皮的预估精度超过了独立模型，其他分量仍保持了独立模型的水平；而且相对误差绝对值均略高于或等于独立模型。

关键词： 生物量；模型；松；公益林；浙江省

中图分类号： S718.55　**文献标识码：** A

森林生物量是森林生态系统最基本的数量特征。它既表明森林的经营水平和开发利用价值，同时又反映森林与其环境在物质循环和能量流动上的复杂关系。生物量数据是研究许多林业问题和生态问题的基础，因而，森林生物量的测定和估计成为当代林业生产和科研的热点问题。要获得准确的森林生物量数据，关键在于林木生物量的准确测定与估计。目前世界上流行的生物量模型估计方法是利用林木易测因子来推算难于测定的林木生物量，从而减少测定生物量的外业工作。虽然在建模过程中，需要测定一定数量样木的生物量数据，一旦模型建立后，在同类的林分中就可以利用森林资源清查资料来估计整个林分的生物量，而且有一定的精度保证。特别是在大范围的森林生物量调查中，利用生物量模型能大大减少调查工作量。

关于林木生物量模型的方程很多，概括起来有线形模型、非线形模型、多项式模型 3 种基本类型。线性模型和非线性模型根据自变量的多少，又可分为一元和多元模型。非线性模型应用最为广泛，其中相对生长模型最具有代表性，是所有模型中应用最为普遍的一类模型[1]。在以往单木生物量模型的研究中，国内外研究者普遍采用的研究方法是，按林木各分量（干、枝、叶、根）分别进行选型，模型确定后根据各分量的实际观测数据分别拟合各自方

程中的参数,然后代入不同的自变量,得到各分量的干重[2]。也就是说各分量之间干重的估计都是独立进行的,因而造成各分量生物量之和不等于总生物量模型的估计值,甚至有的估计值相差很远。本项研究通过典型样地调查资料,利用唐守正等研发的相容性生物量模型构建方法,建立了浙江省重点公益林松类生物量相容性模型,为科学测算生物量提供简便方法。

1 试验内容与方法

1.1 研究地区自然概况

浙江省(27°12′~31°31′N,118°~123°E)东濒大海,处于亚热带季风气候区,属亚热带常绿阔叶林区域—东部(湿润)常绿阔叶林亚区域—中亚热带常绿阔叶林地带,常绿阔叶林是地带性植被。在浙江省现有的200万 hm² 重点公益林中,松林、杉木林、次生阔叶林、针阔混交林、毛竹林是主要森林群落类型。

1.2 样地设置

在浙江省200万 hm² 生态公益林中选定各种典型环境条件下有代表性的松林,松类树种包括马尾松(Pinus massoniana)、黄山松(P. taiwanensis)、湿地松(P. elliottii)和火炬松(P. taeda),样地设置按气候区、林分类型、林龄组成、立地条件、林分组成等设置典型样地122个,这122个标准样地分布在18个县市,其中松林纯林样地67个,混交林样地55个,共调查样木255株,区分情况如表1。

表1 松类生物量建模样本及组成

立地因子		群落类型					
		松林		松阔、松杉混交林		合计	
		样地数(个)	样木数(株)	样地数(个)	样木数(株)	样地数(个)	样木数(株)
坡位	上坡	22	40	18	33	40	73
	中坡	27	48	18	35	45	83
	下坡	18	50	19	49	37	99
坡度	<25°	32	77	35	65	67	142
	>25°	35	61	20	52	55	113
坡向	阳坡	21	45	18	37	39	82
	半阳坡	26	50	15	41	41	91
	阴坡	20	43	22	39	42	82
林龄	幼龄林	29	52	16	35	45	87
	中龄林	25	49	30	47	55	96
	成熟林	13	37	9	35	22	72
土壤条件	好	20	39	16	31	36	70
	中	25	48	20	44	45	92
	差	22	51	19	38	41	93
郁闭度	<0.4	22	46	20	37	42	84
	0.4~0.7	25	49	18	43	43	92
	>0.7	20	43	17	36	37	79

1.3　外业调查及内业处理

调查因子为群落类型、郁闭度、起源、年龄、人为干预情况、海拔、坡度、坡位、坡向、立地状况等。

乔木层标准样地面积为 20m×30m，主林冠层每木检尺。胸径 5.0cm 起测，调查因子为胸径、树高、枝下高、冠幅，并分树种统计各径级的平均值，选取各径级的标准木。在选取标准木后，按 Satoo 分层切割法，以 2m 区分段进行分割，分别干(带皮)、枝叶(含花果)称重；并立即分层取样，枝叶样品按平均基径及平均枝长每段抽取标准枝 2～3 枝，干材样品进行剥皮，枝叶样品进行摘叶，分别干、皮、枝、叶(含花果)称重。根量测定采用挖掘法，主根全株挖掘，侧根收获 1/2，挖掘后，去土、称重、取样。主干样品量为 200～500g，样品从心材至树皮等比例(呈扇形)采集；枝叶样品从各部标准枝中取枝样 200g 左右，叶样 50g 左右；根样 200g；带回实验室置 80℃的烘箱内烘至恒重，计算含水率。

沿标准样方的对角设 2m×2m 的灌木层(下层木)小样方 3 个，调查下木层的盖度、株数和平均高度、各树种数量、地径、高度。选择主要树种平均木收集干、枝叶花果、根，称重，根据树种组成比例，分别干、枝叶花果、根抽取各树种的混合样品 500g，并带回实验室烘干，计算含水率，测定单位面积生物量。

在灌木层小样方的左上角和右下角各设 1m×1m 的草本层小样方，调查草本层种类、盖度和平均高度。全株收获、称重，根据各草种比例取混合样品 200～300g，带回实验室烘干，计算含水率，测定单位面积生物量。

1.4　建模方法

统一采用非线形加权最小二乘法估计各分量模型参数，其中权函数选用模型本身进行加权回归估计，以消除异方差的影响。根据所测样木的各生物量数据，采用 Forstat2.0 软件包拟合出树干、木材、树皮、树枝、树叶、树冠、总重生物量的回归模型。回归模型评价参照胥辉提出的 5 个指标对生物量模型进行评价：总相对误差(Rs)、平均相对误差(E_1)、平均相对误差绝对值(E_2)、预估精度(P)和参数变动系数(c_i)[3-6]。

2　结果分析

2.1　生物量模型的变量确定

根据样木数据的相关分析可知，胸径与各器官生物量均极显著相关，树高与干干重、木材干重、皮干重、枝干重、冠干重、根干重极显著相关，枝下高与冠干重、枝干重、叶干重极显著相关。总体而言，松类的干干重、木材干重、皮干重、枝干重、冠干重、根干重与胸径和树高相关系数较大，而其冠干重、枝干重、叶干重则与胸径和树高以及枝下高有较大的相关系数(表 2)。在以往生物量模型研究中，以 CAR(Constant Allometric Ratio)模型和 VAR(Variable Allometric Ratio)模型结构形式最为普遍。对于总量、树冠、树枝和树叶模型，从变量得到的简洁性和准确性考虑，结合各变量与胸径、树高、枝下高的相关系数，自变量选用胸径(D)、树高(H)、冠长(L)。

表 2　松类各变量之间的相关矩阵

	树高	胸径	枝下高	树干干重	木材干重	皮干重	枝干重	叶干重	冠干重	根干重	总干重
树高	1										
胸径	0.760**	1									
枝下高	0.663**	0.411	1								

（续）

	树高	胸径	枝下高	树干干重	木材干重	皮干重	枝干重	叶干重	冠干重	根干重	总干重
树干干重	0.776**	0.923**	0.390	1							
干材干重	0.803**	0.905**	0.420	0.974**	1						
皮干重	0.740**	0.920**	0.204	0.709**	0.723**	1					
枝干重	0.624**	0.922**	0.745**	0.866**	0.882**	0.650**	1				
叶干重	0.662**	0.888**	0.670**	0.826**	0.845**	0.596**	0.939**	1			
冠干重	0.738**	0.907**	0.758**	0.846**	0.862**	0.622**	0.953**	0.944**	1		
根干重	0.696**	0.940**	0.352	0.935**	0.950**	0.744**	0.913**	0.853**	0.881**	1	
总干重	0.760**	0.943**	0.389	0.967**	0.985**	0.743**	0.910**	0.864**	0.883**	0.975**	1

注：** 表示 0.01 水平显著相关。

2.2 建模样本数的确定

根据调查结果，在浙江省重点公益林中，不同区域间各植被类型生物量均存在一定的空间变异性[7]（表3），考虑生物量各组成部分变异系数与全株存在差异性，采用地上的树冠部分与地下根部的生物量变异系数，其中树冠变异系数为 0.806、地下部分为 0.859、总生物量为 0.919，各组分的最小样本容量为 27 株、30 株和 34 株。结合实际样本资料，确定本模型的建模样本数为 230 株，检验样本数为 25 株。

表 3　浙江省重点公益林松类生物量分布特征

生物量特征	最小值 （kg·株⁻¹）	最大值 （kg·株⁻¹）	均值 （kg·株⁻¹）	标准差	偏度	峰度	取样数
指标值	8.84	312.37	60.203	55.349	2.506	8.193	255

2.3 松类独立生物量模型的筛选

（1）总量模型的选型　利用实测样本资料对各模型进行拟合，结果表明：模型 $W = c_1 D^{c_2} H^{c_3} L^{c_4}$ 各项指标基本上优于模型 $W = c_1 (D^2 H)^{c_2} L^{c_3}$，然而其参数变动系数过大，其中 c_4 的变动系数为 78.02%，因此从模型 $W = c_1 D^{c_2} H^{c_3} L^{c_4}$ 中剔除枝下高变量，随后拟合模型 $W = c_1 D^{c_2} L^{c_3}$、$W = c_1 H^{c_2} L^{c_3}$、$W = c_1 D^{c_2} H^{c_3}$，从表4中可知，在模型缺少一个变量的条件下，仍能达到模型 $W = c_1 D^{c_2} H^{c_3} L^{c_4}$ 的拟合水平，而且参数比较稳定。模型 $W = c_1 D^{c_2} L^{c_3}$ 和模型 $W = c_1 H^{c_2} L^{c_3}$ 均不如模型 $W = c_1 D^{c_2} H^{c_3}$，据此确定总量模型结构为 $W = c_1 D^{c_2} H^{c_3}$。

表 4　松类总生物量模型结构与评价指标　　　　　　　　　　　　　　%

模型结构	c_1 变动系数	c_2 变动系数	c_3 变动系数	c_4 变动系数	R_s	E_1	E_2	P
$W = c_1 D^{c_2} H^{c_3} L^{c_4}$	3.65	0.92	4.46	78.02	−2.06	2.12	7.01	99.04
$W = c_1 (D^2 H)^{c_2} L^{c_3}$	5.74	0.83	−39.51		3.02	2.76	9.86	98.49
$W = c_1 D^{c_2} L^{c_3}$	6.29	0.97	20.02		−3.06	−2.28	9.89	98.28
$W = c_1 H^{c_2} L^{c_3}$	26.76	5.08	−34.97		2.80	2.94	35.21	92.86
$W = c_1 D^{c_2} H^{c_3}$	3.56	0.92	4.15		−2.11	−2.07	6.90	99.03

（2）树冠模型的选型　树冠生物量模型常采用胸径、树高、冠长等变量组成不同模型，经

拟合结果表明：$W = c_1 D^{c_2} H^{c_3} L^{c_4}$、$W = c_1 H^{c_2} L^{c_3}$ 和 $W = c_1 D^{c_2} H^{c_3}$ 中树高变量参数的变动系数分别为 -32.242%、33.0526% 和 39.6572%，比其他变量的变动系数均大，因此可以剔除模型中的树高变量，$W = c_1 D^{c_2} L^{c_3}$ 的参数变动系数最小，而且具有较高的拟合水平；模型中涉及树高变量的其他分量模型，其树高变量的变动系数均比其他变量大，在剔除树高变量后，所变量有所减少，但模型精度变化不大，反而略有升高（表5）。因此树冠模型、树枝模型、树叶模型均选用 $W = c_1 D^{c_2} L^{c_3}$。

表5　松类树冠生物量模型结构与评价指标　　　　　　　　　　　　%

模型结构		c_1 变动系数	c_2 变动系数	c_3 变动系数	c_4 变动系数	R_s	E_1	E_2	P
$W = c_1 D^{c_2} H^{c_3} L^{c_4}$	树冠	11.22	3.44	-32.24	7.59	-10.36	-11.20	13.03	90.24
	树枝	270.36	6.19	270.36	37.70	10.36	10.63	24.65	90.47
	树叶	8.67	2.73	-22.14	4.28	-11.27	13.37	13.30	82.92
$W = c_1 (D^2 H)^{c_2} L^{c_3}$	树冠	14.22	3.41	12.65		-10.35	-11.04	16.21	96.53
	树枝	13.91	3.13	16.46		-10.06	10.32	16.92	89.57
	树叶	12.18	3.12	6.94		-9.48	12.21	16.06	80.10
$W = c_1 D^{c_2} L^{c_3}$	树冠	11.09	2.66	7.46		-7.38	-10.22	13.08	97.18
	树枝	10.18	2.28	8.45		-7.08	10.20	14.12	92.39
	树叶	8.74	2.23	4.11		-8.17	11.29	15.57	87.83
$W = c_1 H^{c_2} L^{c_3}$	树冠	23.26	9.09	33.05		-10.57	-12.37	30.86	93.98
	树枝	24.20	8.97	47.45		-9.34	-11.65	31.87	83.74
	树叶	21.29	9.09	18.62		-12.58	-12.45	28.55	74.55
$W = c_1 D^{c_2} H^{c_3}$	树冠	14.40	5.19	39.66		-11.15	-14.30	18.64	96.25
	树枝	12.70	4.17	76.52		-10.70	-12.21	17.86	86.66
	树叶	15.61	6.37	23.57		-11.37	-14.85	20.58	75.98

（3）树干与根量模型的选型　树干生物量和根量与立木胸径和树高密切相关（表6），常用模型结构式有：$W = c_1 D^{c_2} H^{c_3}$、$W = c_1 (D^2 H)^{c_3}$。利用中国林业科学研究院资源信息所的 Forstat 2.0 软件对树干、木材、树皮、树根进行拟合，结果表明，$W = c_1 D^{c_2} H^{c_3}$ 和 $W = c_1 (D^2 H)^{c_3}$ 均能较好的拟合，各变量参数的变动系数均小于50%，其中树干、木材、树皮均有较好的拟合效果。相对而言，树干、木材、树皮及树根模型选用 $W = c_1 D^{c_2} H^{c_3}$。

表6　松类树干生物量模型结构与评价指标　　　　　　　　　　　　%

模型结构	器官	c_1 变动系数	c_2 变动系数	c_3 变动系数	R_s	E_1	E_2	P
$W = c_1 D^{c_2} H^{c_3}$	树干（带皮）	3.60	0.96	1.85	-0.30	-0.89	5.47	90.06
	干材（去皮）	10.57	2.82	6.26	-1.19	-1.98	5.73	91.00
	树皮	37.40	8.94	8.47	-5.18	-7.77	9.14	90.48
	树根	7.58	1.78	9.72	-6.43	-9.07	12.88	82.90
$W = c_1 (D^2 H)^{c_3}$	树干（带皮）	3.78	0.49		-0.37	-1.35	5.97	88.94
	干材（去皮）	10.34	1.39		-1.20	-3.02	5.77	89.00
	树皮	38.95	5.83		-5.66	-6.07	13.89	87.64
	树根	12.13	1.81		7.15	11.16	16.82	80.69

2.4 松类独立生物量模型的确定与检验

根据对松类生物量模型的选型结果，拟合得到松类各分量的独立模型（表7），经对25株样木的模型预测值和实测值的比较检验可以看出，模型的预测功能较好，其中树干、木材、总量和树皮的平均相对误差 E_1 均在10%以内，树冠、树枝、树叶、树根的相对误差在10%~15%；总相对误差 R_s 在6%以内（总量、树干、木材、树皮），树冠、树枝、树叶、树根在15%以内，说明模型有较好的预测能力。

表7　松类各分量模型检验结果　　　　　　　　　　　　%

分量	生物量模型	R_s	E_1	E_2
总量	$W_1 = 0.1698D^{1.8846}H^{0.4590}$	0.24	-5.08	7.37
树干	$W_2 = 0.0420D^{1.6938}H^{0.9981}$	-2.44	-3.83	5.88
树冠	$W_3 = 0.1431D^{1.4425}L^{0.4667}$	11.80	12.59	14.94
树根	$W_4 = 0.0383D^{2.1797}H^{0.0461}$	3.53	7.37	9.31
干材	$W_5 = 0.0604D^{1.7729}H^{0.8732}$	3.07	2.67	4.61
树皮	$W_6 = 0.0175D^{2.1270}H^{0.1035}$	-4.66	-6.62	11.15
树枝	$W_7 = 0.0737D^{1.5454}L^{0.3801}$	11.82	14.07	15.72
树叶	$W_8 = 0.0555D^{1.3294}L^{0.6555}$	11.72	13.70	15.35

2.5 相容性生物量模型

独立生物量模型存在一个严重不足的问题是各分量模型与总量模型不相容，即各分量模型估计值之和不完全等于总量模型估计值。本文采用唐守正院士提供的方法，即将线形联立方程组的估计方法推广应用到非线形联立方程中，建立相容性生物量模型（表8）。

拟合结果表明，利用相容性模型不仅解决了总量与各分量之间的不相容问题，而且总量、木材、树干、树皮的预估精度超过了独立模型，其他分量仍保持了独立模型的水平；相对误差绝对值均略高于或等于独立模型。经对25株不同径级样木的预测值与实测值比较表明，在样木径级范围，相容性模型的预测结果更接近实测值。

表8　松类相容性生物量模型及检验评价　　　　　　　　%

分量	生物量模型	R_s	E_1	E_2	P
总量	$W_1 = W_2 + W_3 + W_4$	0.09	0.39	7.71	92.61
树干	$W_2 = 0.0600H^{0.7934}D^{1.8005}$	-0.20	1.45	10.86	93.88
树冠	$W_3 = 0.1377D^{1.4873}L^{0.4052}$	-2.96	-2.77	14.16	89.06
树根	$W_4 = 0.0417H - 0.078D^{2.2618}$	-1.29	-2.66	9.45	87.17
干材	$W_5 = W_2 - W_6$	-0.66	-0.83	5.81	92.63
树皮	$W_6 = 0.0307H - 0.4647D^{2.4331}$	-0.62	-5.86	22.56	90.85
树枝	$W_7 = W_3 - W_8$	-0.86	-0.90	12.33	87.21
树叶	$W_8 = 0.0596D^{1.3484}L^{0.5823}$	-2.86	-3.25	12.76	82.25

3 结果讨论

（1）研究结果表明，松类生物量中的树干干重、木材干重、皮干重、枝干重、冠干重、根干重与胸径和树高相关系数较大，而冠干重、枝干重、叶干重则与胸径和树高以及枝下高有较大的相关系数。总量、树冠、树枝和树叶模型，从变量得到的简洁性和准确性考虑，结合各变量与胸径、树高、枝下高的相关系数，模型结构选用 $W = f(D, H, L)$；树干、木材、树皮的模型结构选用 $W = f(D, H)$；经不同模型的拟合和检验，确定了松类生物量各器官的独立模型，总量、木材、树皮、树根、树干的模型结构为 $W = c_1 D^{c_2} H^{c_3}$，树叶、树枝、树冠的模型结构为 $W = c_1 D^{c_2} L^{c_3}$。

（2）检验结果表明，建立的浙江省重点公益林松类生物量模型中，样本总体预估精度指标在多数分量中以相容性模型最高，而且相对误差绝对值指标最小；总量、木材、树干、树皮的预估精度超过了独立模型，其他分量仍保持了独立模型的水平；而且相对误差绝对值均略高于或等于独立模型，说明该模型在浙江省松类公益林中具有普适性。

（3）以树木各分量生物量成比例为基础，利用树木各分量生物量之间存在相对生长关系，构建各分量生物量模型通式，采用模型评价指标，逐步剔除模型中参数变动系数大的变量，从而建立树木各分量生物量的最佳模型。利用这种方法，主要测算因子简单易得，经评价和检验，各模型均具有较好的拟合精度和预估水平。

参考文献

[1] 冯宗伟，陈楚莹，张家武．湖南会同地区马尾松林生物量的测定[J]．林业科学，1982，18（2）：127 – 134.

[2] 丁宝永．落叶松人工林群落生物生产力的研究[J]．植物生态学，1990，14（3）：226 – 236.

[3] 唐守正，李勇．一种多元非线性度量误差模型的参数估计及算法[J]．生物数学学报，1996，11（1）：23 – 27.

[4] 张会儒，唐守正，王奉瑜．与材积兼容的生物量模型的建立及其估计方法研究[J]．林业科学研究，1999，12（1）：53 – 59.

[5] 胥辉，张会儒．林木生物量模型研究[M]．昆明：云南科技出版杜，2002.

[6] 唐守正，张会儒，胥辉．相容性生物量模型的建立及其估计方法研究[J]．林业科学，2000，36（专刊1）：19 – 27.

[7] 杨清云，曾锋．森林土壤空间变异性及其样本容量的确定[J]．水土保持研究，2004，11（3）：54 – 56.

凤阳山自然保护区鹿角杜鹃种群结构与分布①

高俊香[1]　梅盛龙[2]　鲁小珍[1*]　李美琴[2]

(1. 南京林业大学森林资源与环境学院, 江苏南京　210037;
2. 浙江凤阳山—百山祖国家级自然保护区凤阳山管理处, 浙江龙泉　323700)

摘　要: 采用样方法, 在凤阳山自然保护区海拔约1400m的核心区共设置25个样地, 对鹿角杜鹃的种群结构和分布格局进行了研究。结果表明: 鹿角杜鹃种群在各个年龄级的分布极不均匀, 其中以4级幼树所占比例最大, 其次是3级幼苗, 因此, 种群的年龄结构为增长型; 鹿角杜鹃种群在整个群落中的分布格局为集群分布, 这主要与物种亲代种子的散布习性有关。其分布格局动态, 从幼苗到大树均为集群分布, 从幼苗到幼树, 种群的聚集程度降低, 种群有扩散的趋势; 而从中树到大树, 种群的聚集程度增大, 种群表现为聚集。总体来看, 该种群由幼苗到大树呈现扩散的趋势。这种分布格局变化与鹿角杜鹃生物学和生态学特性密切相关。

关键词: 凤阳山自然保护区; 鹿角杜鹃; 种群结构; 分布格局

中图分类号: S718　**文献标志码**: A　**文章编号**: 1000-2006(2009)02-0035-04

　　鹿角杜鹃(*Rhododendron latoucheae*)为杜鹃花科常绿树种, 在我国浙江、江西、广西等省(自治区)均有分布。鹿角杜鹃在浙江凤阳山国家级自然保护区内分布面积较大, 多分布在海拔较高的山脊陡坡上, 对维护林地环境、涵养水源、保护生态平衡、维持核心保护区景观等起着重要作用。通过对保护区内鹿角杜鹃种群大小结构和分布格局的研究, 可以进一步了解其生长动态和生长规律, 为加强凤阳山自然保护区的管理提供科学依据。

1　材料与方法

1.1　研究地概况

　　凤阳山自然保护区是浙江凤阳山—百山祖国家级自然保护区的一部分, 位于浙江省龙泉市南部(119°06′~119°15′E、27°46′~27°58′N), 面积15170hm²。凤阳山为武夷山系洞宫山山脉的中段, 属华夏陆台闽浙地盾的一部分, 地貌的主要特点是在海拔1500m和900m左右有两个夷平面如凤阳湖、大田坪等, 夷平面的边缘常形成深切割, 山地坡度一般在30°~35°, 峡谷坡度达50°, 多处可见悬崖峭壁。气候为典型的中亚热带海洋性季风气候, 四季分明, 雨量充沛。山体土壤系火成岩母质形成的黄壤土, 土层厚度约60cm, 湿润肥沃。保护区年平均气温12.3℃, 年日照1515.5h, 平均相对湿度80%, 年蒸发量1171.0mm, 年降水量2438.2mm。地带性植被为亚热带常绿阔叶林, 有明显的植被垂直分布, 有丰富的动植物资源。研究地设置

---

①　基金项目: 国家林业局长江三角洲城市森林生态系统定位研究(2001-5)。

在保护区的核心区部位，小地名为杜鹃谷，占地 1hm²，海拔约 1400m，分东西两坡，土壤为山地黄壤，主要植被是常绿阔叶林。

1.2 试验设计及指标测定

采用样方法调查，在凤阳山自然保护区中选取具有代表性的鹿角杜鹃群落地段，建立占地 1hm² 的固定样地，分成 25 个 20m×20m 的小样地（表 1），每个小样地又划分出 16 个 5m×5m 的样方，乔木层逐株调查种名、胸径、高度、冠幅和生活力等，对高度不超过 2m 的树种计入灌木层，对灌木层和草本层调查种名、株数、高度和盖度，并记录层间植物。记录的环境因素包括海拔、坡度、坡向、枯枝落叶层厚度以及土壤类型等。

表 1 样地基本概况

样地号	海拔（m）	坡度（°）	坡向	郁闭度	地形	表土层厚度（cm）
1	1455	30	E	0.95	山坡中部	100
2	1440	20	E	0.95	山坡中部	100
3	1425	10	SE	0.90	谷底	150
4	1410	8	W	0.70	谷底	150
5	1430	25	W	0.90	山坡中部	60
6	1453	30	E	0.95	山坡中部	50
7	1436	30	E	0.95	山坡中部	60
8	1411	5	S	0.80	谷底	150
9	1423	30	NW	0.90	山坡中部	120
10	1435	35	NW	0.90	山坡中部	100
11	1450	30	E	0.95	山坡中部	50
12	1432	25	E	0.95	山坡中部	60
13	1415	15	S	0.80	谷底	120
14	1423	30	SW	0.95	山坡中部	150
15	1440	30	SW	0.95	山坡中部	140
16	1448	30	E	0.95	山坡中部	130
17	1434	23	E	0.92	山坡中部	140
18	1418	10	S	0.80	谷底	140
19	1433	25	SW	0.95	山坡中部	120
20	1455	30	SW	0.95	山坡中部	120
21	1455	35	NE	0.95	山坡中部	110
22	1435	30	NE	0.95	山坡中部	100
23	1418	15	S	0.75	谷底	120
24	1430	30	SW	0.90	山坡中部	110
25	1448	30	SW	0.95	山坡中部	100

重要值是评价某物种在群落中的地位和作用的综合数量指标，其数值大小可作为群落中植物种优势度的一个度量标志，群落内乔木层、灌木层、草本层重要值的计算参见文献[1]。根据物种多样性测度指数应用的广泛程度以及对群落物种多样性状况的反映能力，笔者采用 α 多样性指数，选取物种丰富度指数（N）、Shannon-Wiener 指数（H）、Simpson 指数（D）、Pielou 均匀度指数（J）4 种多样性指数来测度和分析群落物种多样性特征[2]。

种群大小级按 2 种方式划分：①大小结构分析，用大小结构代替年龄结构的方法分析鹿角杜鹃的种群结构和动态特征[3-5]。鹿角杜鹃的种群大小级结构的划分标准为[6]：胸径小于 2.5cm 的个体按其株高分为小于 33cm、33.1~100cm、大于 100cm 等 3 级，胸径大于 2.5cm 以上者，以胸径每增加 5cm 为 1 级而划分(上限排外法)。②种群分布格局动态分析，鹿角杜鹃种群的大小级分为 4 级[6]：胸径小于 2.5cm 的为幼苗，胸径在 2.5~7.5cm 之间的为幼树，在胸径 7.5~22.5cm 之间的为中树，胸径大于 22.5cm 的为大树(上限排外法)。

种群分布格局的测定方法，方差和均值比率、负二项式分布、平均拥挤指数及聚块性指数等的计算参见文献[7]。

2 结果与分析

2.1 鹿角杜鹃群落物种多样性和植物种类组成

植被层次是表征群落外貌特征和垂直结构的重要指标，在凤阳山鹿角杜鹃群落中，植被在垂直方向上有明显的分层现象。参照 Whittaker 分类系统[8]，选取最重要的 3 个层次即乔木、灌木和草本作为研究对象，对其物种多样性进行分析，凤阳山鹿角杜鹃群落各个层次的物种多样性指数见表 2。

表 2　鹿角杜鹃群落各个层次的物种多样性

层次	指数			
	N	H	D	J
乔木层	115	0.94	3.33	0.70
灌木层	201	0.96	3.83	0.72
草本层	49	0.82	2.18	0.56

由表 2 可以看出，该群落的物种比较丰富，物种多样性在各层的大小依次为灌木层、乔木层、草本层。其中乔木层的优势种为鹿角杜鹃，其重要值达到 12.41，此外还有木荷(Schima superba)、黄山松(Pinus taiwanensis)、猴头杜鹃(R. simiarum)、褐叶青冈(Cyclobalanopsis stewardiana)等。灌木层主要是乔木层的幼树或幼苗如猴头杜鹃、褐叶青冈、尖叶山茶(Camellia cuspidate)，以及光叶山矾(Symplocos lancifolia)、秀丽槭(Acer elegantulum)、扁枝越橘(Vaccinium japonicum)等。草本层分布不均匀，主要是蕨类植物和莎草科(Cyperaceae)植物。另外，记录到的层外植物主要有菝葜(Smilax china)、爬行卫矛(Euonymus fortunei)和常春藤(Heda ranepalensis)。

2.2 鹿角杜鹃种群的大小结构

根据种群大小级的划分标准，对 25 块样地的观测数据进行整理，可以测绘得到鹿角杜鹃种群的大小结构分布图(图 1)。

由图 1 可以看出，鹿角杜鹃在各个年龄级的分布极不均匀，其中以 4 级的数量为最多，其比例高达 70%，其次是 3 级幼苗，龄级较高的树种数量非常少。也就是说该鹿角杜鹃种群中有大量幼苗和幼树，而中树和大树的数量则很少。但是随着时间的推移，储量丰富的幼苗和幼树会逐渐并大量地向中树和大树发展，因此，种群的年龄结构为增长型。

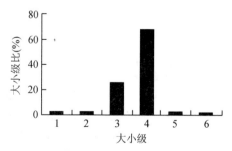

图 1　鹿角杜鹃种群的大小结构

2.3 鹿角杜鹃种群的分布格局

分布格局是种群在水平空间上的分布状况，它是由种群的生物生态学特性、种间关系及环境条件综合作用产生[9]。将麂角杜鹃种群在各个样地分布格局的测定情况进行汇总并取其平均值。得到了麂角杜鹃种群在整个群落的分布格局结果，由结果可知，方差均值比为 3.88，t 值为 11.09，k 值为 0.2，平均拥挤度指数为 5.95，聚块性指数为 1.84。以上指标均表明麂角杜鹃种群在整个群落中为集群分布。

麂角杜鹃种群在群落中呈集群分布，造成这种分布的原因主要是物种亲代种子的散布习性所致，麂角杜鹃种子一般多散落在母树周围，导致了种子呈集群分布，因而由种子萌发成幼苗进而生长成植株时也会表现为集群分布。

植物种群在不同的年龄段会表现出不同的空间分布格局，麂角杜鹃种群在不同发育阶段的分布格局见表 3。可以看出，麂角杜鹃种群从幼苗—幼树—中树—大树的发育过程中均为集群分布。用聚块性指标 C 来判断该种群从幼苗到大树变化过程中的扩散与聚集的趋势时，可以看出，从幼苗到幼树，C 值降低，即种群的聚集程度降低，因此，种群有扩散的趋势；而从中树到大树，C 值明显增大，即种群的聚集程度增大，种群表现为聚集。这是由种群的生物学特性决定的。种子散播到母株周围后，集群萌发成为幼苗，随着种群的继续发育，个体对环境资源的要求加强，使种内、种间竞争加剧，同一集群范围内的个体开始出现自疏作用，种群呈现扩散的趋势。而由中树到大树，种群呈现聚集的趋势，可能是由于经过环境的筛选作用后，仅有极少数的中树和大树存活下来，且只是集聚在少数几个样地中。经调查，在整个群落中，中树有 14 株，而大树只有 4 株，且中树和大树基本上是在相同的样地中出现。总体来看，种群由幼苗到大树呈现扩散的趋势。种群在幼年阶段集群强度高，有利于其存活和发挥群体效应，而成年时由于个体增大，集群强度降低则有利于群体获得足够的环境资源，所以种群集群强度的变化是种群的一种生存策略或适应机制[10]。

表 3　麂角杜鹃种群空间分布格局动态

等级	方差	均值	方差/均值	T 值	K	M^*	C	分布格局
幼苗	2.16	0.80	2.71	3.98	0.47	2.51	3.14	集群分布
幼树	13.74	2.85	5.32	14.32	0.75	7.17	2.52	集群分布
中树	0.67	0.42	1.59	2.09	0.71	1.01	2.40	集群分布
大树	0.25	0.13	2.00	3.75	0.14	1.13	8.69	集群分布
总计	17.16	3.00	3.88	11.09	0.20	5.95	1.84	集群分布

注：K 为负二项指标，M^* 为平均拥挤指标，C 为聚块性指标。

3　结论

（1）研究区植物郁闭度很高且群落的物种比较丰富，物种多样性在各层的大小依次为灌木层、乔木层、草本层。从麂角杜鹃种群的大小结构来看，麂角杜鹃在各个年龄级的分布极不均匀，其中以 4 级的数量为最多，其比例高达 70%。其次是 3 级幼苗，龄级较高的树种数量非常少。因此，种群的年龄结构为增长型。

（2）麂角杜鹃种群在整个群落中呈集群分布，造成这种分布的原因主要是物种亲代种子的散布习性所致。麂角杜鹃种群从幼苗—幼树—中树—大树的发育过程中均为集群分布。但是，从幼苗到幼树，聚块性指标 C 值降低，也就说种群的聚集程度降低，种群有扩散的趋势；而从中树到大树，C 值明显增大，即种群的聚集程度增大，种群表现为聚集。这是由种群的生物学特性决定的。总体来看，凤阳山麂角杜鹃种群由幼苗到大树，呈现扩散的趋势。

参考文献

[1]孙儒泳，李庆芬，牛翠娟，等．基础生态学[M]．北京：高等教育出版社，2002．

[2]马克平，黄建辉，于顺利，等．北京东灵山地区植物群落多样性的研究．Ⅱ．丰富度、均匀度和物种多样性指数[J]．生态学报，1995，15(3)：268－277．

[3]蔡飞，陈爱丽，陈启．浙江建德青冈常绿阔叶林种群结构和动态的研究[J]．林业科学研究，1998，11(1)：99－106．

[4]蔡飞．浙江建德青冈常绿阔叶林种群结构和动态的研究[J]．林业科学，2000，36(3)：67－72．

[5]金则新．浙江仙居俞坑森林群落优势种群结构与分布格局研究[J]．武汉植物学研究，2000，18(5)：383－389．

[6]哀建国，丁炳扬，丁明坚．凤阳山自然保护区福建柏种群结构和分布格局研究[J]．西部林业科学，2005，34(3)：45－49．

[7]胡小兵，于明坚．青冈常绿阔叶林中青冈种群结构与分布格局[J]．浙江大学学报：理学版，2003，30(5)：574－579．

[8]Whittaker R H，Niering W A. Vegetation of the Santa Catalina Mountain，Arizona. V. Biomass，production，and diversity along the elevation gradient[J]. Ecology，1975，56：771－790．

[9]康华靖，陈子林，刘鹏，等．大盘山自然保护区香果树种群结构与分布格局[J]．生态学报，2007，27(1)：389－396．

[10]梁士楚．贵州喀斯特山地云贵鹅耳枥种群动态研究[J]．生态学报，1992，12(1)：53－60．

桐庐生态公益林主要林分类型的土壤水文效应[①]

黄 进[1] 杨 会[2] 张金池[1]

(1. 南京林业大学森林资源与环境学院，江苏南京 210037；

2. 广州番禺职业技术学院，广东广州 511400)

摘 要：以浙江省桐庐县生态公益林定位监测站为依托，研究了该区域不同林分类型土壤层的水文效应。结果表明：与无林地对比，各林分类型土壤的蓄水能力、渗透性能均优于无林地；不同林分类型土壤的蓄水能力、渗透性能也存在着一定的差异，其中落叶阔叶林土壤的蓄水能力、渗透性能最好；Horton 入渗模型对各样地土壤入渗过程拟合效果较好，有着较好的适用性；土壤理化因子、土壤根系因子与土壤渗透性能的相关分析显示研究区土壤渗透性能受多个因素影响，其中土壤非毛管空隙度与土壤初渗、稳渗速率相关性最高，为首要影响因素；基于主成分分析，各样地土壤综合水文效应优劣依次为落叶阔叶林 > 常绿阔叶林 > 杉木(*Cunninghamia lanceolata*)林 > 毛竹(*Phyllostachys heterocycla*)林 > 马尾松(*Pinus massoniana*)林 > 经济林 > 无林地。

关键词：生态公益林；土壤水文效应；林分类型

中图分类号：S714.7 **文献标识码**：A **文章编号**：1674-5906(2009)03-1094-06

森林土壤层的水文效应是森林发挥水文调节作用、水源涵养功能的重要环节之一。林地土壤层的水文效应通过自身蓄水能力和入渗特性发挥出来，对降水分配过程、水分循环和土壤流失等过程具有十分明显的作用[1]。因此研究林地土壤层的水文效应是探讨森林水文过程的基础和前提，有着重要意义[2]。林地土壤层水文特性能够在很大程度上反映森林植被对土壤结构功能的改良作用，由于不同森林植被类型生态学特性的差异，同一区域生境内不同林分土壤层蓄水渗透性能也表现出一定的差异。

目前在生态公益林建设中，在补偿问题、分类经营、经营措施、体系建设等方面研究较多，但对生态公益林的水文功能研究较少。本文以浙江省桐庐县生态公益林定位监测站为依托，研究了该区域不同林分类型土壤层的水文效应，以期为综合衡量该区域公益林生态服务功能及公益林建设中树种的选择提供了一定的参考依据。

1 研究区概况

研究区位于浙江省桐庐县，桐庐处亚热带季风气候区，东经119°21′56.7″，北纬29°49′19.5″。气候温暖，光照充足，四季分明，降水量充沛。年平均气温 16.6℃，年降水量 1443.1mm，无霜期252d，年日照数为1991.4h。土壤以沙壤为主，疏松透气。桐庐县现有生

———————————————

① 基金项目：国家"十一五"林业科技支撑项目(2006BAD03A16)。

态公益林面积 7.46 万 hm²，其中重点公益林面积 4.27 万 hm²，市级公益林面积 1.39 万 hm²，县级公益林面积 1.81 万 hm²。本文研究选择落叶阔叶林、常绿阔叶林等 6 种公益林中具有代表性的林分类型，建立调查样地并进行常规调查，记录其坡度、坡向、冠层郁闭度等常规指标，各样地基本情况见表 1。

表 1　不同林分类型基本情况

林分类型	坡位	坡向	郁闭度	平均树高（m）	平均胸径（cm）	冠幅（m×m）
落叶阔叶林(青冈 *Cyclobalanopsis glauca*)	下坡	西坡	0.7	5.20	12.48	2.45×2.83
常绿阔叶林(香樟 *Cinnamomum camphora*)	下坡	西坡	0.5	7.20	17.80	2.30×2.50
杉木(*Cunninghamia lanceolata*)林	下坡	西坡	0.6	6.18	9.64	2.34×2.33
马尾松(*Pinus massoniana*)林	下坡	西坡	0.6	12.06	16.47	5.66×5.33
毛竹(*Phyllostachys heterocycla*)林	下坡	西坡	0.3	13.43	7.44	2.31×1.98
经济林(板栗 *Castanea mollissima*)	下坡	西坡	0.5	4.26	5.04	3.30×3.10

2　研究方法

2.1　试验方法

在各标准地内(20m×20m)，随机布设 6 个采样点，分 0~20cm，20~40cm 进行土壤采样与各指标的测定。

(1)土壤渗透性测定　用环刀在样地取样，采用 TR-55 型土壤渗透仪测定土壤渗透性能。

(2)土壤颗粒机械组成　采用甲种比重计法测定。

(3)土壤水分物理性质测定　环刀法测定土壤的容重、毛管空隙度、非毛管孔隙度。

(4)土壤有机质测定　采用重铬酸钾–硫酸氧化法测定。

(5)土壤根系调查　避开树木大根从上而下取土柱，土柱水平面积为 20m×25cm，收集土柱内的根系(径级≤5mm)，浸泡风干后用 WINRHIZO 根系分析测定各径级细根根长、根表面积、根体积，再将风干根系置烘箱 6h(90℃)烘干后称重测定生物量。

2.2　数据分析方法

(1)运用统计分析软件 SPSS13.0 中相关分析模块分析研究区各土壤因子与土壤渗透性能的相关性；运用主成分分析模块对研究区各样地土壤综合水文效应优劣进行评价。

(2)采用 Kostiakov 方程、Horton 方程、Philip 方程 3 种常用的入渗模式对本研究区不同林分土壤入渗过程进行了拟合，以期探寻出更适合本地区的土壤入渗方程。拟合过程在 Matalb 7.0 软件环境下由最小二乘法完成。

3　结果与分析

3.1　不同林分土壤蓄水特性

林地土壤是森林生态系统贮蓄水分的主要容库，评价其蓄水性能一般以总持水量、毛管持水量、非毛管持水量为指标。其中土壤总持水量是毛管与非毛管持水量之和，反映了土壤贮蓄和调节水分的潜在能力，它是土壤涵养潜力的最大值；土壤非毛管蓄水量又称涵养水源量，反映了土壤迅速容纳降雨径流和调节水分的能力。在土层厚度一致的条件下，林地土壤的蓄水性能取决于土壤孔隙度的大小和组成，研究区不同样地类型土壤蓄水性能见表 2。研究区内有林地土壤蓄水性能均好于无林地，落叶阔叶林、常绿阔叶林、杉木林、马尾松林、毛竹林、经济林的非毛管空隙度分别是无林地(5.15%)的3.1、2.85、2.82、1.29、1.94、1.31倍;总空隙度是无林地的(46.65%)的1.28、1.20、1.11、1.09、1.14、1.12倍;表明不同林分对土壤空隙结构均有一定的改善作用。不同林分土壤蓄水性能也表现出一定的差异:从土壤非毛管空隙度来看,落叶阔叶林(15.95%)>常绿阔叶林(14.7%)>杉木林(14.5%)>毛竹林(10%)>经济林(6.75%)>马尾松林(6.65%);从土壤总隙度来看,落叶阔叶林(59.75%)>常绿阔叶林(56.1%)>毛竹林(53.25%)>经济林(52.25%)>杉木林(52.15%)>马尾松林(51.05%);其中落叶阔叶林的土壤蓄水性能最好。

表2 不同林分类型土壤蓄水性能

林分类型	土层 (cm)	毛管空隙度 (%)	毛管持水量 (t·hm⁻²)	非毛管空隙度 (%)	非毛管持水量 (t·hm⁻²)	总空隙度 (%)	总持水量 (t·hm⁻²)
落叶阔叶林	0~20	49	980	16.1	322	65.1	1302
	20~40	38.6	772	15.8	316	54.4	1088
常绿阔叶林	0~20	45	900	13.6	272	58.6	1172
	20~40	37.8	756	15.8	316	53.6	1072
杉木林	0~20	42	840	15.2	304	57.2	1144
	20~40	33.3	666	13.8	276	47.1	942
马尾松林	0~20	46.4	928	8.5	170	54.9	1098
	20~40	42.4	848	4.8	96	47.2	944
毛竹林	0~20	45.7	914	9	180	54.7	1094
	20~40	40.8	816	11	220	51.8	1036
经济林	0~20	46.3	926	7.6	152	53.9	1078
	20~40	44.7	954	5.9	118	50.6	1072
无林地	0~20	41.8	836	5.4	108	47.2	944
	20~40	41.2	824	4.9	98	46.1	922

3.2 不同林分土壤入渗特性及其影响因素分析

3.2.1 不同林分土壤入渗特征

林地土壤入渗过程不仅是森林生态系统水分循环的重要环节,同时在林地发挥体调配降雨、保持水土的过程中有着重要作用,因此土壤渗透性是土壤水文物理性质的重要参数[1]。从图1看出,各林分土壤渗透速率的变化趋势一致,在初期渗透速率较高,随着时间的推移而下降,最后达到稳渗状态。研究区内有林地土壤入渗性能明显好于无林地,落叶阔叶林、常绿阔叶林、杉木林、马尾松林、毛竹林、经济林的初渗速率值分别是无林地(8.099mm·min⁻¹)的2.57、2.27、2.00、1.62、1.88、1.36倍;稳渗速率值分别是无林地(1.333mm·min⁻¹)的6.85、5.05、2.52、3.19、1.64、1.09倍;表明不同林分均有提高土壤入渗性能的效应。不同林分土壤蓄水性能也表现出一定的差异:从土壤初渗速率来看,落叶阔叶林(23.395mm·min⁻¹)>常绿阔叶林(18.412mm·min⁻¹)>杉木林(16.23mm·min⁻¹)>毛竹林(15.208mm·min⁻¹)>马尾松林(13.143mm·min⁻¹)>经济林(11.033mm·min⁻¹);从土壤稳渗速率来看,落叶阔叶林(9.134mm·min⁻¹)>杉木林(6.725mm·min⁻¹)>毛竹林(4.249mm·min⁻¹)>常绿阔叶林(3.358mm·min⁻¹)>经济林(2.183mm·min⁻¹)>马尾松林(1.451mm·min⁻¹);其中落叶阔叶林的土壤渗透性能最好。

建立土壤入渗模型是客观描述土壤入渗规律的有效方法。利用3个常用模式(Kostiakov入

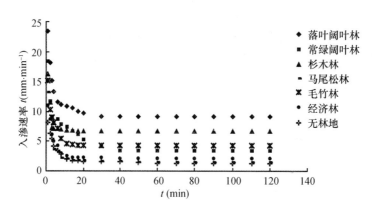

图1 不同林地土壤入渗过程

渗方程 $i = Bt^{-n}$、Horton 入渗方程 $i = i_c + (i_0 - i_c)e^{-kt}$、Philip 入渗方程 $i = 0.5st^{-0.5} + K$，其中 i 为土壤入渗速率，t 为入渗时间）拟合土壤的入渗过程，结果见表3。从拟合度 R^2 的高低可以发现 Horton 入渗方程在该研究区有着较好的适用性。

表3 不同土壤入渗模式拟合效果

林分类型	Kostiakov 入渗方程			Horton 入渗方程				Philip 入渗方程		
	$i = Bt^{-n}$			$i = i_c + (i_0 - i_c)e^{-kt}$				$i = 0.5st^{-0.5} + K$		
	B	n	R^2	i_c	i_0	k	R^2	s	K	R^2
落叶阔叶林	19.966	0.207	0.845	9.465	29.716	0.401	0.981	30.085	6.876	0.955
常绿阔叶林	16.630	0.383	0.952	3.770	16.614	0.160	0.965	31.109	1.677	0.961
杉木林	11.816	0.159	0.538	6.741	30.239	0.887	0.979	16.372	5.166	0.734
马尾松林	12.750	0.703	0.947	1.594	21.611	0.545	0.991	23.213	0.5011	0.885
毛竹林	13.244	0.317	0.874	4.298	18.498	0.340	0.978	23.068	2.411	0.938
经济林	10.594	0.458	0.918	2.209	14.725	0.352	0.995	19.699	0.599	0.930
无林地	8.219	0.474	0.965	1.425	9.709	0.247	0.996	15.890	0.245	0.968

3.2.2 土壤渗透性能影响因子分析

从土壤容重、颗粒组成、孔隙度与有机质含量与土壤入渗性能的相关分析结果来看（表4），研究区土壤理化因子与土壤入渗性能有着不同程度的相关性。其中土壤容重与土壤初渗速率有着极显著的负相关性，与稳渗速率有着显著的负相关性，土壤容重越小，则土体越松散，有利于水分垂直入渗运动；土壤砂粒含量与土壤初渗、稳渗速率均有着显著的相关性；土壤有机质含量与土壤初渗、稳渗速率均有着显著的相关性；土壤非毛管空隙度与土壤初渗速率有着极显著的正相关性，与稳渗速率有着显著的正相关性，非毛管孔隙是土壤水分运动快速通道，土壤水分在非毛管孔隙的下渗速率远高于毛管空隙，非毛管空隙度越大越有利于土壤重力下渗运动。从表中各土壤理化因子与土壤入渗性能相关系数的绝对值大小来看，非毛管孔隙度与土壤初、稳渗速率的相关系数均高于其他理化因子。

表4　土壤理化因子与土壤入渗性能的相关性分析

渗透性能	土壤容重	土壤颗粒组成			土壤空隙度		土壤有机质含量
		砂粒含量	粉粒含量	黏粒含量	非毛管空隙度	毛管空隙度	
初渗速率	−0.715 **	0.587 *	0.336	−0.231	0.801 **	0.302	0.491 *
稳渗速率	−0.584 *	0.505 *	0.254	−0.314	0.687 *	0.113	0.613 *

注：** 为在0.01水平两者相关性显著，* 为在0.05水平两者相关性显著。

　　土壤中根系在生长过程中以及死亡后在土壤中均会形成孔道，能够较好改善土壤结构，增强其透水透气性能；同时由于根系的垂直生长，会形成大量以垂直根孔为主的大孔隙，能够极大提高土壤的渗透能力。从土壤根系（径级≤5mm）总特征指标：总根长、总表面积、总体积及其总生物量与土壤入渗性能的相关分析结果来看（表5），研究区土壤细根根系总特征与土壤入渗性能关系不是很密切（仅根系总生物量与稳渗速率存在着显著的相关性），原因可能是混淆了不同径级根系对土壤渗透性能的作用。

表5　土壤根系因子与土壤入渗性能的相关性分析

渗透性能	根系总根长	根系总表面积	根系总体积	根系总生物量
初渗速率	0.226	0.357	0.247	0.258
稳渗速率	0.234	0.218	0.362	0.524 *

注：** 为在0.01水平两者相关性显著，* 为在0.05水平两者相关性显著。

　　为进一步探求根系对土壤渗透性能的作用，对土壤初渗速率、稳渗速率与不同径级根系的根长、根表面积、根体积、根生物量的进行相关分析。分析发现径级≤1mm的根系与土壤入渗性能关系密切，各根系特征指标均与土壤初渗速率、稳渗速率有着显著的相关性，见表6（其他径级根系的特征指标与入渗性能无显著的相关性，这里就不罗列了）。这一结果与刘道平等在浙江安吉的研究成果相一致[3]，径级≤1mm的根系对土壤渗透性能有一定的改善作用。

表6　土壤≤1mm径级根系因子与土壤入渗性能的相关性分析

渗透性能	径级<0.5mm根系			
	根长	根表面积	根体积	根生物量
初渗速率	0.509 *	0.456 *	0.523 *	0.544 *
稳渗速率	0.514 *	0.491 *	0.507 *	0.512 *
渗透性能	径级0.5~1mm根系			
	根长	根表面积	根体积	根生物量
初渗速率	0.496 *	0.539 *	0.551 *	0.531 *
稳渗速率	0.528 *	0.527 *	0.574 *	0.562 *

注：** 为在0.01水平两者相关性显著，* 为在0.05水平两者相关性显著。

3.3　不同林分土壤综合水文效应评价

　　主成分分析多用于从多个实测的原变量中提取少数的、互不相关的、抽象的综合指标以达到对对象定性评价的作用。林分土壤层的水文效应是通过其蓄水性能和入渗性能共同作用而体现出来的，因此选取土壤非毛管空隙度（X_1）、总空隙度（X_2）、初渗速率（X_3）、稳渗速率（X_4）为评价指标，对其进行主成分分析。结果表明（表7）第一主成分 F_1 的方差累积贡献率高达89.3%，且特征值3.57（大于1），信息损失量很少，用主成分 F_1 来表征4个评价指标是合理的。第一主成分 $F_1 = 0.5029X_1 + 0.493X_2 + 0.521X_3 + 0.4823X_4$ ，在所有变量上的正载荷大致相等，F_1 可以解释为对土壤综合水文效应总的量度（即土壤水文效应综合值）。依据主成分 F_1 得分大小，各样地土壤综合水文效应优劣依次为落叶阔叶林（54.07）＞常绿阔叶林（46.26）＞杉木林（44.70）＞毛竹林（41.25）＞马尾松林（36.06）＞经济林（35.95）＞无林地（30.45）。

表7 土壤综合水文效应主成分分析

评价指标	主成分			
	F_1	F_2	F_3	F_4
X_1	0.5029	0.1995	−0.7995	0.261
X_2	0.493	−0.6446	0.3108	0.4948
X_3	0.521	−0.2314	0.0018	−0.8216
X_4	0.4823	0.7008	0.514	0.1095
特征值	3.5705	0.2732	0.1321	0.0242
贡献率（%）	89.2628	6.8289	3.3034	99.3951
累计贡献率（%）	89.2628	96.0917	0.6049	100.0000

4 结论

（1）与无林地相比，研究区不同林分土壤蓄水性能均好于无林地。不同林分类型土壤蓄水性能存在着一定差异：土壤非毛管空隙度表现为落叶阔叶林＞常绿阔叶林＞杉木林＞毛竹林＞经济林＞马尾松林；土壤总隙度表现为落叶阔叶林＞常绿阔叶林＞毛竹林＞经济林＞杉木林＞马尾松林；其中落叶阔叶林土壤的蓄水性能最好。

（2）与无林地相比，研究区不同林分土壤渗透性能均好于无林地。不同林分类型土壤渗透性能存在着一定差异：土壤初渗速率表现为落叶阔叶林＞常绿阔叶林＞杉木林＞毛竹林＞马尾松林＞经济林；土壤稳渗速率表现为落叶阔叶林＞杉木林＞毛竹林＞常绿阔叶林＞经济林＞马尾松林；其中落叶阔叶林土壤的渗透性能最好。Horton 入渗模型对研究区土壤入渗过程拟合的效果较好（R^2 均在 0.95 以上），有着较好的适用性。

（3）对研究区土壤理化性质以及土壤根系特征与土壤渗透性能的进行相关分析，结果表明土壤理化因子：土壤非毛管空隙度、砂粒含量、有机质含量与土壤初渗、稳渗速率存在着显著的相关性，土壤容重与其存在着显著的负相关性；土壤根系因子：根系总生物量与土壤稳渗速率有着显著的相关性，≤1mm 径级根系的各特征指标与土壤初渗速率、稳渗速率均存在着显著的相关性。其中土壤非毛管空隙度与土壤初渗、稳渗速率的相关系数的绝对值最大，为影响该地区土壤入渗性能的首要因素。

（4）选取土壤非毛管空隙度、总空隙度、初渗速率、稳渗速率为评价指标，采用主成分法对研究区样地土壤综合水文效应进行评价，各样地土壤综合水文效应优劣依次为落叶阔叶林＞常绿阔叶林＞杉木林＞毛竹林＞马尾松林＞经济林＞无林地。

参考文献

[1] 许景伟，李传荣，夏江宝，等. 黄河三角洲不同林分类型的土壤水文特性[J]. 水土保持学报，2009，23（1）：173 – 176.

[2] 王伟，张洪江，李猛，等. 重庆市四面山林地土壤水分入渗特性研究与评价[J]. 水土保持学报，2008，22（4）：95 – 99.

[3] 刘道平，陈三雄，张金池，等．浙江安吉主要林地渗透性[J]．应用生态学报，2007，18(3)：493 - 498.

[4] 王鹏程，肖文发，张守攻，等．三峡库区主要森林植被类型土壤渗透性能研究[J]．水土保持学报，2007，21(6)：51 - 54.

[5] 刘少冲，段文标，陈立新．莲花湖库区几种主要林型水文功能的分析和评价[J]．水土保持学报，2007，21(1)：79 - 83.

[6] 王云琦，王玉杰．缙云山典型林分森林土壤持水与入渗特性[J]．北京林业大学学报，2007，28(3)：102 - 108.

[7] 杨海龙，朱金兆，毕利东．三峡库区森林流域生态系统土壤渗透性能的研究[J]．水土保持学报，2003，17(3)：63 - 65.

[8] 余新晓，赵玉涛，张志强，等．长江上游亚高山暗针叶林土壤水分入渗特征研究[J]．应用生态学报，2003，14(1)：15 - 19.

[9] 刘世荣，孙鹏森，温远光．中国主要森林生态系统水文功能的比较研究[J]．植物生态学报，2003，27(1)：16 - 22.

[10] 李阳兵，高明，魏朝富，等．岩溶山地不同土地利用土壤的水分特性差异[J]．水土保持学报，2003，17(5)：63 - 66.

[11] 孟广涛，方向京，郎南军，等．云南金沙江流域山地圣诞树人工林水土保持效益[J]．水土保持学报，2000，14(4)：60 - 63.

[12] 赵中秋，蔡运龙，付梅臣，等．典型喀斯特地区土壤退化机理探讨：不同土地利用类型土壤水分性能比较[J]．生态环境，2008，17(1)：393 - 394.

[13] 曹云，欧阳志云，郑华，等．森林生态系统的水文调节功能及生态学机制研究进展[J]．生态环境，2006，15(6)：1360 - 1365.

[14] 刘玉，李林立，赵柯，等．岩溶山地石漠化区不同土地利用方式下的土壤物理性状分析[J]．水土保持学报，2004，18(5)：142 - 145.

[15] 宋轩，李树人，姜凤岐．长江中游栓皮栎林水文生态效益研究[J]．水土保持学报，2001，15(2)：76 - 79.

[16] Levia D F J，Frost E F. A review and evaluation of stemflow literature in the hydrologic and biogeochemical cycles of forested and agricultural ecosystems[J]. Journal of Hydrology，2003，274：1 - 29.

[17] Chang S C，Mztzner E. The effect of beech stemflow on spatial patterns of soil solution chemistry and seepage fluxes in a mixed beech/oak stand[J]. Hydrological Processes，2000，14：135 - 144.

[18] Cornish P M，Vertessy R A. Forest age-induced changes in evapotranspiration and water yield in a eucalypt forest[J]. Journal of Hydrology，2001，242：43 - 63.

[19] 刘世荣，温远光，王兵，等．中国森林生态系统水文生态功能规律[M]．北京：中国林业出版社，1996，157 - 243.

[20] 孟广涛，郎南军，方向京，等．滇中华山松人工林的水文特征及水量平衡[J]．林业科学研究，2001，14(1)：78 - 84.

亚热带典型森林生态系统土壤呼吸[①]

刘源月[1]　江　洪[1,2]　邱忠平[3]　原焕英[2]　李雅红[4]

(1. 南京大学国际地球系统科学研究所，江苏南京　210093；
2. 浙江林学院国际空间生态与生态系统生态研究中心，浙江杭州　311300；
3. 西南交通大学生命科学与工程学院，四川成都　610083；
4. 西南大学三峡库区生态环境教育部重点实验室，重庆　407154)

摘　要：为了解中国亚热带森林土壤碳释放 CO_2 与区域气候环境的关系，在亚热带典型区域浙江西天目山选择森林生态系统类型杉木林、毛竹林和常绿阔叶林，采用 LI-8100 开路式土壤碳通量测量系统测定土壤呼吸通量。结果表明：各林分的土壤呼吸日变化趋势多呈单峰型；3 个森林生态系统中，土壤 CO_2 年均释放速率大小依次是毛竹林 $4.28\mu mol \cdot m^{-2} \cdot s^{-1}$、杉木林 $2.35\mu mol \cdot m^{-2} \cdot s^{-1}$、常绿阔叶林 $2.23\mu mol \cdot m^{-2} \cdot s^{-1}$。土壤呼吸随着不同季节土壤温度的变化相异，8 月最高，11 月受低温限制，呼吸作用微弱。土壤水分与土壤呼吸呈负相关，且常与土壤温度一起共同作用于土壤呼吸，这种非线性交互作用导致环境因子影响土壤呼吸的过程。

关键词：土壤呼吸；碳循环；亚热带森林；天目山
中图分类号：S151.9　文献标识码：A

全球气候变化引起的气温升高加速了土壤有机碳的分解，土壤碳通过土壤呼吸作用(soil respiration，SR)分解后以 CO_2 形式释放反馈回大气圈，进一步加剧全球变暖[1]。森林土壤碳库作为陆地生态系最大的碳储存库，占全球土壤碳库的 73%[2]，其微小变化都会影响大气中 CO_2 的含量，受到全球科学家的广泛关注[3]。中国亚热带森林在全球同纬度森林生态系统中具有独特的地位，面积达 $250 \times 10^4 km^2$，20 世纪 80 年代中后期，该区域开始大规模再造林，部分区域植被逐渐恢复，同期森林经营活动加大，干扰频繁。由于干扰与恢复交叉进行，造成森林土壤碳的变化复杂。

亚热森林生态系统的重要组成部分浙江亚热带森林，尤其是位于浙江西天目山的森林集中反应了此种干扰与恢复的状况。西天目山紧临杭州市区，在杭州周边区域气温逐年上升的情况下，森林生态系统土壤碳的变化对该地区的生态环境及区域碳循环的影响颇大。虽然黄承才等在 1999 年初步估算了中亚热带地区的土壤呼吸年通量，认为天然次生林土壤碳库多表现为碳汇[4]，但由于仅依据森林土壤异养呼吸通量与枯落物的数量间接计算，估算量偏低。此后因技术设备等原因，缺乏对土壤呼吸的直接测定。因此，在当前环境条件下，难以准确

---

①　基金项目：国家自然科学基金资助项目（40671132）；科学技术部 973 项目（2005CB422207 和 2005CB422208）；科学技术部国家合作项目（20073819）；浙江省重大科技专项项目（2008C13G2100010）。

反应西天目山森林土壤碳对区域气候变化的响应。

本文以典型森林生态系统杉木林、常绿阔叶林和毛竹林为对象，观测不同生态系统土壤呼吸的日和季节变异规律，探讨森林土壤呼吸的变化趋势及影响因素，了解该区域森林土壤碳库与区域气候变化的相关性。

1 实验

1.1 实验地概况

样地设在浙江省重要的自然保护区西天目山（30°18′30″~30°21′37″N，191°24′11″~119°27′11″E），面积 $42.84 \times 10^4 km^2$，属温暖湿润的季风气候，年平均气温 15.8~18.9℃，年降水量 1390~1870mm。土壤类型属于亚热带红黄壤类型，pH 值为 5.5~6.5，有机质分解较快，腐殖质层薄。西天目山森林在海拔 1150m 以下以常绿阔叶林为主，主要分布在青冈、甜槠、苦槠等地；在 1150m 以上为中亚热带针阔混交林，均为天然次生林。

1.2 野外实验设置

研究所选的毛竹林、杉木林、常绿阔叶林（海拔均 <600m）是西天目山代表性森林生态系统。在每个林型中设置 100m×100m 的样方，每一样方中设置 5 个 10m×10m 的小样方。为减少对土壤表层的干扰，提前将聚氯乙烯（polyvinyl chloride，PVC）测试环插入土壤表面，剪掉环内植物活体，不扰动地表凋落物，稳定 24h，备用。

1.3 土壤呼吸测试方法

土壤呼吸速率 E（又称土壤呼吸强度），E 值表征了土壤释放 CO_2 能力的强弱。采用 LI-8100 开路式土壤碳通量测量系统分别于 2007 年 3、5、8、11 月对每个林型设定的 5 个样点进行动态监测，每周 1 次，5 个样点的多次监测值的均值代表每个林型的平均呼吸速率，并以此代表各季节的平均值。每日测定时间为 8：00~18：00，测定 1 次/0.5h。用 LI-8100 自带温度探针和湿度探针同步测定土壤表层（<10cm）的温度 T_s 及土壤湿度 M_s。

本文中用线性或非线性回归的方法分析土壤温度 T_s、土壤湿度 M_s 与土壤呼吸速率 E 的关系。如果 T_s 或 M_s 与 E 不存在线性关系，则对变量进行相关分析。

2 结果

2.1 西天目山典型林分土壤呼吸

杉木林、毛竹林和常绿阔叶林土壤呼吸日变化早晨低，13：00 前平缓上升，此后土壤呼吸作用强烈，多在 16：00 前后达到日最高值（图 1）。并且 13：00~18：00 土壤呼吸平均速率高于 8：00~13：00。

3 月，杉木林土壤呼吸速率随时间推移快速上升，13：00 时，由 1.92μmol·m⁻²·s⁻¹ 升到日最高值 3.24μmol·m⁻²·s⁻¹。此后下降，15：30 后又小幅度上升。毛竹林从早上即表现出强烈的呼吸作用，12：00 前达到最高值 2.74μmol·m⁻²·s⁻¹。呼吸作用此后减弱，15：00 时降至最低，又缓慢回升。常绿阔叶林土壤呼吸呈单增趋势，13：00 前低于 2.00μmol·m⁻²·s⁻¹，13：00~18：00 在 2.30~2.43μmol·m⁻²·s⁻¹ 间波动。

5 月，杉木林土壤呼吸速率上午阶段较高，午后平缓下降，15：00 时超过日平均呼吸速率，升至 2.25μmol·m⁻²·s⁻¹，全天最大波动幅度为 0.22μmol·m⁻²·s⁻¹。毛竹林土壤呼吸在 9：00 时，超过 3.93μmol·m⁻²·s⁻¹，12：00~14：00 先下降后增强，18：00 左右达到日最高值。常绿阔叶林 E 在 9：00~15：00 段，由 2.83μmol·m⁻²·s⁻¹ 下降到 2.18μmol·m⁻²·s⁻¹，17：00 时略有升高，18：00 又回降至 1.99μmol·m⁻²·s⁻¹，日下降幅度平缓。

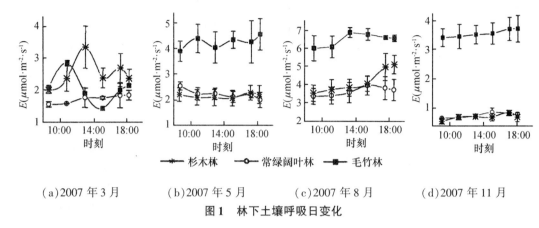

(a)2007年3月　　　(b)2007年5月　　　(c)2007年8月　　　(d)2007年11月

图1　林下土壤呼吸日变化

8月，3种林分都表现出强烈的土壤呼吸作用，E各自达到年最高值。杉木林日均E为4.20μmol·m^{-2}·s^{-1}，最低值为3.51μmol·m^{-2}·s^{-1}，最高值为5.15mol·m^{-2}·s^{-1}，13：00后的增幅显著。常绿阔叶林E仍呈单峰增长，15：00左右增长到最高点(3.90μmol·m^{-2}·s^{-1})，其后下降，日平均E为3.54μmol·m^{-2}·s^{-1}。毛竹林土壤呼吸作用更为强烈，日平均呼吸强度高于6.50μmol·m^{-2}·s^{-1}，13：00达到最高7.01μmol·m^{-2}·s^{-1}，此后略有下降。

11月受温度影响，杉木及常绿阔叶林的土壤呼吸微弱，E远低于3、5及8月，日均土壤速率不超过1μmol·m^{-2}·s^{-1}。两者土壤呼吸日变化趋势仍是13：00前平稳缓慢增长，其后增强，15：00~17：00达到最高值，为单峰变化。尽管毛竹林的E增长方式与杉木林和常绿阔林相似，但显著高于后两者，最低值也超过3.00μmol·m^{-2}·s^{-1}。

2.2　土壤呼吸与土壤水热条件

2.2.1　E与T_s的关系

3种林分林下的T_s与E呈线性正相关关系，如图2所示，图中：圈表示E值；直线表示拟合线。T_s升高，土壤呼吸作用加强，并且T_s是E变化的主要驱动因素。由回归方程可知，毛竹林的E值变化68.2%，杉木林的E值变化68.3%，常绿阔叶林的E值变化78.1%，均与T_s的变化有关。

土壤表层平均温度冬季最低15.34℃，春季16.27℃，夏季最高23.79℃，E的季节变化与T_s的季节变化一致，春夏高，冬秋低。E的日增长与土壤温度增长基本一致：9：00~12：00，T_s升高，E增长；13：00后，T_s继续升高，土壤呼吸作用强烈。尽管土壤温度会促使土壤增强释放CO_2，但不同季节土壤温度T_s对3种林分林下土壤呼吸的影响存在差异。T_s与杉木林的E除5月无相关显著性外，3、8和11月都是正相关，且为限制因子；3、5和11月，T_s是常绿阔叶林E的限制性因子；毛竹林T_s与E在3月负相关，11月强正相关，5月和8月相关性不显著。

2.2.2　E与M_s的关系

杉木林土壤呼吸在3月和11月受M_s的抑制，11月尤其明显。5月，M_s与E间相关性不显著。8月，M_s与E弱相关，土壤温度是土壤呼吸年变化的主要影响因子(Person相关系数r=0.827，计算概率P=0.000)，M_s不对土壤呼吸产生影响(r=0.137，P=0.114)。

M_s对常绿阔叶林土壤呼吸的影响出现于5月，M_s越大，E越小，并且其影响与温度的影响相当。8月时，M_s成为影响土壤呼吸的主要因素(P=0.011)，在水热共同作用下，E明显高于冬春两季。3月和11月，M_s对土壤呼吸无影响。

M_s对毛竹林的E在3月和8月发生高湿度抑制，5月不存在显著关系，11月则是微弱促进。各个季节温度、水分和土壤呼吸的关系复杂多变，从年度看，毛竹林土壤呼吸主要受 T_s 变化影响，M_s 的影响可以不计。

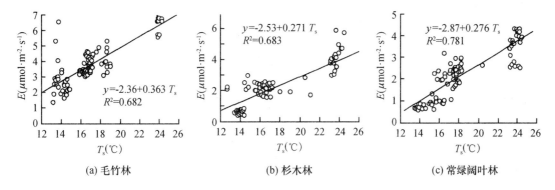

图2　土壤温度与土壤呼吸的关系

3　讨论

（1）3种林分土壤呼吸变化季节规律明显，8月高，其他季节低，基本与温度、水分、生物量等的季节变化一致。春季和夏季植物生长，根系活动活跃，呼吸产生量增加，微生物代谢活动加强，促使异养呼吸成分增加。冬季无论温度、湿度和生物生长量，都低于春夏季，这些因子共同作用降低呼吸速率。5月杉木林土壤有机碳以积累为主，含量较3月增加了1.76倍，却没有表现出植物根系或微生物代谢更多的碳。虽然全年中杉木主要集中在3~4月生长发育，其后为较长的发育休眠期，待7、8月再进入一个小的生长期。依据肖复明等的研究，碳在杉木各器官中的分配基本与各自的生物量呈正比例关系[5]。理论上，3~4月杉木林积累的生物量及分配至根系并因根系发育排放的 CO_2 应该与5月差异不明显。造成此种差异的原因是因为气温在3月发生急剧升高，土壤温度则随气温升高持续多日增高，尤其在11：30~13：30时，表层土温与气温都快速达到日最高点。与5月同时段相比，土壤平均温度升高近12℃。由于土壤温度与呼吸作用正相关，此时段土壤呼吸明显偏高。从另一方面也说明杉木林土壤呼吸对气温升高较常绿阔叶林和毛竹林更敏感，同期因温度升高而增长的幅度较其他两个林分显著。毛竹林5~7月大量落叶，气温高，湿度大，有利于凋落物的分解转化，土壤总有机碳自5月始，含量不断上升，进入11月休眠期后，土壤有机碳含量较5、8月下降，但仍是3月的1.88倍，从而增加了土壤微生物或植物根系利用更多土壤碳进行代谢的可能性。此外，T_s 和 M_s 在3月都与毛竹林林下土壤呼吸负相关，11月尽管 T_s 低，但与呼吸存在正相关，环境因子的差异及不同作用也会导致呼吸速率的不同。

（2）3种林分全年平均土壤呼吸强度表现为毛竹林＞杉木林＞常绿阔叶林。Hudgens 等认为由于根系生物量常绿阔叶林大于其他两种林分，则常绿阔叶林的呼吸量要大于其他两种[6]。但西天目山林下土壤共有特征是黏质少、沙质含量高及土壤本底有机质含量低。毛竹林和杉木林为人工林，人工造林改变了土地利用方式，极大地扰动了土壤，改变土壤孔隙，减少土壤持水量、大团聚体中颗粒状有机碳和有机磷的稳定性，在一定时间内致使 CO_2 从土壤中以较高的浓度进入大气圈[7]。

（3）土壤温度是驱动土壤呼吸的主要因素，土壤呼吸速率的变动基本与土壤温度变化相一致[8]。全天中土壤呼吸也与温度存在线性关系。一般早晨七八点土温最低，呼吸速率也低。

在这一阶段，决定土壤异养呼吸的微生物活性低，但植物的光合生理作用却颇为活跃，植物根系呼吸作用与植物光合作用显著相关，根系呼吸产生的 CO_2 是呼吸的主要构成部分[9,10]。9：00后，光合生理作用减缓，并在中午接近休眠状态，根系呼吸所贡献的 CO_2 低于前一时间段，呼吸缓慢增长。此后土壤微生物活性随土壤温度的升高活性增强，异养呼吸作用加强，土壤呼吸总量持续增加。

在亚热带地区，由于水分较饱和，土壤呼吸速率 E 与土壤湿度 M_s 的相关性不如 T_s 与 E 的相关性显著，但其对不同林分的影响也有季节差异。西天目山3种林分林下 E 与 M_s 多表现为负相关，研究者认为土壤水分增加至一定程度后会降低土壤呼吸对温度变化响应的敏感程度，长时间湿度过大则会阻塞土壤气体释放的通道，抑制土壤微生物活动，导致呼吸的下降[11]。因此，在高温高湿环境下，土壤呼吸变化趋势并非呈单一增长模式。

4 结论

(1)分布于西天目山的3种常见林分(杉木、毛竹林和常绿阔叶林)林下土壤呼吸日变化随时间推移升高，最大土壤呼吸速率出现在15：00~16：30。通常土壤呼吸8月最高，11月最低。

(2)土壤温度 T_s 是影响土壤呼吸的限制性因素，T_s 增加会促使土壤碳的释放量增加。土壤湿度存在减弱土壤呼吸作用，但作用有限，甚至无影响。

(3)亚热带常见人工林对土壤碳的释放能力强于天然次生林(常绿阔叶林)，毛竹林地下碳的释放即使在冬季也高达 $3.56\mu mol \cdot m^{-2} \cdot s^{-1}$，不能忽略其地下碳在冬季与大气圈的周转量。

参考文献

[1]SCHLESINGER W H, ANDREW S J A. Soil respiration and the global carbon cycle[J]. Biogeochemistry, 2000, 48(1)：7-20.

[2]方精云，位梦华. 北极陆地生态系统的碳循环与全球温暖化[J]. 环境科学学报, 1998, 18(2)：113-121.

[3]文玉明. 地球系统科学及其在全球环境研究中的应用[J]. 西南交通大学学报, 1998, 33(5)：550-554.

[4]黄承才，葛滢，常杰，等. 中亚热带东部3种主要木本群落土壤呼吸的研究[J]. 生态学报, 1999, 19(3)：324-328.

[5]肖复明，范少辉，汪思龙，等. 毛竹(Phyllostachys pubescens)、杉木(Cunninghamia lanceolata)人工林生态系统碳贮量及其分配特征[J]. 生态学报, 2007, 27(7)：2794-2801.

[6]HUDGENS E, YAV ITT J B. Land-use effects on soil methane and carbon dioxide fluxes in forests near Ithaca, New York[J]. Ecoscience, 1997, 4(2)：214-222.

[7]EUGENIE S, CHEN E, CHEN J Q, et al. Soil respiration at soil respiration at dominant patch types within a managed northern wisconsin landscape[J]. Ecosystems, 2003, 6(6)：595-607.

[8]HAN G X, ZHOU G S, XU Z Z, et al. Soil temperature and biotic factors drive the seasonal variation of soil respiration in a maize(Zeamays L.)agricultural ecosystem[J]. Plant and Soil, 2007, 291(1-2)：15-26.

[9]HANSON P J, EDWARDS N T, GARTEN C T, et al. Separating root and soil microbial contributions to soil respiration a review of methods and observations[J]. Biogeochemistry, 2000, 48(1)：115-146.

[10]TANG J W, BALDOCCHID D, XU L K. Tree photosynthesis modulates soil respiration on a diurnal time scale[J]. Global Change Biology, 2005, 11(8)：1298-1304.

[11]陈全胜，李凌浩，韩兴国，等. 水分对土壤呼吸的影响及机理[J]. 生态学报, 2003, 23(5)：97-103.

浙江省重点公益林生物量模型研究[①]

袁位高[1,2]　江　波[2]　葛永金[3]　朱锦茹[2]　沈爱华[2]

（1. 中国林业科学研究院，北京　100091；2. 浙江省林业科学研究院，浙江杭州　310023；
3. 浙江省丽水市林业科学研究院，浙江丽水　323000）

摘　要：根据浙江省重点公益林的森林群落和树种分布特点，在全省 200 多万 hm² 重点公益林范围内共设置 854 个典型样地，样地根据气候区、立地条件、林分类型、群落结构、林龄等因素综合布设，实测样株生物量，利用树木各分量生物量之间存在相对生长关系，乔木以树高、胸径、枝下高为变量构建各分量生物量模型通式，下木层以地径和株数构建单位面积生物量，草本层则以盖度和高度构建生物量模型，共构建了松类、杉类、硬阔（Ⅰ、Ⅱ）、软阔、毛竹、杂竹、灌木（下层木）、草本 9 组主要树种（组）生物量模型，模型测算因子简单易得，经评价和检验，各模型均具有较好的拟合精度和预估水平。

关键词：森林生物量；模型；构建；公益林；浙江省

中图分类号：S718.55⁺6　**文献标识码**：A

森林生物量是森林生态系统最基本的数量特征，它既表明森林的经营水平和开发利用的价值，同时又反映森林与环境在物质循环和能量流动上的复杂关系。目前世界上普遍应用的方法是生物量模型估计方法。该方法是利用林木易测因子来推算难于测定的林木生物量，从而减少测定生物量的外业工作。虽然在建模过程中，需要测定一定数量样木生物量的数据，但一旦模型建立后，在同类的林分中就可以利用森林资源清查资料来估计整个林分的生物量，而且有一定的精度保证。特别是在大范围的森林生物量调查中，利用生物量模型能大大减小调查工作量。为此，浙江省于 2005 年开展了浙江省重点公益林森林植物生物量模型的研究，为开展森林生态效益监测与评价提供科学手段。

林木生物量模型的方程很多，有线性模型、非线性模型、多项式模型。线性模型和非线性模型根据自变量的多少，又可分为一元和多元模型。非线性模型应用最为广泛，其中相对生长模型最具有代表性，是所有模型中应用最为普遍的一类模型。在以往单木生物量模型的研究中，国内外研究者普遍采用的研究方法是，按林木各分量分别进行选型，模型确定后根据各分量的实际观测数据分别拟合各自方程中的参数，然后代入不同的自变量，得到各分量的干质量[1-8]。也就是说各分量之间干质量的估计都是独立进行的，因而造成各生物量之和不等于总生物量模型的估计值，甚至有的估计值相差很远。唐守正等开发的相容性生物量模型有效地解决了这一问题，为构建生物量模型提供了更为科学的手段[9-11]。本文将浙江省重点公

①　基金项目：浙江省林业生态工程支撑项目"浙江省重点公益林森林植物生物量模型的研究"。

益林的主要植物种类生物量的实测数据,经过归类分组,构建浙江省重点公益林的生物量模型,为科学计测重点公益林生物量提供数学工具。

1 试验内容与方法

1.1 研究地区自然概况

浙江省东临大海,具有温暖湿润的亚热带季风气候特征,其森林植被,据《中国植被》区划的划分,属亚热带常绿阔叶林区域—东部(湿润)常绿阔叶林亚区域—中亚热带常绿阔叶林地带,常绿阔叶林是浙江省的基带森林;从植被而言,常绿阔叶林是浙江省的地带性植被。

1.2 样地设置

在浙江省200多万hm²的生态公益林中,根据气候区、林分类型、林龄组成、立地条件、林分组成等设置典型样地854个(表1)。

表1 各类型样地分配数

地点	群落类型							合计
	松林	杉木林	次生阔叶林	针阔混交林	毛竹林	杂竹林	灌丛	
杭州市	24	19	10	9	10	10	5	87
温州市	20	17	8	10	10	10	5	80
湖州市	23	15	8	10	10	10	5	81
台州市	20	11	9	7	10	10	5	72
金华市	26	15	16	14	10	10	5	96
衢州市	25	15	13	12	10	10	5	90
舟山市	15	17	6	6	10	10	5	69
绍兴市	19	15	8	9	10	10	5	76
丽水市	32	24	20	20	20	10	5	131
宁波市	21	12	7	7	10	10	5	72
合计	225	160	105	104	110	100	50	854

1.3 外业调查及内业处理

调查因子为群落类型、郁闭度、起源、年龄、人为干预情况、海拔、坡度、坡位、坡向、立地状况等。

乔木层调查:标准样地面积为20m×30m,主林冠层每木检尺。胸径5.0cm起测,调查因子为胸径、树高、枝下高、冠幅,并分树种统计各径级的平均值,选取各径级的标准木,同一树种不超过5株。

灌木层(下层木)调查:沿标准样方的对角各设2m×2m的小样方3个,调查下木层的盖度、株数和平均高度、各树种数量、地径、高度。选择主要树种平均木收获干、枝叶花果、根称质量,根据树种组成比例,分别干、枝叶花果、根抽取各树种的混合样品500g,带回实验室烘干,计算含水率,测定单位面积生物量。

草本层调查:在灌木层小样方的左小角和右下角设1m×1m的小样方,调查草木层种类、盖度和平均高度。全株收获称质量,根据各草种比例取混合样品200~300g,带回实验室烘干,计算含水率,测定单位面积生物量。

1.4 建模方法

统一采用非线形加权最小二乘法估计各分量模型参数，其中权函数选用模型本身进行加权回归估计，以消除异方差的影响。根据所测样木的各生物量数据，采用 Forstat 2.0 软件包拟合出树干、木材、树皮、树枝、树叶、树冠、总质量生物量的回归模型。回归模型评价参照胥辉提出的 5 个指标对生物量模型进行评价：总相对误差（R_s）、平均相对误差（E_1）、平均相对误差绝对值（E_2）、预估精度（P）和参数变动系数（C_i）[12]，建模过程参照参考文献[13]。

2 结果分析

2.1 生物量模型构建的样本数确定

根据浙江省森林群落和森林树种的特点，综合考虑树种的形态特征和木材密度，将浙江省的森林树种分为松类、杉类、硬阔、软阔、毛竹、灌木等树种组，其中硬阔按照其木材密度又细分为两组。在浙江省重点公益林内选取典型样地，进行生物量调查，并且根据误差理论确定最小样本数，其中各树种组的样本总数，参与模型拟和样本量以及参与模型检验的样本如表 2 所示。

表 2　各树种组样木总数及拟合和检验数　　　　　　　　　　　　株

项目	树种组								
	松类	杉类	硬阔1	硬阔2	软阔	毛竹	杂竹	灌木	草本
总样木株数	255	110	89	97	80	133	60	332	326
拟合株数	225	90	69	77	60	103	40	272	266
检验株数	30	20	20	20	20	30	20	60	60

2.2 独立生物量模型的选型

根据样木数据的相关分析可知，胸径与各器官生物量均极显著相关，树高与干干质量、木材干质量、皮干质量、枝干质量、冠干质量、根干质量极显著相关，枝下高与冠干质量、枝干质量、叶干质量极显著相关。总体而言，马尾松（*Pinus massoniana*）的干干质量、木材干质量、皮干质量、枝干质量、冠干质量、根干质量与胸径和树高相关系数较大，而其冠干质量、枝干质量、叶干质量则与胸径和树高以及枝下高有较大的相关系数（表 3）。

表 3　马尾松各变量之间的相关矩阵

	树高	胸径	枝下高	干干重	木材干重	皮干重	枝干重	叶干重	冠干重	根干重	总干重
树高	1										
胸径	0.760**	1									
枝下高	0.663**	0.411**	1								
干干重	0.776**	0.923**	0.390	1							
木材干重	0.803**	0.905**	0.420	0.974**	1						
皮干重	0.740**	0.920**	0.204	0.709**	0.723**	1					
枝干重	0.624**	0.922**	0.745**	0.866**	0.882**	0.650**	1				
叶干重	0.662**	0.888**	0.670**	0.826**	0.845**	0.596**	0.939**	1			
冠干重	0.738**	0.907**	0.758**	0.846**	0.862**	0.622**	0.953**	0.944**	1		
根干重	0.696**	0.940**	0.352	0.935**	0.950**	0.744**	0.913**	0.853**	0.881**	1	
总干重	0.760**	0.943**	0.389	0.967**	0.985**	0.743**	0.910**	0.864**	0.883**	0.975**	1

在以往生物量模型研究中，以CAR（Constant Allometric Ratio）模型和VAR（Variable Allometric Ratio）模型结构形式最为普遍。对于总量、树冠、树枝和树叶模型，从变量得到的简洁性和准确性考虑，结合各变量与胸径、树高、枝下高的相关系数，自变量选用胸径（D）、树高（H）、冠长（L）。通过对不同模型的拟合和选型，得到各类型、各分量的最适独立模型，选型结果如表4。

表4 独立生物量模型选型结果

类型		模型结构	类型		模型结构
松类	树干	$W = aD^b H^c$	毛竹	干	$W = aD^b H^c$
杉木	木材	$W = aD^b H^c$		冠	$W = aD^b H^c$
硬阔	树皮	$W = aD^b H^c$		枝	$W = aD^b L^c$
软阔	树冠	$W = aD^b L^c$		叶	$W = aD^b L^c$
	树枝	$W = aD^b L^c$		根	$W = aD^b H^c$
	树叶	$W = aD^b L^c$	总量		$W = aD^b H^c$
	树根	$W = aD^b H^c$	杂竹		$W = aD^b H^c$
	总量	$W = aD^b H^c$	下木层		$W = aD^b H^c$
			草本层		$W = aH^b G^c$

2.3 主要树种的生物量模型构建

在以往的生物量模型研究与应用中，各分量模型都是独立进行的。但这种建模方式在生物量模型研建中存在一个严重不足的问题，就是各分量模型与总量模型不相容，即各分量模型估计值之和不完全等于总量模型估计值，因此，笔者将线形联立方程组的估计方法推广应用到非线形联立方程中，建立相容性生物量模型。

2.3.1 松类相容性生物量模型

本树种组主要包括马尾松、湿地松（*P. elliottii*）、火炬松（*P. taeda*）、黑松（*P. thunbergii*）、黄山松（*P. taiwanensis*）等树种（表5）。

表5 松类二元生物量模型及检验指标 %

分量	生物量模型	R_s	E_1	E_2	P
总量	$W_1 = W_2 + W_3 + W_4$	0.09	0.39	7.71	92.61
树干	$W_2 = 0.0600 H^{0.7934} D^{1.8005}$	−0.20	1.45	10.86	93.88
干材	$W_5 = W_2 - W_6$	−0.66	−0.83	5.81	92.63
树皮	$W_6 = 0.0307 H^{-0.4647} D^{2.4331}$	−0.62	−5.86	22.56	90.85
树冠	$W_3 = 0.137708 D^{1.487266} L^{0.405207}$	−2.96	−2.77	14.16	89.06
树枝	$W_7 = W_3 - W_8$	−0.86	−0.90	12.33	87.21
树叶	$W_8 = 0.0596 D^{1.3484} L^{0.5823}$	−2.86	−3.25	12.76	82.25
树根	$W_4 = 0.0417 H^{-0.0780} D^{2.2618}$	−1.29	−2.66	9.45	87.17

2.3.2 杉木（*Cunninghamia lanceolata*）相容性生物量模型

见表6。

表6 杉木二元生物量模型及检验指标   %

分量	生物量模型	R_s	E_1	E_2	P
总量	$W_1 = W_2 + W_3 + W_4$	-1.69	-1.65	5.13	92.57
树干	$W_2 = 0.0647 H^{0.8959} D^{1.4880}$	-0.32	0.15	5.18	96.70
干材	$W_5 = W_2 - W_6$	0.94	1.62	4.35	95.84
树皮	$W_6 = 0.0299 H^{1.0366} D^{0.9449}$	0.83	1.90	7.66	94.07
树冠	$W_3 = 0.0971 D^{1.7814} L^{0.0346}$	-0.29	0.04	4.51	90.82
树枝	$W_7 = W_3 - W_8$	1.43	2.52	10.16	90.41
树叶	$W_8 = 0.0615 D^{1.6165} L^{0.0197}$	-0.50	-0.64	8.23	91.74
树根	$W_4 = 0.0617 H^{-0.10374} D^{2.115252}$	2.38	3.08	10.76	88.41

2.3.3 硬阔相容性生物量模型

2.3.3.1 硬阔相容性生物量模型(Ⅰ)

本模型适用树种组主要包括木荷(*Schima superba*)、栲树(*Castanopsis* ssp.)、红楠(*Machilus thunbergii*)、刨花楠(*Machilus pauhoi*)、华东楠(*Machilus leptophylla*)、香樟(*Cinnamomum camphora*)、杜英(*Elaeocarpus sylvestris*)等树种,其树干木材密度一般小于 $0.7\text{g} \cdot \text{cm}^{-3}$。见表7。

表7 硬阔(Ⅰ)二元生物量模型及检验指标   %

分量	生物量模型	R_s	E_1	E_2	P
总量	$W_1 = W_2 + W_3 + W_4$	-1.46	-2.05	7.72	90.02
树干	$W_2 = 0.0560 H^{0.8099} D^{1.8140}$	0.86	-0.33	4.20	92.01
干材	$W_5 = W_2 - W_6$	0.19	-0.58	4.34	93.52
树皮	$W_6 = 0.0274 H^{0.3253} D^{1.8002}$	-0.22	-2.91	7.28	92.21
树冠	$W_3 = 0.0980 D^{1.6481} L^{0.4610}$	1.52	1.54	10.97	87.15
树枝	$W_7 = W_3 - W_8$	1.30	1.16	10.62	85.16
树叶	$W_8 = 0.0111 D^{2.1092} L^{0.3144}$	1.97	3.32	9.45	87.07
树根	$W_4 = 0.0549 H^{0.1068} D^{2.0953}$	3.29	9.71	17.94	90.06

2.3.3.2 硬阔相容性生物量模型(Ⅱ)

本模型适用树种组主要包括青冈(*Cyclobalanopsis glauca*)、苦槠(*Castanopsis sclerophylla*)、甜槠(*C. eyrei*)、冬青(*Ilex purpurea*)、栎(*Quercus* spp.)等树种,其树干木材密度一般大于 $0.7\text{g} \cdot \text{cm}^{-3}$。见表8。

表8 硬阔(Ⅱ)二元生物量模型及检验指标   %

分量	生物量模型	R_s	E_1	E_2	P
总量	$W_1 = W_2 + W_3 + W_4$	1.11	1.96	8.03	91.94
树干	$W_2 = 0.0803 H^{0.7815} D^{1.8056}$	-0.42	-1.16	6.40	93.02
干材	$W_5 = W_2 - W_6$	-0.48	-0.62	5.91	94.26
树皮	$W_6 = 0.0185 H^{0.9772} D^{1.5668}$	-1.34	-4.81	10.00	90.39
树冠	$W_3 = 0.2860 D^{1.0968} L^{0.9450}$	-1.76	-2.91	17.63	86.83
树枝	$W_7 = W_3 - W_8$	1.16	0.59	19.43	84.60
树叶	$W_8 = 1.50^{E-01} D^{1.3845} L^{0.2978}$	-1.87	-3.59	14.17	86.05
树根	$W_4 = 0.2470 H^{0.1745} D^{1.7954}$	-0.23	-0.46	16.38	80.95

2.3.4 软阔相容性生物量模型

本模型适用树种组主要包括桤木（*Alnus cremastogyne*）、柳树（*Salix babylonica*）、枫杨（*Pterocarya stenoptera*）、枫香（*Liquidamba formosana*）、檫木（*Sassafras tzumu*）等软阔叶类树种。见表9。

表9　软阔二元生物量模型及检验指标　　　　　　　　　　　　　　%

分量	生物量模型	R_s	E_1	E_2	P
总量	$W_1 = W_2 + W_3 + W_4$	−0.84	−13.14	21.83	89.43
树干	$W_2 = 0.0444H^{0.7197}D^{1.7095}$	−0.46	2.18	8.88	90.90
干材	$W_5 = W_2 - W_6$	1.03	−2.41	10.03	91.60
树皮	$W_6 = 0.0245H^{0.2881}D^{1.7101}$	−0.78	12.05	20.71	89.21
树冠	$W_3 = 0.0856D^{1.22657}L^{0.3970}$	−8.92	−11.10	23.50	87.47
树枝	$W_7 = W_3 - W_8$	4.91	3.65	12.75	85.59
树叶	$W_8 = 0.0211D^{1.0172}L^{2.5247}$	−10.96	−9.99	18.74	83.32
树根	$W_4 = 0.0459H^{0.1067}D^{2.0247}$	−7.26	−24.64	25.02	86.30

2.3.5 毛竹（*Phyllostachys pubescens*）相容性生物量模型

见表10。

表10　毛竹二元生物量模型及检验指标　　　　　　　　　　　　　%

分量	生物量模型	R_s	E_1	E_2	P
总量	$W_1 = W_2 + W_3 + W_4$	−1.64	−1.04	5.14	93.58
竹干	$W_2 = 0.0398H^{0.5778}D^{1.8540}$	1.01	0.12	5.43	93.42
竹冠	$W_3 = 2.80^{E-01}D^{0.8357}L^{0.2740}$	6.16	0.86	11.24	89.16
竹枝	$W_7 = W_3 - W_8$	10.91	0.64	14.00	91.18
竹叶	$W_8 = 5.52^{E-02}D^{1.0505}L^{0.9817}$	14.22	1.34	13.24	81.42
竹根	$W_4 = 3.71^{E-01}H^{0.1357}D^{0.9817}$	13.46	3.80	14.31	88.39

2.3.6 杂竹生物量模型

杂竹由于考虑到模型结构的简单性，所以只拟合其总量生物量模型。

$$W = 0.015189D^{0.6305}H^{2.0687}$$

式中：W 为总生物量（kg）；D 为地径（cm）；H 为高度（m）。

利用20个样本代入模型，模型检验结果为：$R_S = 5.25\%$，$E_1 = 5.87\%$，$E_2 = 10.33\%$，$P = 80.23\%$。

2.3.7 下木层生物量模型

下木层的研究仍采用同乔木相同的研究方法，但考虑实用性，故只拟合其总量生物量模型。本模型采用272个样本参与拟合。其结果如下：

$$W = 0.409759D^{1.0615}H^{0.5427}$$

式中：W 为总生物量（kg）；D 为地径（cm）；H 为高度（m）。

利用另外60个样本代入模型，并与实测值比较，其结果为：$R_s = 1.58\%$，$E_1 = 6.01\%$，$E_2 = 20.48\%$，$P = 82.42\%$。

2.3.8　草本层模型

目前草本层模型研究较少，且其模型基本为经验模型，所以本研究对草本层采用的是大样本（266 个样本）的拟合，其模型机理仍无法研究，这也是今后要研究的内容之一。

$$W = 0.054920H^{0.8030}G^{1.0877}$$

式中：W 为单位面积总生物量（$kg \cdot m^{-2}$）；H 为平均高（cm）；G 为盖度。

利用另外 60 个样本代入模型，并与实测值比较，计算得到其相关系数 $R^2 = 0.8685$。

3　结论

根据浙江省森林群落和树种分布的特点，在全省 200 多万 hm^2 重点公益林范围内共设置 854 个典型样地，样地根据气候区、立地条件、林分类型、群落结构、林龄等因素综合布设，构建了松类、杉类、硬阔（Ⅰ）、硬阔（Ⅱ）、软阔、毛竹、杂竹、灌木（下层木）、草本共 9 组主要树种（组）生物量模型。

以树木各分量生物量成比例为基础，利用树木各分量生物量之间存在相对生长关系，乔木以树高、胸径、枝下高为变量构建各分量生物量模型通式，下木层以地径和株数构建单位面积生物量，草本层则以盖度和高度构建生物量模型，测算因子简单易得，经评价和检验，各模型均具有较好的拟合精度和预估水平。

参考文献

[1]冯宗伟，陈楚莹，张家武. 湖南会同地区马尾松林生物量的测定[J]. 林业科学，1982，18(2)：127 – 134.

[2]李文华，邓坤枚，李飞. 长白山主要生态系统生物量生产量的研究[J]. 森林生态系统研究（试刊），1981，34 – 50.

[3]党承林，吴兆录. 季风长绿阔叶林短刺栲群落的生物量研究[J]. 云南大学学报（自然科学版），1992，14(2)：95 – 107.

[4]冯宗炜，效科，吴刚. 中国森林生态系统的生物量和生产力[M]. 北京：科学出版社，1999.

[5]丁宝永，刘世荣，蔡体久. 落叶松人工林群落生物生产力研究[J]. 植物生态学与地植物学学报，1990，14(3)：226 – 236.

[6]姚丰平，吴军寿，姚理武，等. 庆元林场阔叶林主要类型生物量测定及其评价[J]. 浙江林业科技，2003，23(3)：74 – 78.

[7]徐叻心，陈顺伟，高智慧. 杜英等 4 个沿海岩质海岸防护林树种生物量初步研究[J]. 浙江林业科技，2004，24(5)：4 – 6.

[8]杨娟，袁位高，江波，等. 环境因子对浙江省重点公益林生物量的影响研究[J]. 浙江林业科技，2007，27(2)：20 – 23，29.

[9]唐守正，张会儒，胥辉. 相容性生物量模型的建立及其估计方法研究[J]. 林业科学，2006(36)：19 – 27.

[10]唐守正，李勇. 一种多元非线性度量误差模型的参数估计及算法[J]. 生物数学学报，1996，11(1)：23 – 27.

[11]张会儒，唐守正，王奉瑜. 与材积兼容的生物量模型的建立及其估计方法研究[J]. 林业科学研究，1999，12(1)：53 – 59.

[12]胥辉，张会儒. 林木生物量模型研究[M]. 昆明：云南科技出版社，2002.

[13]应宝根，袁位高，葛永金，等. 浙江省重点公益林松类生物量模型研究[J]. 浙江林业科技，2008，28(2)：1 – 5.

浙江省杉木生态公益林碳储量效益分析[①]

张　骏[1,2]　葛　滢[2]　江　波[1]　常　杰[2]　袁位高[1]　朱锦茹[1]　戚连忠[1]

(1. 浙江省林业科学研究院　浙江杭州　310023；2. 浙江大学生命科学学院　浙江杭州　310058)

摘　要：研究浙江省3个年龄级杉木优势林和含杉木混交林的生物量及其分布和碳储量。结果表明：杉木优势林依靠高密度种植和人工管理，在前10年乔木层生物量达到47t·hm^{-2}以上，在中龄林(11~20年)及成熟林(21~30年)阶段杉木优势林乔木层生物量增加很少，且都低于同龄级的含杉木混交林；含杉木混交林乔木层的生物量随着林龄增加明显增加，中龄林比幼龄林增长了147%，成熟林比中龄林增长了28.1%；若杉木优势林改造为含杉木的混交林，碳储量至少增加0.84t·hm^{-2}·a^{-1}；若不改良，碳储量至多增加0.21t·hm^{-2}·a^{-1}。

关键词：杉木；生物量；碳积累；混交林；回归模型

中图分类号：Q145，Q948　**文献标识码**：A　**文章编号**：1001-7488(2010)06-0022-05

在当今全球生态环境日益恶化、生态系统日趋失衡的大背景下，作为陆地的主体——森林的生态效益愈发重要，生态公益林的建设成为改善生态环境的重要组成部分。生态公益林与商品林定义相对应，是指人们根据需要而指定的现存或即将营造和改造的不以生产直接的有形产品而以生产生态效益产品为目的的森林(周国逸等，2000)。生态公益林的效益包括生态效益、经济效益和社会效益。生态效益体现在生物量、生产力、水文效应、水土保持、固土保肥、改良土壤、净化大气和保护生物多样性等方面(方奇，2000；田大伦等，2003)，生物量和碳储量是各种生态效益的基础，所以国内外森林生物量和碳储量的研究较多(冯宗炜等，1982；Brown *et al.*，1999；Cairns *et al.*，2003；方精云等，2006；胡会峰等，2006；Zhang *et al.*，2007)。

近年来浙江省森林恢复迅速，覆盖率已达59.4%(刘安兴等，2002)，其中针叶林占森林面积的85%。为了加强生态环境建设，于2001年全面启动生态公益林建设工程，划归生态公益林面积占全省森林面积的22.8%。杉木(*Cunninghamia lanceolata*)是与中国南方环境相适应的重要的速生树种，是南方首要的商品材树种。20世纪50年代杉木造林面积迅速增加(浙江森林编辑委员会，1993)。随着生态公益林建设工程的推进，很多分布在水源涵养林区、生态保护植被恢复区和森林生态治理区的杉木林也被划分为生态公益林。现有已归属为生态公益林的杉木林面积达10.53万hm^2，占全省生态公益林面积的12.8%(刘安兴等，2002)。

本研究探讨浙江省不同年龄杉木优势林和含杉木混交林在生物量和碳储量方面的生态效益贡献，为大面积林型更新提供依据，并为正确评价浙江森林在全球碳平衡中的作用提供部

①　基金项目：国家自然科学基金(30970281)，"五千万亩生态(经济)公益林建设关键技术研究和集成示范"项目(2005C12026)和浙江省森林生态系统定位网络资助。

分基础数据。

1 研究区概况

浙江省(118°01′~123°10′E，27°06′~31°11′N)位于中国长江中下游东南沿海地区，长江三角洲南翼，东西宽与南北长相近(约450km)。省内高山基本集中于西南部，平均海拔800m。浙江省属于典型的亚热带气候，水热基本同期(浙江森林编辑委员会，1993)。年均气温15.3~18.5℃，最低月均气温2.7~7.9℃，最高月均气温27.0~29.5℃，≥10℃年积温4800~5800℃，全年无霜期225~280d；年降水量1000~2000mm，以春雨、梅雨、台风雨为主，7~8月有伏旱。土壤类型多以红壤、红黄壤和黄壤为主，还有少量的石灰土、紫色土等，适合于森林群落的生长，故浙江省境内的森林群落类型丰富，植物种类繁多。地带性植被为常绿阔叶林、常绿阔叶和落叶混交林；除此之外还有落叶阔叶林、杉木林、马尾松(*Pinus massoniana*)林和竹林等多种植被类型(刘安兴等，2002)。浙江省位于杉木栽培区域中带，栽培历史悠久。

2 研究方法

2.1 样地设置和取样

在浙江省23个公益林试点县里选取杉木生态公益林样地67个，其中有年龄的样地46个。样地分布在浙西北、浙中、浙南和浙东南沿海，海拔50~650m，坡度10°~40°，胸径4.3~14.0cm，年龄为6~30年，群落类型除杉木优势林外还包括杉木－苦槠(*Castanopsis sclerophylla*)混交林、杉木－木荷(*Schima superba*)混交林、杉木－苦楝(*Melia azedarach*)混交林和杉木—拟赤杨(*Alniphyllum fortunei*)混交林等(黄承才等，2006)。

对选定样地进行群落植被结构、数量特征以及土壤厚度、海拔和坡度等指标的调查。群落层次的划分同方精云等(2004)在中国山地植物物种多样性中采用的方法。各样地面积均为20m×30m。对乔木层进行每木检尺，起测胸径为3.0cm，调查因子为胸径、树高、枝下高、冠幅，被测树木用塑料牌或金属牌编号挂牌；沿样地对角线设1.0m宽的下木层调查带，调查每一树种的株数、树高并统计各树种的数量与平均高度；在样地对角线端部设2个2m×2m的草本层小样方，调查小样方内各植物种数量和盖度。本研究的野外调查工作在1999~2000年进行。

2.2 生物量估算

在67个杉木样地外围寻找杉木标准木，共伐得52株杉木标准木。根据分层切割法将标准木从底部每2m截为一段，称鲜质量；再取其中树干一段和部分侧枝、叶、花和果实，分别称鲜质量，烘干后得干质量，计算各部分含水率再根据各部分总鲜质量推算得各部分总干质量。各部分总干质量相加即得各个杉木标准木的单株生物量(林生明等，1991)。

采用维量分析法，对杉木地上生物量(W)分别用株高(H)、胸径(D)和年龄(A)建立回归方程(表1)。计算得出模型$W=115.84(D^2H)^{0.7501}$，相关系数最大($r=0.9673$，$P<0.01$)，可用来推算样地中未砍伐杉木的生物量。

表1 杉木地上生物量与主要参数的回归模型

模型	X	a	b	R^2
$W = a\ X^b$	H	348.7	1.8541	0.7655**
	D	109.47	2.1797	0.9095**
	A	1659.7	0.6054	0.3674**
	D^2H	115.84	0.7501	0.9357**

注:** $P < 0.01$ 显著。

将样地逐个植株胸径、株高带入上述模型估算出各株杉木的地上生物量,再利用地上地下生物量比推算地下生物量。同理,杉木优势林和含杉木的混交林中的马尾松和其他常绿阔叶林生物量也采用本研究组的其他模型研究结果(刘其霞等,2005),估算出各株乔木的生物量逐株累加求得各个公益林样地乔木层生物量。在样方外围选取不同树种、等级的下木层标准木3~5株,分别将各树种标准木的干、枝、叶、果和根取样并带回实验室,分别测鲜质量和干质量,根据各树种各器官含水率求出各树种标准木各器官的干质量,各树种标准木各器官干质量相加可得各树种标准木生物量,按株数推算各树种各单位面积生物量,各树种单位面积生物量相加即得下木层单位面积生物量。在草本层小样方外围采用整株挖掘法取草样、称鲜质量,并带回实验室烘干、称干质量,计算含水率,通过换算求得各单位面积的生物量。

乔木层、下木层和草本层各层生物量之和即为整个群落的生物量。

2.3 数据分析

参照浙江林业自然资源的林龄划分标准(刘安兴等,2002)和对生态公益林的要求,将浙江省杉木生态公益林划分为3个年龄级:10年以下为幼龄林,11~20年为中龄林,20年以上划为成熟林(刘国华等,2000;黄承才等,2006)。

根据杉木占乔木层的相对密度以及相对重要值(金则新,2001),将杉木相对密度在70%以上,相对重要值在0.60以上的样地划为杉木优势林地,其余为含杉木的混交林地(黄承才等,2006)。这些样地中包括杉木优势林样地28个,含杉木的混交林样地39个。

不同森林植被因其群落组成、年龄结构、林分起源的差异,其碳储量转换率略有不同,杉木生态公益林植被碳储量基于其生物量乘以转换比率(也称碳素密度)。周玉荣等(2000)和王效科等(2001)采用国际上常用的转换率0.45;刘国华等(2000)采用0.5;方晰等(2002)研究得出杉木树叶、树枝、树根、树干、树皮和球果的碳素密度分别为0.4916,0.4605,0.4724,0.4744,0.5003和0.4699。本研究中杉木林的碳素密度取以上加权平均值,即为0.48;含杉木的混交林常绿阔叶树种较多,故采用目前文献中的碳密度最大值0.5(Fang et al.,2001;刘国华等,2000)。

3 结果与分析

3.1 各龄级杉木生态公益林乔木层生物量与林分密度

幼龄、中龄和成熟杉木生态公益林乔木层的平均生物量分别为43.82,54.99和64.40 t·hm^{-2},其中中龄比幼龄林增长了25.5%,成熟林比中龄林增长了17.1%(表2)。而这3个阶段的杉木林平均密度无显著差异,密度因素的影响在此可以忽略。

表 2　浙江省杉木生态公益林各年龄段乔木层生物量

林龄(a)	样本数	平均年龄 (a)	乔木层生物量			林分密度		
			均值 (t·hm⁻²)	SD (t·hm⁻²)	CV (%)	均值 (individual·hm⁻²)	SD (individual·hm⁻²)	CV (%)
0~10	12	8.67	43.82	29.77	67.93	2412.50	1302.64	54.00
11~20	22	16.92	54.99	32.56	59.21	2506.82	1235.66	49.29
21~45	12	28.92	69.40	40.41	58.23	2316.67	1083.46	46.77

　　杉木优势林乔木层平均生物量在前 2 个年龄级保持在 48t·hm⁻²左右，其密度变化也不大（表 3）。说明 10 年以后杉木优势林整个林分的生物量增长缓慢，对碳积累的贡献较小。在林业经营过程中，通常对 15 年左右林龄的杉木进行人工间伐，使得密度下降，再经过 10 余年的生长，乔木层生物量略有增长(增幅 <9%)。

　　含杉木混交林的乔木层平均生物量随着林龄增长明显增长：幼龄林为 24.14t·hm⁻²；中龄林为 59.61t·hm⁻²(表 3)，比幼龄林增长了 147%；成熟林为 76.36t·hm⁻²，比中龄林增长了 28.1%。

3.2　杉木生态公益林群落生物量分配

　　杉木优势林的乔木层所占比例逐渐降低，中龄和成熟阶段比同年龄级的含杉木混交林的低。杉木优势林下木层生物量(2.27~2.49t·hm⁻²)及其占总生物量的比例变化较小(4.31%~4.94%)，且都低于含杉木的混交林。杉木优势林草本层生物量在幼龄时低于含杉木混交林，至中龄时比例增加，直到超过后者(表 3)。

表 3　各年龄级杉木优势林和含杉木混交林生物量

林龄(a)	林型	平均年龄 (a)	生物量(t·hm⁻²)			
			乔木层	下木层	草本层	总计
0~10	优势	8.7	47.76	2.27	2.61	52.63
	混交	8.5	24.14	16.99	3.72	44.84
11~20	优势	14.1	49.45	2.48	4.80	56.73
	混交	15.4	59.61	5.02	4.34	69.97
21~45	优势	27.0	53.84	2.49	6.99	63.34
	混交	27.5	76.36	4.63	3.83	84.82

　　含杉木混交林的群落生物量随着林龄增长也很快：幼龄林为 44.84t·hm⁻²，中龄林为 69.97t·hm⁻²，成熟林为 84.82t·hm⁻²(表 3)。除了含杉木混交林的幼龄林外，乔木层生物量所占比例都在 85% 以上。含杉木混交林的幼龄林乔木层郁闭度小，下层有一定比例的灌木和草本生长，因此下木层生物量(16.99t·hm⁻²)所占比例达 37.88%，以后逐渐降低。

3.3　杉木生态公益林群落碳储量

　　幼龄、中龄和成熟杉木生态公益林乔木层碳储量分别为 20.82、26.12 和 32.97t·hm⁻²，各年龄级间年增量约为 0.53~0.69t·hm⁻²，增幅约为 25%。杉木优势林各年龄间年增量为 0.08~0.21t·hm⁻²，含杉木的混交林各年龄间年增量为 0.84~1.77t·hm⁻²(表 4)。

表 4 各年龄级杉木优势林和含杉木的混交林乔木层碳储量

林龄(a)	杉木优势林(t·hm^{-2})	混交林(t·hm^{-2})
0~10	22.68 ± 14.63	12.07 ± 8.29
11~20	23.49 ± 10.86	29.80 ± 19.66
21~45	25.58 ± 5.99	38.18 ± 22.18

4 讨论与结论

浙江生态公益林中的 10 年以下杉木优势林乔木层生物量和按照商用林方式管理的杉木林差别不显著(等方差 t 检验 $P = 0.3449$),10 年后差别越来越大(异方差 t 检验 $P < 0.001$),以公益林方式管理的杉木优势林的生物量 10 年以后生物量显著低于文献中的杉木林生物量(秦建华等,1996;俞新妥等,1997;陈楚莹等,2000;方奇,2000;田大伦等,2003),而文献中杉木林大部分还是按照商用林方式进行管理(陈楚莹等,2000;Zhang et al.,2007)。从生态效益的碳积累角度出发必须进行改造,如果以人工方式间伐补种改造成含杉木的混交林或常绿阔叶林,生物量还会随着林龄增长继续增长(刘其霞等,2005)。另一方面,大部分文献对生物量的估计一般是基于典型的试验样地,统计的结果可能偏高;本研究是对生态公益林现状的分析,样本大且跨越全省,本研究的杉木林生物量的平均值对浙江森林而言具有一定的代表性。

杉木优势林依靠人工管理和高密度种植,在前 10 年的幼龄阶段就达到较高的乔木层生物量;但在中龄林及成熟林阶段杉木优势林乔木层生物量增加很少,都低于同龄级的含杉木混交林,对碳积累贡献很小;必须循序渐进改造为含杉木的混交林,并逐渐向针阔混交林过渡(沈琪等,2005),直到演替为碳积累潜力最大的常绿阔叶林(Zhang et al.,2007)。

浙江省碳储量自 20 世纪 50 年代到 90 年代初一直下降,1993 年以后才开始上升;1994~1998 年浙江省碳储量为 19.9t·hm^{-2},不到全国平均水平 44.9t·hm^{-2} 的一半(方精云等,2001)。2001 年浙江省总体碳贮量低只占全国的 0.74%(王效科等,2001)。本研究发现杉木生态公益林碳年增量约为 0.53t·hm^{-2},虽然高于全国森林平均水平 0.24t·hm^{-2}(刘国华等,2000),但是杉木纯林或优势林初期是依靠高密度种植和人工管理,才有高的生物量,随着生态公益林的建设,封山育林后对其干扰减少,碳储量的年增量很小(表 4)。若逐步改造为碳储量年增量较高的含杉木的混交林,杉木生态公益林的碳积累量还会进一步提高:若杉木林改造为含杉木的混交林,碳储量每年至少增加 0.84t·hm^{-2};若不改造,每年至多增加 0.21t·hm^{-2}。

俞新妥等(1997)和陈楚莹等(2000)认为杉木老龄林必然要被亚热带阔叶树种所代替,因为耐荫的常绿或落叶阔叶植物可逐渐在杉木群落内定居下来,成为杉木群落的组成成分。本研究中按经济林管理方式间伐的杉木林经过 10 余年的生长,乔木层基本没有其他树种成长起来,而下木层只有少量常绿灌木种类。这说明常绿或落叶树种侵入杉木优势林还有一定困难。要更快降低杉木在林中的比例,可增加间伐强度适当降低密度,宜采用短轮伐期作业(叶镜中等,1983),甚至可以通过人工管理,择伐后补种苦槠、青冈(Cyclobalanopsis sp.)、木荷、檵木(Loropetalum sp.)、枸木(Eura japonica)和冬青(Ilex sp.)等其他常绿树种来加速恢复过程,从而迅速恢复亚热带地区森林生态系统功能。

参考文献

陈楚莹, 廖利平, 汪思龙. 杉木人工林生态学. 北京: 科学出版社, 2000.

方奇. 不同密度杉木幼林系统生产力和生态效益研究. 林业科学, 2000, 36(1): 28 – 35.

方精云, 陈安平. 中国森林植被碳库的动态变化及其意义. 植物学报, 2001, 43(9): 967 – 973.

方精云, 刘国华, 朱彪, 等. 北京东灵山三种温带森林生态系统的碳循环. 中国科学 D 辑: 地球科学, 2006, 36(6): 533 – 543.

方精云, 沈泽昊, 唐志尧, 等. "中国山地植物物种多样性调查计划" 及若干技术规范. 生物多样性, 2004, 12(1): 5 – 9.

方晰, 田大伦, 项文化. 速生阶段杉木人工林碳素密度、贮量和分布. 林业科学, 2002, 38(3): 14 – 19.

冯宗炜, 陈楚莹, 张家武. 湖南会同地区马尾松林生物量的测定. 林业科学, 1982, 18(2): 127 – 134.

黄承才, 张骏, 江波, 等. 浙江省杉木生态公益林凋落物及其与植物多样性的关系. 林业科学, 2006, 42(6): 7 – 12.

胡会峰, 王志恒, 刘国华, 等. 中国主要灌丛植被碳储量. 植物生态学报, 2006, 30(4): 539 – 554.

金则新. 浙江天台山落叶阔叶林优势种群结构与动态分析. 浙江林学院学报, 2001, 183(3): 245 – 251.

林生明, 徐土根, 周国模. 杉木人工林生物量的研究. 浙江林学院学报, 1991, 8(3): 288 – 294.

刘安兴, 张正寿, 丁衣冬. 浙江林业自然资源: 森林卷. 北京: 中国农业科学技术出版社, 2002.

刘国华, 傅伯杰, 方精云. 中国森林碳动态及其对全球碳平衡的贡献. 生态学报, 2000, 20(5): 733 – 740.

刘其霞, 常杰, 江波, 等. 浙江省常绿阔叶生态公益林生物量. 生态学报, 2005, 25(9): 2139 – 2144.

秦建华, 姜志林. 杉木林生物量及其分配变化的规律. 生态学杂志, 1996, 15(1): 1 – 7.

田大伦, 康文星, 文仕知, 等. 杉木林生态系统学. 北京: 科学出版社, 2003.

沈琪, 张骏, 朱锦茹, 等. 浙江省生态公益林植被恢复过程中物种组成和多样性的变化. 生态学报, 2005, 25(9): 2131 – 2138.

王效科, 冯宗炜, 欧阳志云. 中国森林生态系统的植物生物量和碳密度研究. 应用生态学报, 2001, 12(1): 13 – 16.

叶镜中, 姜志林. 苏南丘陵杉木人工林的生物量结构. 生态学报, 1983, 3(1): 7 – 14.

俞新妥, 范少辉, 林思祖, 等. 杉木栽培学. 福州: 福建科学技术出版社, 1997.

浙江森林编辑委员会. 浙江森林. 北京: 中国林业出版社, 1993.

周国逸, 闫俊华. 生态公益林补偿理论与实践. 北京: 气象出版社, 2000.

周玉荣, 于振良, 赵士洞. 我国主要森林生态系统碳贮量和碳平衡. 植物生态学报, 2000, 24(5): 518 – 522.

Brown S L, Schrode P, Kern J S. Spatial distribution of biomass in forests of the eastern USA. Forest Ecology and Management, 1999, 123: 81 – 90.

Cairns M A, Olmsted I, Granados J, *et al.* Composition and aboveground tree biomass of a dry semi-evergreen forest on Mexico's Yucatan Peninsula. Forest Ecology and Management, 2003, 186: 125 – 132.

Fang J Y, Chen A P, Peng C H, *et al.* Changes in forest biomass carbon storage in China between 1949 and 1998. Science, 2001, 292: 2320 – 2323.

Zhang J, Ge Y, Chang J, *et al.* Carbon storage by ecological service forests in Zhejiang Province, subtropical China. Forest Ecology and Management, 2007, 245: 64 – 75.

浙江省生态公益林碳储量和固碳现状及潜力①

张　骏¹　袁位高¹　葛　滢²　江　波¹　朱锦茹¹　沈爱华¹　常　杰²

(1. 浙江省林业科学研究院，浙江杭州　310023；2. 浙江大学生命科学学院，浙江杭州　310058)

摘　要：生态公益林是为保护和改善人类生存环境，维持生态平衡而建立的。以浙江省的生态公益林为研究对象，共调查和估算了全省 21 个县 149 个样地(年龄从 5a 到 50a)，包括常绿阔叶林、针阔混交林、马尾松林和杉木林 4 种主要林型的碳储量和碳平衡。结果说明：浙江省生态公益林生态系统碳密度的加权平均值为 164.43tC·hm^{-2}；其中常绿阔叶林生态系统碳储量最高，达 216.18tC·hm^{-2}；针阔混交林其次，达 181.36tC·hm^{-2}；针叶林最低。浙江省森林以幼龄林(小于 30a 的占 87.5%)和马尾松林(大于 55%)为主离成熟状态还相差很远，尤其是针叶林远低于全国平均水平和中高纬度地区碳密度。全省生态公益林净生态系统生产力加权平均得 0.08tC·hm^{-2}·a^{-1}，在碳积累上还有很大的潜力。通过封育改造、择伐补阔或以灌促阔等森林管理措施，加快针叶林向针阔混交林直至常绿阔叶林演替，将最大化中国亚热带地区的幼林或受干扰森林的未来碳储量(最高增长 31.44%)，并成为较大的碳汇。

关键词：净生态系统生产力；生物量；碳预算；碳汇；中亚热带东部

森林生态系统的碳储量由植被、地被层和土壤 3 个分室组成，其碳储量分别由这 3 个库的碳密度及各个森林类型的面积决定。准确了解当前各种森林生态系统的碳库及碳通量大小和分布，并切实评估不同类型植被和土壤的碳储存能力，是合理制定各项政策措施[1]，从而提高世界植被和土壤的碳吸收速度，增加陆地碳储量的基础[2-3]。因此，提高陆地生态系统特别是森林的碳储量是维持全球碳平衡的重要手段。

目前国外有关国家、区域及生态系统水平的森林碳平衡的研究较多，大多集中于温带森林和热带森林[4-6]。近 10 年来我国在森林碳平衡方面亦已有一定研究。在国家尺度上，方精云等[7]对我国 50 年来森林碳库、平均碳密度和 CO_2 源汇功能变化进行了研究；刘国华等[8]、周玉荣等[9]、王效科等[10]也分别利用森林资源清查资料从不同角度对我国森林生态系统植被碳密度进行了分析，但上述结果相差较大。说明要得出森林生态系统植物碳储量的可靠值，必须采用当地参数和按类型或区域进行详尽的统计，并且应该不断更新数据库，引用最新的森林生物量的生态调查结果。目前全国各地植被分类系统不统一、不同的森林生态系统类型之间在结构组成和群落结构上差异较大，并且大部分文献都是根据 20 世纪 90 年代初的清查数据计算，不符合现状，与实际相差巨大。

基于以上问题，本文利用 1999~2000 年的实地观测得到的大量数据，估算了浙江省生态

①　基金项目：国家自然科学基金资助项目(30970281)；五千万亩生态(经济)公益林建设关键技术研究和集成示范项目(2005C12026)；浙江省森林生态系统定位研究网络项目资助。

公益林的森林生态系统碳密度和碳平衡,对下一步准确估算亚热带地区的森林碳储量碳通量,验证中高纬度地区森林可能是重要的陆地碳汇[11]进行了探索。浙江省的经济发展和生态恢复都走在全国各地前列,对本地区森林碳储量和碳平衡的研究可以为中西部省市的未来发展中将要遇到的相似情况所借鉴,同时也为各级政府制定森林发展规划和应对气候变化政策提供科学依据。

1 研究区域

浙江省位于我国长江中下游东南沿海地区,长江三角洲南翼,处于北纬27°06′~31°31′,东经118°01′~123°10′。省内山脉多是西南—东北走向,高山基本集中于西南部,平均海拔为800m。浙江省属于典型的亚热带气候,水热基本同期,土壤类型多以红壤、红黄壤和黄壤为主,还有少量的石灰土、紫色土等,适合于森林群落的生长,故浙江省境内的森林群落丰富,种类繁多。地带性植被为常绿阔叶林、常绿阔叶和落叶混交林;除此之外还有落叶阔叶林、针叶林、竹林等多种植被类型[12]。

该地区开发历史悠久,经历了几千年主要是人类活动和干扰,原生森林植被大多已破坏无遗,特别是近百年来几乎完全毁坏。20世纪50年代经济快速发展,人为活动频繁,环境再一次被破坏。20世纪90年代开始重视环境保护,森林恢复迅速,覆盖率已达59.4%,位居全国前茅[12-13]。目前浙江省划归为生态公益林的森林近200万hm²,占林业用地面积30.10%。已归属生态公益林的林分面积中,常绿阔叶林(Evergreen broad-leaved forest,EF)面积48.52万hm²,占生态公益林面积的24.61%;针阔混交林(Conifers and broad-leaved mixed forest,MF)面积33.93万hm²,占17.21%;针叶林面积达101.22万hm²,占51.34%;竹林面积10.53万hm²,占5.66%[14]。

在浙江省按照建群树种、林龄、起源、立地等因子划分成不同的森林类型。在初查后,选择有代表性的植被类型、且受人为干扰较小而交通相对方便的地方设立样方,同一群落类型的样地要综合考虑坡位、坡度、坡向、海拔高度等因子进行布点。以地市为单位,每个地市以一个典型县为重点,其他县为补充,设各类样地数195个(表1)。其中本文研究对象生态公益林4种主要林型的149个标准样地分布于21个县中,常绿阔叶林(EF)样地47个,针阔混交林(MF)样地32个,马尾松林(Pinus massoniana,PF)样地38个,杉木林(Cunninghamia lanceolata,CF)地32个(图1)。

表1 各类型样地分布

样地地点	马尾松林	杉木林	针阔混交林	常绿阔叶林	竹林	常绿阔叶灌丛	合计
杭州	5	6	7	14	4	7	43
湖州	3	2	1	1	3	0	10
舟山	1	2	0	1	1	1	6
宁波	2	2	1	2	1	2	10
绍兴	1	1	2	0	0	3	7
金华	3	3	4	3	2	2	17
衢州	5	4	1	4	3	4	21
台州	4	2	6	4	1	1	18
温州	5	3	2	4	2	2	18
丽水	9	7	8	14	2	5	45
合计	38	32	32	47	19	27	195

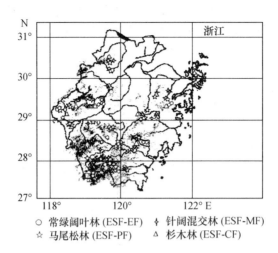

图1 浙江省生态公益林取样点分布

○ 常绿阔叶林 (ESF-EF)   ⊹ 针阔混交林 (ESF-MF)
☆ 马尾松林 (ESF-PF)   △ 杉木林 (ESF-CF)

2 研究方法

2.1 植被碳储量

2.1.1 植被生物量调查

样地的面积统一为 20m×30m，形状为长方形，平行于山脚的为 20m，平行于坡面的为 30m。如图 2 所示，A、B、C、D 为桩号顺序。

对选定样地进行群落植被结构、数量特征以及土壤厚度、海拔高度和坡度等指标的调查。群落层次的划分同中国山地植物物种多样性中采用的方法[15]。其中乔木层 600m^2 的样地每木检尺，胸径 3.0cm 起测，调查因子为胸径、树高、枝下高、冠幅，被测树木用塑料牌或金属牌编号挂牌；下木层面积 36m^2，沿大样方内 A-C 对角线设 1.0m 宽的调查带（图2），调查每一树种的株数、树高并统计各树种的数量与平均高度；草本层在大样方内沿 B、D 两点各设 2m×2m 正方形小样方共 2 个（图2），调查小样方内各植物种数量和盖度。本研究的野外调查工作在 1999～2000 年进行。

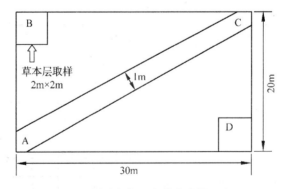

图2 样地和各层小样方设置示意

A－C 对角线 1m 宽设下木层调查样带，B、D 两点各设 2m×2m 正方形草本层调查样方

2.1.2 植被生物量估算

在全省样地外围相似地带寻找标准木测定,将标准木用分层切割法从底部以2m截为一段,称鲜重,再取其中一段与部分侧枝、叶、花和果实分别称鲜重;烘干后得干重,计算各部分含水率再根据总鲜重推算得总干重。

将样地逐个植株胸径、株高代入模型估算出各株杉木的地上生物量,再利用地上地下生物量比推算地下生物量,同理马尾松和常绿阔叶林生物量模型[15]采用本研究组的工作,估算出各株乔木的生物量,逐株累加求得各个公益林样地乔木层生物量。

再通过下木层调查结果,分别确定不同树种、等级的样株3~5株,在样方外围选取,分别干、枝、叶、果、根称重,取样并带回实验室烘干,按株数推算各单位面积生物量。草本层生物量测定依据调查结果,在样方外选择类似地段采用收获法[16]取样、称重,并带回实验室烘干、称重,计算含水率,通过换算求得各单位面积的生物量。

最后通过乔木层、下木层和草本层各层生物量求和得到整个群落的生物量。

2.1.3 植被碳储量换算

不同森林植被因其群落组成、年龄结构的差异,其转换率略有不同,本文采用国际上常用的转换率0.5[16~18]。各种林型的群落生物量乘以碳转换系数得植被碳储量。

2.2 地被物层碳储量

森林地被物层是指林内高度在1m以下的死活地被物,包括乔灌木幼苗、草本植物、藤本植物、苔藓植物、种子以及凋落物[19],是年凋落物量与分解量的差值的历年积累。因为地被物层土壤有机碳动态变化的主要组成,估算其对土壤有机碳动态影响是预测生态系统可持续性以及全球大气碳交换的关键。

如同一般的凋落物收集方法[21~23],生态公益林凋落物共调查了13个县中的39个样地,每个20m×30m的植被样地内,随机机械布点,设置5个样方。凋落物收集器采用100cm×100cm×20cm的,以小于3mm孔径的尼龙纱网作箱底。每个月底收集1次,监测1年。每次测定时,全部用塑料袋收集样品带回,区分叶、枝、皮、果、虫鸟粪等称量鲜重,80℃的烘箱内置烘干至恒重,称重求得含水率后,再换算成单位面积的凋落物重[22,24]。

森林凋落物现存量通过年凋落物除以每种林型的分解率[21,25]得到:

$$B_t = L/K \tag{1}$$

式中:B_t是凋落物现存量(t·hm^{-2});L是年凋落物量(t·hm^{-2}a^{-1});K是分解率。本研究假设生态系统处于稳定状态,凋落物输入和地被物层分解达到平衡[24]。地被物层碳密度通过凋落物现存量乘以碳转化系数0.5得来。

2.3 土壤碳储量

土壤物理性质测定在剖面自上至下用环刀每层采集,顶盖盖住刃口,底盖(有小孔)盖住复滤纸后盖上并记录编号。每个土壤剖面分两层采集(0~20cm,20~100cm),每层土壤取2个环刀重复测容重。在环刀取样的同时,自而上逐层分层采混合土样1000g装入另一塑料袋,样袋内外均附上,写明剖面编号、采样地点、样地号土层深度、采集时间等。封口后送浙江省林业科学研究院测试中心进行各项理化性质测定。

土壤容重(Bulk density, BD, g·cm^{-3})是将野外采取的同一层土壤环刀在天平上称取;用铝盒内的土测定土壤含水量,则:

$$BD = (M - G) \times 100/V(100 + W) \tag{2}$$

$$V = r^2 h \tag{3}$$

式中:M是环刀及湿土合重(g);G是环刀和滤纸重(g);V是环刀容积(cm^3);W是土壤含水

量(%);r 是环刀有刃口一端内半径(cm);h 是环刀高度(cm)。

本研究中,土壤碳以有机碳为代表,不包括死地被层(O 层)、根和根系共生物。估算土壤有机碳利用土壤剖面的有机物百分含量计算[24,26-27]。土壤有机碳基于每层深度、其土壤容重和有机碳百分比,最后各层求和得总土壤碳密度。土壤有机碳(C_t,g·cm^{-2})0~100cm 深度计算公式如下[28]:

$$C_t = BD \times C_c \times D \tag{4}$$

式中:C_c(%)是土壤碳浓度,通过重铬酸钾氧法测定土壤有机质;D(cm)是土壤取样深度。

2.4 净生态系统生产力

森林生态系统碳平衡包括输入与输出两个过程,输入与输出的差值即为净生态系统生产力(Net Ecosystem Production,NEP),若 NEP 为正,表明生态系统是碳汇,反之则是碳源。NEP 为生物量年增量($MABI$)和年凋落物量(L)之和减去异养呼吸(heterotrophic respiration,R_h)。具体的计算公式如下[9,25,29]:

$$NEP = MABI + L - R_h \tag{5}$$

Raich 和 Schlesinger[30]在全球尺度上通过陆地生态系统土壤呼吸的研究认为:根的呼吸量占土壤总呼吸量的30%~70%,周玉荣等[9]认为我国树木根系呼吸占土壤总呼吸量的比值取0.45。本研究综合以上文献数据,将浙江森林的异养呼吸占土壤呼吸的比例定为45%。以此异氧呼吸比例并利用本地区的相同林型(浙江青冈常绿阔叶林和马尾松林群落土壤呼吸分别为24.12 和25.33 tCO$_2$·hm^{-2}·a^{-1},相当于碳量6.58 和6.91tC·hm^{-2}·a^{-1})[31-32],或相近地区(湖南会同的杉木土壤呼吸为5.91tC·hm^{-2}·a^{-1})[33]等研究的结果计算得常绿阔叶林、马尾松林和杉木林的异氧呼吸。针阔混交林异差呼吸暂无文献数据,根据样地的针阔比例(假设针阔各占50%),通过另外3 种林型的异养呼吸计算得到:

$$R_{hmf} = [R_{hef} + 0.5(R_{hpf} + R_{hef})]/2 \tag{6}$$

式中:R_{hmf}、R_{hef}、R_{hpf}、R_{hcf} 分别代表生态公益林中针阔混交林、常绿阔叶林、马尾松林和杉木林的异养呼吸(tC·hm^{-2}·a^{-1})。

3 结果

3.1 碳密度

浙江省生态公益林生态系统总碳密度的加权平均值(基于各种林型的面积比例)为164.43tC·hm^{-2},其中常绿阔叶林生态系统总碳密度平均为216.18tC·hm^{-2}、针阔混交林平均为181.36tC·hm^{-2}、马尾松林平均为147.81tC·hm^{-2},杉木林平均为188.12tC·hm^{-2}(表2)。各个林型的土壤碳库往往占了生态系统碳库的较大比例(75% 以上),针叶林因植被碳库低,土壤碳库都在80% 以上。

将主要林型碳密度乘上各自的分布面积得碳储量,浙江省常绿阔叶林、针阔混交林、针叶林的碳储量分别 104.89 × 10^{12}gC,61.53 × 10^{12}gC 和157.76 × 10^{12}gC。浙江省生态公益林总碳储量为324.19 × 10^{12}gC。

表2 浙江省生态公益林主要林型生态系统的碳密度(tC·hm⁻²)

林型	碳密度(tC·hm⁻²)				样本数
	植被	地被层	土壤	总计	
常绿阔叶林	44.59(36.61)	4.66(1.79)	166.93(64.70)	216.18	47
针阔混交林	35.03(23.32)	3.75(1.11)	142.58(80.26)	181.36	32
马尾松林	25.62(19.17)	2.72(0.68)	119.47(70.00)	147.80	38
杉木林	26.83(12.43)	1.52(0.95)	159.77(62.93)	188.12	32
加权平均	30.28	3.06	131.09	164.43	149

注：括号内数字代表标准差。

3.2 碳平衡

常绿阔叶林生物净增量为2.02tC·hm⁻²·a⁻¹，凋落物生成量2.05tC·hm⁻²·a⁻¹，异氧呼吸2.96tC·hm⁻²·a⁻¹，整个生态系统的NEP为1.11tC·hm⁻²·a⁻¹；针阔混交林净增量为1.90tC·hm⁻²·a⁻¹，凋落物生成量1.30tC·hm⁻²·a⁻¹，异氧呼吸2.89tC·hm⁻²·a⁻¹，整个生态系统的NEP为0.31tC·hm⁻²·a⁻¹；马尾松林净增量为1.26tC·hm⁻²·a⁻¹，凋落物生成量1.01tC·hm⁻²·a⁻¹，异氧呼吸2.93tC·hm⁻²·a⁻¹，整个生态系统的NEP为−0.66tC·hm⁻²·a⁻¹；杉木林净增量为1.58tC·hm⁻²·a⁻¹，凋落物生成量1.20tC·hm⁻²·a⁻¹，异氧呼吸2.69tC·hm⁻²·a⁻¹，整个生态系统的NEP为0.17tC·hm⁻²·a⁻¹（表3）。

表3 浙江省生态公益林主要林型生态系统的碳平衡

林型	碳预算(tC·hm⁻²·a⁻¹)			
	年净增碳量	年凋落物碳量	异养呼吸	净生态系统生产力
常绿阔叶林	2.02	2.05	2.96	1.11
针阔混交林	1.90	1.30	2.89	0.31
马尾松林	1.26	1.01	2.93	−0.66
杉木林	2.31	0.55	2.69	0.17
加权平均	1.58	1.20	2.70	0.08

浙江省生态公益林加权平均生物净增量为1.58tC·hm⁻²·a⁻¹，凋落物生成量1.20tC·hm⁻²·a⁻¹，异氧呼吸2.70tC·hm⁻²·a⁻¹，整个生态系统的NEP为0.08tC·hm⁻²·a⁻¹。

4 讨论

4.1 碳密度

中国浙江生态公益林的平均植被碳密度(30.28tC·hm⁻²)比方精云等[7]和王效科等[10]对中国浙江森林的植被碳密度估算要高。说明主要生态公益林的碳积累要高于整个浙江省所有林型(包括生态公益林、经济林和疏林灌木)的平均值，体现了与其他林型相比生态公益林在碳储量方面的优势。但浙江生态公益林的植被碳密度加权平均(30.28tC·hm⁻²，表2)不仅低于全国的平均值(38.7~57.1tC·hm⁻²)，也低于同纬度的美国、日本和欧洲平均值，更远低于全球中高纬度地区(43tC·hm⁻²)和全球的平均水平(86tC·hm⁻²)(表4)。据Fang等[34]对解放初期中国森林的估算，平均碳密度约为50tC·hm⁻²。从这种意义上来说，浙江省目前森林离成熟状态还相差很远，尤其是针叶林(分别为25.6tC·hm⁻²和26.8tC·hm⁻²)。如果这些人工林和次生林都达到成熟林的碳密度水平，将吸收大量的 CO_2，浙江省生态公益林在碳积累上还有很大的潜力。

表4 浙江省生态公益林植被碳密度（$tC \cdot hm^{-2}$）与本省、中国和全球森林植被碳密度比较

研究区域	生态公益林	所有林型	文献来源
中国浙江	30.28	19.9	[7]
		12.4	[10]
中国东北		22.7	[35]
中国		42.1	[36]
		38.7	[8]
		57.1	[9]
		44.9	[7]
		41	[37]
美国大陆		61	[38]
日本		34.7	[39]
欧洲		32	[40]
全球中高纬度		43	[41]
全球		86	[40]

4.2 碳平衡

不同研究者估算的全球碳汇值差异很大，但绝大多数认为北半球中高纬度陆地生态系统是碳汇[7,11,40]。然而，目前碳汇的证据除了少量通过土地利用和资源清查数据[7,37]，大量都是植被碳通量监测[42]、大气成分变化监测和模型模拟证据[43-45]。即使利用森林清查数据，也是通过历年森林植被碳储量的增加来估算全国森林每年能吸收碳排放或碳吸收的总量[7,8,36]，却忽略了土壤碳库的变化。除了方精云等[29]对北京东灵山3种温带林型碳通量和碳平衡和湖南[33]、福建[46]杉木林碳平衡报道外，国内对区域或省尺度上进行森林碳平衡估算的研究极少。本文第1次通过实地调查数据，对亚热带森林东部四种林型的碳平衡进行了估算，提供了校正全国碳源汇的基础数据，填补了北纬25~30°的数据空白。若能通过地下生产力和异养呼吸的实地测量实验，更进一步精确估算亚热带森林的碳平衡，对验证中高纬度地区森林可能是重要的陆地碳汇[11]，具有重要意义。

中国浙江生态公益林的4种亚热带森林的净生态系统生产力为 -0.66~1.11tC $\cdot$ hm^{-2} $\cdot$ a^{-1} 都比其他研究低（表5），只和丹麦（0.9~1.3tC $\cdot$ hm^{-2} $\cdot$ a^{-1}）、德国（0.77tC $\cdot$ hm^{-2} $\cdot$ a^{-1}）以及中国海南（0.37tC $\cdot$ hm^{-2} $\cdot$ a^{-1}）的接近，也低于 Luyssaert 等[47]报道的温带干旱常绿林（3.98tC $\cdot$ hm^{-2} $\cdot$ a^{-1}）和落叶林（3.11tC $\cdot$ hm^{-2} $\cdot$ a^{-1}），接近温带半干旱常绿林（1.33tC $\cdot$ hm^{-2} $\cdot$ a^{-1}）；但都低于周玉荣等[9]收集文献资料得到的全国各种林型 NEP 平均值：其中常绿阔叶林为7.29tC $\cdot$ hm^{-2} $\cdot$ a^{-1}，针阔混交林为5.85tC $\cdot$ hm^{-2} $\cdot$ a^{-1}，暖性针叶林为4.22tC $\cdot$ hm^{-2} $\cdot$ a^{-1} 和湖南[33]、福建[46]省杉木人工林。一方面，本文研究对象地处中低纬度亚热带地区，年均温较高，分解速率快，呼吸速率高，故 NEP 低；另一方面，周玉荣等[9]收集的文献资料大多还是采用典型的群落植被取样研究，而湖南、福建省的人工林经营强度大大高于浙江省生态公益林，NPP 可能偏高。

浙江中亚热带森林4种主要林型的 NEP 差距较大：马尾松林是一个较小的碳源，杉木林 NEP 基本是零，针阔混交林是一个较小的汇，而常绿阔叶林是一个较大的汇（表3），说明常

绿阔叶林具有较大的碳汇潜力。由于目前浙江省生态公益林以针叶林为主(比例高达51%),所以全省生态公益林的 NEP 加权平均得 $0.08tC \cdot hm^{-2} \cdot a^{-1}$,和大气 CO_2 交换基本保持平衡状态。若这两种针叶林全部改造成针阔混交林,那么全省生态公益林 NEP 将达到 $0.49tC \cdot hm^{-2} \cdot a^{-1}$,比现有 NEP 增长6倍;若这两种针叶林全部改造成常绿阔叶林林,那么全省生态公益林 NEP 将达到 $0.90tC \cdot hm^{-2} \cdot a^{-1}$,比现有 NEP 增长12倍。

表5 北半球中纬度地区不同地点阔叶林和针叶林生态系统的碳平衡参数

地点	纬度(°)	优势种	森林类型	年龄(a)	观测时间	NEP ($tC \cdot hm^{-2} \cdot a^{-1}$)	文献
中国浙江	27~31	EB	S	5~50	1999~2000	1.11	本文
中国浙江	27~31	M	S	5~33	1999~2000	0.31	本文
中国浙江	27~31	马尾松	P	9~41	1999~2000	-0.66	本文
中国浙江	27~31	杉木	P	6~28	1999~2000	0.16	本文
中国北京	40	白桦	S	>30	1992~1994	0.95	[29]
中国北京	40	辽东栎	S	>30	1992~1994	-0.29	[29]
中国北京	40	油松	P	30	1992~1994	4.08	[29]
中国福建	26	杉木	P	36	2002	3.62	[46]
中国福建	26	CK	P	36	2002	7.66	[46]
中国湖南	27	杉木	P	10~11	2002	-0.43~0.17	[33]
中国海南	19	TR	NM	>30	1992~1995	0.37	[48]
意大利	42	BD	NM	105	1996~1997	6.40	[42]
法国	49	BD	NM	30	1996~1997	2.20~2.60	[42]
丹麦	55	BD	NM	80	1996~1998	0.90~1.30	[42]
法国	44	C	P	29	1996~1997	4.30	[42]
德国	50	C	NM	45	1997~1998	0.77	[42]
德国	50	C	NM	105	1996~1998	3.30~5.40	[42]
意大利	42	M, EB	N	50	1997	-6.60	[42]
法国	44	C	P	27	1997~1998	5.75	[49]

注:C,针叶林;CK,格氏栲林;EB,常绿阔叶林;M,针阔混交林;TR,热带雨林;S,次生林;NM,天然林(有少量人为管理);P,人工林。

5 结论

浙江省森林以幼龄林为主(小于30年的占87.5%)目前离成熟状态还相差很远,尤其是针叶林(分别为 $25.6tC \cdot hm^{-2}$ 和 $26.8tC \cdot hm^{-2}$)。如果这些人工林和次生林都达到全国成熟林的碳密度水平($50tC \cdot hm^{-2}$),将吸收大量的 CO_2,故浙江省生态公益林在碳积累上还有很大的潜力。浙江中亚热带森林4种主要林型的 NEP 差距较大,在2000年,马尾松林是一个较小的碳源,杉木林碳源汇基本是零,针阔混交林是一个较小的汇,而常绿阔叶林是一个较大的汇。由于目前浙江省生态公益林以马尾松林为主(比例高达55%),所以全省生态公益林的 NEP 加权平均得 $0.08tC \cdot hm^{-2} \cdot a^{-1}$,与大气的交换基本处于平衡状态。若这两种针叶林全部改造成针阔混交林,那么全省生态公益林的 NEP 将达到 $0.49tC \cdot hm^{-2} \cdot a^{-1}$,比现有的 NEP 增长6倍;若这两种针叶林全部改造成常绿阔叶林,那么全省生态公益林的 *NEP* 将达到 0.90tC·hm^{-2}·a^{-1},比现有的 *NEP* 增长 12 倍。

通过比较该地区主要林型间碳储量潜力和碳平衡,通过封育改造、择伐补阔、以灌促阔等森林管理,加快针叶林向针阔混交林直至常绿阔叶林演替,将最大化中国亚热带地区的幼林或受干扰森林的未来碳储量(最高增长 31.44%),并成为较大的碳汇。

参考文献

[1] Baker F D. Reassessing carbon sinks. Science, 2008, 317: 1708 - 1709.

[2] Robin W, Murray S, Rohweder M. Plot analysis of global ecosystem: grassland ecosystems. Washington, D. C.: World Resource Institute, 2000, 49 - 53.

[3] Scholes R J, Nobel I R. Storing carbon on land. Science, 2001, 294: 1012 - 1013.

[4] Goulden M L, Munger J W, Fan S M, Daube B C, Wofsy S C. Measurements of carbon sequestration by long-term eddy covariance: methods and critical evaluation of accuracy. Global Change Biology, 1996, 2: 169 - 182.

[5] Grace J, Lloya J, Miranda A C, et al. Carbon dioxide uptake by an undisturbed tropical rain forest in South-West Amazonia, 1992 to 1993. Science, 1995, 270: 778 - 780.

[6] Yamamoto S, Saigusa N, Murayama S, et al. Long-term results of flux measurement from a temperate deciduous forest site(Takeyama) // Proceedings of International Work-shop for Advanced Flux Network and Flux Evaluation. Sapporo: ASAHI Printing CO. Ltd, 2001, 5 - 10.

[7] Fang J Y, Chen A P. Dynamic forest biomass carbon pools in China and their significance. Acta Botanica Sinica, 2001, 43(9): 967 - 973.

[8] Liu G H, Fu B J, Fang J Y. Carbon dynamics of Chinese forests and its contribution to global carbon balance. Acta Ecologica Sinica, 2000, 20(5): 733 - 740.

[9] Zhou Y R, Yu Z L, Zhao S D. Carbon storage and budget of major Chinese forest types. Acta Phytoecol. Sinica, 2000, 24: 518 - 522.

[10] Wang X K, Feng Z Y, Ouyang Z Y. The impact of human disturbance on vegetative carbon storage in forest ecosystems in China. Forest Ecology and Management, 2001, 148: 117 - 123.

[11] Houghton R A, Skole D L, Nobre C A. Annual fluxes of carbon from deforestation and regrowth in the Brazilian Amazon. Nature, 2000, 403: 301 - 304.

[12] Liu A X, Zhang Z S, Ding Y D. The natural forest resources of Zhejiang(the volume of forests). Beijing: Chinese Agriculture Science and Technology Press, 2002.

[13] Editorial Board of Zhejiang Forest Editorial Board. Zhejiang Forest. Beijing: Chinese Forestry Press, 1993.

[14] Zhejiang Forestry Department. Annual of construction and benefit of ecological service forest in Zhejiang Province, 2007.

[15] Zhang J, Ge Y, Chang J, Jiang B, Jiang H, Peng C H, Zhu J R, Yuan W G, Qi L Z, Yu S Q. Carbon storage by ecological service forests in Zhejiang Province, subtropical China. Forest Ecology and Management, 2007, 245: 64 - 75.

[16] Li H T, Wang S N, Gao L P, Yu G R. The carbon storage of the subtropical forest vegetation in central Jiangxi Province. Acta Ecologica Sinica, 2007, 27(2): 693 - 704.

[17] Burrows W H, Henry B K, Back P V, Hoffmann M B, Tait L J, Anderson E R, Menke N, Danaher T, Carter J O, Mckeon G M. Growth and carbon stock change in eucalypt woodlands in northeast Australia: ecological and greenhouse sink implications. Global Change Biology, 2002, 8: 769 - 784.

[18] Houghton R A. Aboveground forest biomass and the global carbon balance. Global Change Biology, 2005,

11: 945 – 958.

[19] Zhang D J, Ye X Y, You X H. Evergreen broad-leaved forest floor in Tiantong, Zhejiang Province. Acta Phytoecologica Sinica, 1999, 23(6): 544 – 556.

[20] Yanai R D, Currie W S, Goodale C L. Soil carbon dynamics after forest harvest: an ecosystem paradigm reconsidered. Ecosystems, 2003, 56: 197 – 212.

[21] Zhang Q F, Song Y C, Wu H Q, You W H. Dynamics of litter amount and it's decomposition in different successional stages of evergreen broad-leaved forest in Tiantong, Zhejiang Province. Acta Phytoecol. Sinica, 1999, 23(5): 250 – 255.

[22] Li Y Q, Xu M, Zou X M, Shi P J, Zhang Y Q. Comparing soil organic carbon dynamics in plantations and secondary forest in wet tropics in Puerto Rico. Global Change Biology, 2005, 11: 239 – 248.

[23] Starr M, Saarsalmib A, Hokkanenb T, Merilä P, Helmisaari H S. Models of litterfall production for Scots pine(*Pinus sylvestris* L.) in Finland using stand, site and climate factors. Forets Ecology and Management, 2005, 205: 215 – 225.

[24] Sun O J, Campbell J, Law B E. Dynamics of carbon stocks in soils and detritus across chronosequences of different forest types in the Pacific Northwest, USA. Global Change Biology, 2004, 10: 1470 – 1481.

[25] Chapin F S III, Pamela A, Matson H A M. Principles of terrestrial ecosystem ecology. New York: Springer Press, 2002.

[26] Fang J Y, Liu G H, Xu S L. Soil carbon pool in China and its global significance. Journal of Environmental Sciences, 1996, 8: 249 – 254.

[27] Zhao M, Zhou G S. Estimation of biomass and net primary productivity of major planted forests in China based on forest inventory data. Forest Ecology Management, 2005, 207: 295 – 313.

[28] Guo L B, Gifford R M. Soil carbon stocks and land use change: a meta analysis. Global Change Biology, 2002, 8: 345 – 360.

[29] Fang J Y, Liu G H, Zhu B, Wang X K, Liu S H. Carbon cycle of three temperate forest ecosystems in Dongling Mountain, Beijing. Science in China Series D: Earth Sciences, 2006, 36(6): 533 – 543.

[30] Raich W J, Schlesinger H W. The global carbon dioxide flux in soil respiration and its relationship to vegetation and climate. Tellus, 1992, 44B: 81 – 99.

[31] Huang C C. A study on the soil respiration of *Pinus massioniana* forest in Zhejiang Province. Journal of Shaoxing College of Arts and Science, 1999, 19(5): 65 – 69.

[32] Huang C C, Ge Y, Chang J, Lu R, Xu Q S. Studies on the soil respiration of tree woody plant communities in the eastern mid-Subtropical zone, China. Acta Ecologica Sinica, 1999, 19(3): 324 – 328.

[33] Fang X, Tian D L, Xiang W H, Yan W D, Kang W X. Carbon dynamics and balance in the ecosystem of the young and middle-aged second generation Chinese Fir plantation. Journal Central South Forestry University, 2002, 22(1): 1 – 6.

[34] Fang J Y, Chen A P. Dynamic forest biomass carbon pools in China and their significance. Acta Botanica Sinica, 2001, 43(9): 967 – 973.

[35] Wang S Q, Zhou C H, Liu J Y, Tian H Q, Li K, Yang X M. Carbon storage in northeast China as estimated from vegetation and soil inventories. Environmental Pollution, 2002, 116: 157 – 165.

[36] Fang J Y, Wang G G, Liu G H, Xu S L. Forest biomass of China: an estimation based on the biomass-volume relationship. Ecological Applications, 1998, 8: 1084 – 1091.

[37] Fang J Y, Guo Z D, Piao S L, Chen A P. Estimation of carbon sink in China land from 1981 to 2000. Science in China Series D: Earth Sciences, 2007, 37(6): 804 – 812.

[38] Turner D P, Koepper G J, Harmon M E, Lee J J. A carbon budget for forest of the conterminous United States. Ecological Applications, 1995, 5: 421 – 436.

[39] Iwaki E. Regional distribution of phytomass and net primary production in Japan // Ikushuna, I. (Eds.), Contemporary Ecology of Japan, Tokyo. Japan: Kyoritsu Syobban, 1983, 41 – 48.

[40] Dixon R K, Brown S, Houghton R A, Solomon A M, Trexler M C, Wisniewski J. Carbon pools and fluxes of global forest ecosystems. Science, 1994, 263: 185 – 190.

[41] Myneni R B, Dong J, Tucker C J, et al. A large carbon sink in the woody biomass of northern forests. PNAS, 2001, 98: 14784 – 14789.

[42] Valentini R, MaReuccl G, Dolman A J, Schulze E D, Rebmann C, Moors J, Granler A, Gross P, Jensen N O, Pilegaard K, Lindroth A, Grelle A, Bernhofer C, et al. Respiration as the main determinant of carbon balance in European forests. Nature, 2000, 404: 861 – 865.

[43] Cao M K, Tao B, Li K R, Shao X M, Stephen D P. Interannual variation in terrestrial ecosystem carbon Fluxes in China from 1981 to 1998. Acta Botanica Sinica, 2003, 45(5): 552 – 560.

[44] Tao B, Cao M K, Li K R, Gu X F, Ji J J, Huang M, Zhang L M. Space pattern and variety of Net ecosystem productivity of China land 1981 – 2000. Science in China Series D: Earth Sciences, 2006, 36(12): 1131 – 1139.

[45] Wang S, Chen J M, Jub W M, Feng X, Chen M, Chen P, Yu G. Carbon sinks and sources in China's forests during 1901 – 2001. Journal of Environmental Management, 2007, 85: 524 – 537.

[46] Yang Y S, Chen G S, Wang Y Y, Xie J S, Yang S H, Zhong X F. Carbon sequestration and balance in *Castanopsis kawakamii* and *Cunninghamia lanceolata* plantations in subtropical China. Scientia Silvae Sinica, 2007, 43(3): 113 – 117.

[47] Luyssaert S, Inglima I, Jung M, Richardson A D, Reichstein M, Papale D, Piao S L, Schulze E D, Wingate L, Matteucci G, et al. The CO_2 balance of boreal, temperate, and tropical forests derived from a global database. Global Change Biology, 2007, 13: 2509 – 2537.

[48] Li Y D, Wu Z M, Zeng Q B, Zhou G Y, Chen B F, Fang J Y. Carbon pool and carbon dioxide dynamics of tropical mountain in rain forest ecosystem at Jianfengling, Hainan Island. Acta Ecologica Sinica, 1998, 18(4): 371 – 378.

[49] Berbigier P, Bonnefond J M, Mellmann P. CO_2 and water vapour fluxes for 2 years above Euroflux forest site. Agricultural and Forest Meteorology, 2001, 108: 183 – 197.

凤阳山常绿阔叶林乔木层优势种群生态位分析①

高俊香¹　鲁小珍¹　马　力¹　胡绍庆²　周丽飞³　马　毅³

(1. 南京林业大学森林资源与环境学院，江苏南京　210037；

2. 浙江理工大学建筑工程学院，浙江杭州　310018；

3. 浙江凤阳山—百山祖国家级自然保护区凤阳山管理处，浙江龙泉　323700)

摘　要：基于对凤阳山自然保护区常绿阔叶林的样地调查，采用定量分析的方法，测算了 10 种乔木层优势种群的生态位宽度、生态位相似性和生态位重叠。结果表明：①分别用 Levins 和 Shannon-Wiener 两指数测得的生态位宽度结果存在较大的差异性，但两种结果均表明木荷的生态位宽度值最大，其生态位宽度值 $B_{(L)i}$ 和 $B_{(sw)i}$ 分别为 0.771、1.325。②该群落优势种群间的生态位相似性比例较大，表明优势种群之间对资源的利用有较高的相似程度。生态位相似性比例与生态位宽度之间无明显的相关关系。③该群落优势种群间的生态位重叠值较大，且 L_{ih} 值与 L_{hi} 值基本一致，说明优势种群间有相似的生态学特性。另外，生态位相似比例大的生态位重叠值也较大，反之亦然。

关键词：常绿阔叶林；生态位宽度；生态位相似性；生态位重叠；凤阳山

中图分类号：S718.5　**文献标志码**：A　**文章编号**：1000-2006(2010)04-0157-04

生态位是指物种在群落或生境中与其他物种相关的位置，能反映生态学单元在其所处的特定生态系统中的综合位置关系[1]。植物群落主要种群的生态位研究是群落学的热点，通过对群落主要种群生态位的研究，不仅可以了解群落内各种群对资源的利用情况，而且有助于掌握种的竞争机制和规律[2]。20 世纪 70 年代以来，生态学家对植物生态位的研究主要集中在生态位的测度、植物种群对资源的分割利用、生态位在不同资源条件下的变化与适应、物种生态位关系与种间竞争、共存的联系等方面[3-5]。目前，国内各类植物群落及其优势种群生态位的研究相当普遍[6-9]。笔者选择位于凤阳山自然保护区具代表性的核心地段，通过分析保护区常绿阔叶林乔木层优势树种的生态位，探讨树木种群的生态特点，对于了解该地主要种群在群落中的关系及其相对地位，以及为保护区的建设与发展提供科学依据。

1　材料与方法

1.1　研究地概况

凤阳山自然保护区位于浙江省龙泉市南部(119°06′~119°15′E、27°46′~27°58′N)，面积 15170hm²，属武夷山系洞宫山山脉的中段，地貌的主要特点是在海拔 1500m 和 900m 左右有 2

---

①　基金项目：国家林业局林业公益性行业科研专项项目(200704005/wb02)。

个夷平面如凤阳湖、大田坪等，夷平面的边缘常形成深切割，山地坡度一般为3°~35°，峡谷坡度达50°，多处可见悬崖峭壁。气候为典型的中亚热带海洋性季风气候，四季分明，雨量充沛。山体土壤系火成岩母质形成的黄壤土，土层厚度一般约60cm，湿润肥沃。据在保护区管理处所在地凤阳庙(海拔1490m)观测，保护区年平均气温12.3℃，年日照1515.5h，平均相对湿度80%，年蒸发量1171.0mm，年降水量2438.2mm。该区地带性植被为亚热带常绿阔叶林，有明显的植被垂直分布，有丰富的动植物资源。研究地设置在保护区的核心区部位，小地名为杜鹃谷，占地1hm²，海拔约1400m，分东西两坡，土壤为山地黄壤，主要植被是常绿阔叶林。

1.2 试验设计及指标测定

采用样方法调查，在凤阳山自然保护区中选取具有代表性的常绿阔叶林作为研究对象，建立占地1hm²的固定样地，分成25个20m×20m的小样地，每个小样地又划分出16个5m×5m的样方，样地基本情况参见文献[10]。乔木层逐株调查种名、胸径、高度、冠幅和生活力等，对高度不超过2m的树种计入灌木层，对灌木层和草本层调查种名、株数、高度和盖度，并记录层间植物。记录的环境因素包括海拔、坡度、坡向、枯枝落叶层厚度以及土壤类型等。各指标计算方法见文献[11]。

2 结果与分析

2.1 凤阳山常绿阔叶林乔木层生态位宽度分析

生态位宽度是衡量物种对资源利用状况的尺度，生态位宽度越大，物种对资源的利用能力越强；生态位宽度越小，则物种利用资源的能力越弱[12]。采用生态位宽度 $B_{(L)i}$ (物种 i 的 Levins 生态位宽度)和 $B_{(sw)i}$ (物种 i 的 Shannon-Wiener 生态位宽度)对 10 种优势树种的生态位宽度进行测定，其结果如表1所示。由表1可以看出，两种生态位宽度公式测算结果有很大的差异性，但两种测算结果都表明木荷的生态位宽度最大，$B_{(L)i}$ 和 $B_{(sw)}$ 分别为0.771和1.325，尖叶山茶、麂角杜鹃等也具有较大的生态位宽度，其中尖叶山茶的生态位宽度 $B_{(L)i}$ 和 $B_{(sw)i}$ 分别为0.586、1.223，麂角杜鹃的生态位宽度 $B_{(L)i}$ 和 $B_{(sw)}$ 分别为0.577、1.221，表明在该群落中木荷种群数量多，分布广，对资源的利用程度最高。尖叶山茶、麂角杜鹃与木荷种群形成群落的共优种。

表1 凤阳山常绿阔叶林主要乔木种群生态位宽度

种号	种名	$B_{(sw)i}$	$B_{(L)i}$
1	水丝梨(Sycopsis sinensis)	1.127	0.443
2	木荷(Schima superba)	1.325	0.771
3	猴头杜鹃(Rhododendron simiarum)	1.232	0.524
4	尖叶山茶(Camellia cuspidata)	1.223	0.586
5	麂角杜鹃(Rhododendron latoucheae)	1.221	0.577
6	褐叶青冈(Cyclobalanopsis stewardiana)	1.195	0.526
7	交让木(Daphniphyllum macropodum)	1.214	0.545
8	多脉青冈(Cyclobalanopsis multiervis)	1.181	0.552
9	隔药柃(Eurya muricata)	1.255	0.486
10	雷公鹅耳枥(Carpinus viminea)	1.146	0.579

2.2 凤阳山常绿阔叶林乔木层生态位相似性比例分析

生态位相似比例是指两个物种对资源利用的相似程度[12]。10 种优势树种的生态位相似性比例见表 2。由表 2 可以看出，除水丝梨与鹿角杜鹃的生态位相似性比例为 0.299 外，其余各优势种群的生态位相似性比例均在 0.3 以上，其中生态位相似性比例大于 0.5 的有 23 对，占总比例的 51.1%，表明优势种群之间对资源的利用有较高的相似程度。水丝梨与尖叶山茶、水丝梨与交让木、猴头杜鹃与尖叶山茶、尖叶山茶与褐叶青冈的生态位相似性比例都较大，表明它们有相似的生态学要求。而水丝梨与鹿角杜鹃的生态位相似性比例最低，表明它们的生态学特性不相似。另外，由表 2 可以看出，生态位宽度低的种对有时会比生态位宽度高的种对生态位相似性还要高，如水丝梨与雷公鹅耳枥的相似性比例为 0.516，而木荷与尖叶山茶的相似性比例却是 0.476。这主要是与种群的生物学特性有关。结合表 1 的生态位宽度值可以发现，生态位相似性比例与生态位宽度之间无明显的相关关系。

表 2　凤阳山常绿阔叶林中各优势乔木种群的生态位相似性

种号	1	2	3	4	5	6	7	8	9	10
1		0.414	0.564	0.704	0.299	0.592	0.719	0.678	0.338	0.516
2			0.465	0.476	0.614	0.444	0.536	0.440	0.692	0.502
3				0.723	0.452	0.673	0.591	0.491	0.431	0.383
4					0.415	0.741	0.641	0.560	0.388	0.488
5						0.477	0.343	0.532	0.616	0.399
6							0.619	0.682	0.331	0.436
7								0.686	0.409	0.565
8									0.404	0.535
9										0.461
10										

2.3 凤阳山常绿阔叶林乔木层生态位重叠分析

生态位重叠是指一定资源序列上两个物种利用同等级资源而相互重叠的情况[5]。凤阳山常绿阔叶林 10 个主要种群间的生态位重叠情况如表 3 所示。由表 3 可以看出，除隔药柃重叠水丝梨的值为 0.008 外，生态位重叠值均大于 0.01。其中，L_{ih}（物种 i 重叠物种 h 的生态位重叠指数）介于 0.02~0.03 的有 22 对，占 L_{ih} 中种对总数的 49%，L_{ih} 中大于 0.03 的有 10 对，最大的种对是隔药柃与木荷；L_{hi}（物种 h 重叠物种 i 的生态位重叠指数）介于 0.02~0.03 的有 19 对，占 L_{hi} 中种对总数的 42%，L_{hi} 中大于 0.03 的有 6 对，最大的种对是水丝梨与交让木。总的来看，该群落优势种群间的生态位重叠值较大，且 L_{ih} 值与 L_{hi} 值基本一致，充分说明了它们有相似的生态学特性。生态位相似比例大的生态位重叠值也较大，反之亦然。如水丝梨与尖叶山茶、水丝梨与交让木、猴头杜鹃与尖叶山茶、尖叶山茶与褐叶青冈的 L_{ih} 分别为 0.028、0.030、0.031、0.036，L_{hi} 分别为 0.033、0.038、0.035、0.033，而水丝梨与鹿角杜鹃的 L_{ih} 与 L_{hi} 分别为 0.011 和 0.014。

表3 凤阳山常绿阔叶林中各优势乔木种群的生态位重叠值

种号	1	2	3	4	5	6	7	8	9	10
1		0.014	0.023	0.028	0.011	0.023	0.030	0.028	0.008	0.025
2	0.024		0.024	0.023	0.031	0.022	0.026	0.021	0.038	0.028
3	0.027	0.016		0.031	0.018	0.032	0.025	0.021	0.013	0.016
4	0.033	0.017	0.035		0.019	0.036	0.031	0.031	0.014	0.026
5	0.014	0.023	0.020	0.019		0.023	0.015	0.026	0.013	0.018
6	0.029	0.016	0.033	0.033	0.022		0.029	0.031	0.013	0.022
7	0.038	0.019	0.026	0.029	0.014	0.029		0.034	0.013	0.028
8	0.031	0.014	0.019	0.026	0.022	0.030	0.030		0.013	0.026
9	0.011	0.029	0.014	0.014	0.028	0.013	0.014	0.015		0.020
10	0.026	0.017	0.015	0.021	0.015	0.019	0.024	0.026	0.017	

注：右上角为 L_{ih}，左下角为 L_{hi}。

在整个群落中，优势种对的生态位重叠值较大，说明它们对资源的共享程度高。关于生态位重叠与竞争的关系，至今还没有一个被广大学者所接受的理论。Pianka 认为竞争与生态位重叠是密切相关的[13-14]。根据竞争排斥原理"两个物种的生态位发生重叠，必然导致两者之间发生竞争[15]"，这意味着生态位重叠值越大，两个物种间发生的竞争可能越剧烈。有的学者认为重叠和竞争之间虽然存在一定关系，但并不是必然的联系，只是在环境资源发生变化的时候，才会体现出来。

3 讨论

采用 Levins 和 Shannon-Wiener 生态位宽度公式测定凤阳山常绿阔叶林乔木层优势种群的生态位宽度，结果存在较大的差异性。但两种测算结果都表明木荷的生态位宽度最大，说明在该群落中木荷种群数量多，分布广，对资源的利用程度最高。尖叶山茶、鹿角杜鹃与木荷种群形成群落的共优种。一些耐阴的植物比喜光的植物具有更高的生态位宽度值。这是由于凤阳山自然保护区的植被覆盖率高，在此环境条件下，耐阴植物相对于喜光植物来说能更好地生存，分布范围更广。

该群落中生态位相似性比例大于 0.5 的有 23 对，占总比例的 51.1%，表明优势种群之间对资源的利用有较高的相似程度。有研究认为，生态位宽度越大的种群间，其生态位相似性比例就越大[1]。但从该研究来看，生态位相似性比例与生态位宽度之间无明显的相关关系。生态位宽度低的种对有时会比生态位宽度高的种对生态位相似性还要高，如水丝梨与雷公鹅耳枥的相似性比例为 0.516，而木荷与尖叶山茶的相似性比例却是 0.476。这主要是与种群的生物学特性有关，另外与立地条件也有很大的关系。由于凤阳山自然保护区地形复杂，造成了物种分布的斑块性和环境资源的高度空间异质性，使得物种只分布在适宜它们生存的斑块中，因而在这些适宜斑块中常常有较高的物种聚集度，而在适宜斑块以外的空间物种的分布较为贫乏，导致物种在总体环境空间生态位宽度较小，从而出现生态位宽度较小而生态位相似性较高的现象。

在整个群落中，优势种对的生态位重叠值较大，且 L_{ih} 值与 L_{hi} 值基本一致，充分说明了它们有相似的生态学特性。在所有种对的重叠值中，L_{ih} 中大于 0.03 的有 10 对，最大的种对是隔药柃与木荷；L_{hi} 中大于 0.03 的有 6 对，最大的种对是水丝梨与交让木。生态位相似比例大的生态位重叠值也较大，反之亦然。

参考文献

[1] 张国斌，李秀芹. 岭南自然保护区常绿阔叶林优势树种的生态位研究[J]. 南京林业大学学报：自然科学版，2007，31(4)：46-50.

[2] 史小华，许晓波，张文辉. 秦岭冷杉群落主要种群生态位研究[J]. 植物研究，2007，27(3)：345-349.

[3] 尚玉昌. 现代生态学中的生态位理论[J]. 生态学进展，1988，5(2)：77-84.

[4] Thomas M G, Robert K S. Body size, niche breadth, ecologically scaled responses to habitat fragmentation: mammalian predators in an agricultural landscape[J]. Biological Conservation, 2003, 109: 283-295.

[5] 胡相明，程积民，万惠娥，等. 黄土丘陵区不同立地条件下植物种群生态位研究[J]. 草业科学，2006，15(1)：29-35.

[6] 杨利民，周广胜，王国宏. 草地群落物种多样性维持机制的研究Ⅱ：物种实现生态位[J]. 植物生态学报，2001，25(5)：634-638.

[7] 张继义，赵哈林，张铜会，等. 科尔沁沙地植物群落恢复演替系列种群生态位动态特征[J]. 生态学报，2003，23(12)：2741-2746.

[8] 王正文，祝廷成. 松嫩草原主要草本植物的生态位关系及其对水淹干扰的响应[J]. 草业学报，2004，13(3)：27-33.

[9] 邢福，郭继勋，王珂. 狼毒种群生殖构件数量特征与生殖配置研究[J]. 草业学报，2005，14(4)：111-115.

[10] 高俊香，鲁小珍，梅盛龙，等. 凤阳山自然保护区麂角杜鹃种群结构与分布[J]. 南京林业大学学报：自然科学版，2009，33(2)：35-38.

[11] 王鹏. 天然甜槠林乔木层主要树种生态位研究[J]. 福建林业科技，2006，33(2)：58-62.

[12] 胡正华，于明坚，彭传正，等. 古田山国家自然保护区黄山松林主要种群生态位研究[J]. 生态环境，2004，13(4)：619-621，629.

[13] Pianka E R. The structure of lizard communities[J]. Ann Rev Ecol Syst, 1973, 4: 53-74.

[14] Pianka E R. Niche relations of disert Lizards[M]//Cody M, Diamond J. Ecology and Evolution of Communities. Cambridge: Harvard University Press, 1975.

[15] 谢春平，伊贤贵，王贤荣. 野生早樱群落乔木层优势种群生态位研究[J]. 浙江大学学报：农业与生命科学版，2008，34(5)：578-585.

凤阳山常绿阔叶林土壤养分特性

贾景丽[1] 楼 崇[1] 叶立新[2] 李美琴[2] 鲁小珍[1]

（1. 南京林业大学 江苏南京 210037；2. 浙江凤阳山—百山祖
国家级自然保护区凤阳山管理处，浙江龙泉 323700）

摘 要：对凤阳山自然保护区常绿阔叶林的不同坡向（东坡、西坡）与不同层次（0～10cm，10～30cm，30～60cm）土壤养分进行了测定分析。结果显示：东坡和西坡只在 pH 值、铵态氮、有效磷方面表现出较强的差异性，其余差异均不显著，西坡和山谷在 pH 值、铵态氮、全磷上存在差异显著；各养分因子中只有 pH 值随着土层加深而增大，有机质、全氮、全磷和速效养分指标均表现出 A 层＞B 层＞C 层的趋势，且 AB 层、AC 层差异显著；各营养元素间的相关性表现为，pH 值与多数养分均表现为极显著的负相关，有机质、全氮、水解氮、有效磷、速效钾之间多表现为极显著的正相关，全磷与全氮、C/N 与有机质也表现为极显著的正相关。综合土壤主要肥力因子发现，东坡土壤质量优于西坡，能较好地满足植物生长对养分的需求。

关键词：凤阳山自然保护区；土壤；理化性质；肥力

中国分类号：S714.5 **文献标识码：**A **文章编号：**1004-7743（2008）02-0005-06

土壤是森林生态系统的重要组成部分，它不仅是植物生长繁育的基地，给植物提供必需的水、肥、气、热等生活条件，同时也是物质循环和能量流动的三库之一（植物库—动物库—土壤库），是动植物残体分解和微生物生命活动的基础条件。[1] 即使是同一发育水平的土壤，随着局部环境条件的变化，土壤的理化性质也可能表现不同[2]。

1992 年 10 月经国务院批准，浙江凤阳山省级自然保护区与百山祖省级自然保护区合并扩建，晋升为国家级自然保护区。该区是揭开华东地区植物区系起源、演化的关键地区，也是《中国生物多样性保护行动计划》重点实施区域之一。迄今为止，已涌现出一些关于凤阳山植物群落及动物种类的研究报道，但涉及森林土壤特性的还未见。因此，本文选择凤阳山自然保护区内常绿阔叶林下森林土壤为研究对象，对不同坡向和层次上土壤的理化性质及肥力因子进行测定分析，为凤阳山自然保护区森林土壤资源的科学管理、生物多样性研究及其森林生态系统的更新、恢复提供参考。

1 研究地概况与方法

1.1 研究地概况

研究地设置在凤阳山自然保护区的大峡谷将军岩核心区，位于浙江省龙泉市南部，东界龙南乡、南连该自然保护区的百山祖部分、西邻屏南镇、北靠兰巨乡，地理坐标为东经 119°06′～119°15′、北纬 27°46′～27°58′，海拔 1400m 左右，气候温和湿润，雨量充沛，相对湿度大，为我国东部亚热带湿润季风气候。群落类型是以鹿角杜鹃为优势种的常绿阔叶林。

凤阳山土壤有红壤和黄壤两个土类。红壤土类分布在本区海拔 800m 以下山坡，属地带性土壤。黄壤土类分布于 800m 以上的广大高海拔山坡地，是凤阳山的主要土壤类型，也是实验样地所属中土类，土体构型一般为 $A_{00}-A_0-A-[B]-C$ 型，显著特点是表土层 A 层较厚，一般厚 10~15cm，可划分成三个层次：即枯枝落叶层、半腐解有机质层、腐殖质聚积层；B 层为心土层，厚 20~30cm，显黄色，湿润，其变异与坡度及坡向有关；C 层为半风化母岩层，分布在土层 40cm 以下。

1.2　研究方法

1.2.1　实验样地设置

在凤阳山自然保护区的核心区(大峡谷)选择含有山体的东坡、西坡及中间山谷的 1hm² 固定实验样地。将固定实验样地分为 20m×20m 的样方 25 个，分别编号 1~25，其中东、西坡的下坡和中坡各设 5 个样地(图 1)。

21	16	11	6	1	西坡	中坡
22	17	12	7	2	西坡	低坡
23	18	13	8	3	山谷	/
24	19	14	9	4	东坡	低坡
25	20	15	10	5	东坡	中坡

图 1　样地布置顺序示意图

1.2.2　土样采集与处理

分别取 25 个试验样地中心土壤，按剖面分 A、B、C 三层取，自上而下均匀地取 A 层土样(位于枯枝落叶层下 10cm 左右)，同样的方法取 B、C 层，B 层分布在 10~30cm，C 层 40~60cm，每个样品各 1~1.5kg，装于自封袋内，带回实验室，用于室内实验分析。

1.2.3　室内分析

室内分析主要是按照国家标准方法对土壤各种理化性质和营养元素进行测定。

采回来的鲜土先测定土壤自然含水率，根据公式 $\theta_m = m_w / m_s \times 100$(其中 m_w 为水的质量；m_s 为 105℃烘干土质量)，然后再做其他处理，主要包括风干、去杂、磨细、过筛、混匀、装瓶保存和登记等操作过程。

各种指标的测定方法分别如下：

自然含水率、pH、全氮、全磷、碱解氮、铵态氮、速效磷、速效钾、有机质的测定分别用烘干法、电子酸度计法、半微量凯氏定氮法(高氯酸 – 硫酸消化，定氮仪测定)、硫酸 – 高氯酸 – 钼锑抗比色法、碱解 – 扩散吸收法、扩散吸收法、0.5mol·L⁻¹ 碳酸氢钠浸提 – 钼锑抗比色法、乙酸铵提取 – 火焰光度法、重铬酸钾氧化 – 硫酸亚铁还原滴定法。

1.2.4　数据分析

运用 EXCEL、SPSS 软件对常绿阔叶林的东西坡土壤养分含量进行统计分析，得出其在东西坡向和 A、B、C 层间的方差分析结果及其各养分因子间的相关性，并根据结果绘出各种营养元素在土壤垂直方向上的含量变化图。

2　结果与分析

表 1 为凤阳山自然保护区不同坡向与不同层次的土壤养分测定结果。从表 1 可以看出，保护区内以鹿角杜鹃为优势种的常绿阔叶林森林土壤含水率较高，大于 65%，土壤为酸性土壤，

pH 在 4.5~5.0，C/N 适宜，为 15~20。全磷含量大都位于 1000mg·kg^{-1} 以下，而一般全磷量小于 800~1000mg·kg^{-1} 时，土壤出现磷素供应不足[3]，因此保护区土壤的磷素养分缺乏。除全磷和有效磷外，全氮、有机质及其他速效养分总体上呈较高趋势，并随着土层深度的增加而减小，但不同坡向土壤养分因子间还存在差异。

2.1 不同坡向土壤养分因子比较

2.1.1 不同坡向 A 层土壤养分结果

由表 1 可以看出，在腐殖质 A 层上，西坡的有机质、水解氮、有效磷、速效钾均明显高于东坡，铵态氮、pH 略低于东坡，而在含水量、全氮、全磷、C/N 在东西坡上均无显著差异。这说明了东西坡在土壤养分持续供应能力上没有显著差别，而是由于外界环境因子和群落结构的不同，使得西坡的物种相对复杂，生物多样性高，森林凋落物和腐殖质含量丰富，土壤微生物活跃，使得土壤速效养分含量偏高[4]。例如有效磷含量一般是衡量土壤磷素供应水平的确切指标[12]，它一方面受到全磷含量影响，另一方面还与酸碱度有关。西坡的有效磷含量高于东坡可能与其全磷含量高和偏酸性环境下微生物对有机态磷的水解作用强有关。

2.1.2 不同坡向 B 层土壤养分结果

由表 1 可看出，在淀积层 B 层(心土层)上，东坡的全磷、铵态氮、有机质含量高于西坡，速效钾低于西坡，其余指标均无显著差异，而位于中间的山谷无论是在全量养分还是速效养分上均明显高于东、西坡，这是在降雨和淋溶作用下，养分经冲刷、流失后，再聚集和分配的结果[5]。

2.1.3 不同坡向土壤 C 层理化性质结果

由表 1 可看出，在半风化 C 层上，东坡的全氮、全磷、铵态氮、有机质、C/N 略高于西坡，而在速效养分水解氮、有效磷、速效钾上则低于西坡。因为 C 层土壤属于稀根区，尤其是在灌木相对较多的东坡，受到老层土壤淋溶和土壤微生物活动的限制，速效养分不及西坡多，但全量养分持续供应能力较好，这与 B 层相似，同样，长期聚积导致山谷的养分明显高于东西坡。

表 1 不同坡向与不同层次土壤养分含量

类别	土层	东坡	西坡	山谷	平均
含水量（%）	A	81.78	91.71	77.64	84.92
	B	67.82	72.03	78.11	71.56
	C	70.70	66.61	79.01	70.73
石砾含量（%）	A	0.28	0.28	0.31	0.29
	B	0.27	0.23	0.21	0.24
	C	0.31	0.28	0.27	0.29
pH	A	4.78	4.22	4.65	4.53
	B	5.16	4.62	4.90	4.89
	C	5.27	4.81	5.03	5.04
有机质（%）	A	17.89	19.21	14.78	17.80
	B	9.42	8.68	10.46	9.33
	C	9.49	7.51	10.50	8.90

（续）

类别	土层	东坡	西坡	山谷	平均
全 N （mg·kg^{-1}）	A	5806.88	5881.84	5385.86	5752.66
	B	3723.81	3582.57	3800.57	3682.67
	C	2805.69	2794.90	3120.90	2864.41
全 p （mg·kg^{-1}）	A	655.25	625.00	680.44	684.19
	B	563.00	469.60	598.90	532.81
	C	570.74	465.41	671.44	548.75
水解 N （mg·kg^{-1}）	A	598.22	843.84	696.73	716.17
	B	414.68	456.16	432.46	434.83
	C	307.05	308.07	518.70	349.79
铵态 N （mg·kg^{-1}）	A	87.67	63.53	90.69	78.62
	B	57.15	38.23	64.10	50.97
	C	38.13	32.97	53.84	39.21
有效 P （mg·kg^{-1}）	A	4.16	7.52	4.81	5.64
	B	2.18	3.00	2.77	2.63
	C	1.89	2.23	2.74	2.20
速效 K （mg·kg^{-1}）	A	121.42	172.34	157.25	148.95
	B	67.62	79.47	96.76	78.19
	C	61.16	68.28	90.07	69.79
C/N	A	18.17	18.66	15.23	17.78
	B	14.51	13.61	15.8	14.41
	C	20.23	15.20	19.35	18.20

2.2 不同层次土壤养分因子比较

从图 2 可以看出，随着土层深度的变化，各养分含量也呈现不同的变化趋势。其中，pH 由 A 层~C 层逐渐增大[6]，但变化幅度较小，位于 4.5~5.0 之间。森林土壤的酸性是由于凋落物分解产生的有机酸和根系分泌物产生的有机酸能降低表层土壤的酸度[13]，但枯枝落叶分解而产生的有机酸的作用大于根际分泌物。土壤含水率 A~B 层减小了 15.73%，但 B~C 层几乎不变，变化幅度不足 1%。全氮、铵态氮按 A~C 层持续减小，其中全氮和铵态氮 A~B 层分别减小了 31.62%、35.17%，B~C 层分别减小了 22.21%、23.07%。有机质、水解氮、有效磷、速效钾 A~B 层减小，B~C 层无显著变化，在 A~B 层上分别减小了 47.75%、39.28%、53.37%、47.51%，B~C 层只有 4.3%、19.56%、16.30%、11.51%，明显低于前者，而全磷则随着土层的加厚呈现出先减小后增大的趋势，但增加幅度很小，全磷 A~B 层减小 22.13%，B~C 层只增加 3%，这与 C 层石砾百分含量较大，磷矿石相对多有关，但全磷量一般不能作为土壤磷素供应水平的确切指标[7]。C/N 在各层间稳定在 15~20。

2.3 方差分析结果及各养分因子间相关性

对不同土层进行 One-Way ANOVA 分析，结果显示土壤 pH 值、含水率、全氮、水解氮、铵态氮、有机质、有效磷、速效钾只在 AB、AC 层存在极显著差异，BC 层间差异不明显，全磷在 AB 层间差异显著，而 C/N 在 BC 层间差异显著，这说明不同深度土壤的营养元素含量存

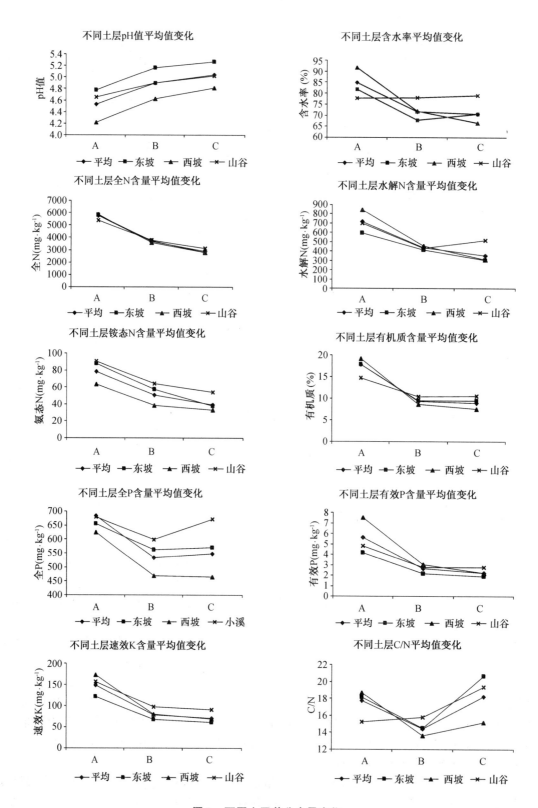

图2 不同土层养分含量变化

在不同程度的差异性[8]。

对东西坡及山谷的各养分因子进行 One-Way ANOVA 分析，结果显示东坡和西坡除 pH 值、铵态氮、有效磷存在显著差异外，其余差异均不明显。这说明东西坡全量养分受不同坡向的影响不大，而不同的林间生物多样性及微生物活动对土壤的改良和养分归还程度不等，使得速效养分存在显著差异。而西坡和山谷在 pH 值、铵态氮、全磷上存在显著差异，这在很大程度上与 pH 值活性酸有关，pH 值的大小直接影响林木的生长、微生物数量和养分的有效性[9][10]，西坡土壤显酸性的 pH 值略低于山谷，使得其部分养分含量也低于山谷。各养分因子间相关性分析(表2)结果显示，土壤各营养元素间的相关性变异较大。其中，pH 值与其他各指标间大都呈不同程度的负相关(与全磷无相关性)，其中与水解氮、有效磷、速效钾呈极显著的负相关；含水率与有机质、水解氮、铵态氮呈极显著正相关；此外，有机质、全氮、水解氮、铵态氮、有效磷、速效钾之间表现为极显著的正相关(但铵态氮和有效磷相关性不大，而全氮和水解氮显示为极显著的高度正相关)，这与土壤全氮、水解氮与土壤有机质之间呈显著的线性关系相符合[11]；全磷与全氮、C/N 与有机质也表现为极显著的正相关。

表2 土壤理化参数相关矩阵

	含水量 (%)	石砾含量(%)	pH 值	有机质 (%)	全 N (mg · kg^{-1})	全 p (mg · kg^{-1})	水解 N (mg · kg^{-1})	铵态 N (mg · kg^{-1})	有效 P (mg · kg^{-1})	速效 K (mg · kg^{-1})	C/N
含水量(%)	1										
石砾含量(%)	−0.203	1									
pH 值	−0.119	−0.102	1								
有机质(%)	0.572**	0.202	−0.327**	1							
全 N(mg · kg^{-1})	0.529**	0.219	−0.434**	0.755**	1						
全 p(mg · kg^{-1})	0.361**	0.096	0.000	0.381**	0.459**	1					
水解 N(mg · kg^{-1})	0.530**	0.169	−0.550**	0.703**	0.813**	0.420**	1				
铵态 N(mg · kg^{-1})	0.472**	0.087	−0.218	0.562**	0.597**	0.400**	0.504**	1			
有效 P(mg · kg^{-1})	0.270*	0.204	−0.685**	0.590**	0.562**	0.225	0.634**	0.382**	1		
速效 K(mg · kg^{-1})	0.263*	0.125	−0.654**	0.518**	0.548**	0.207	0.638**	0.427**	0.667**	1	
C/N	0.231*	0.107	0.009	0.669**	0.007	0.096	0.190	0.237**	0.212	0.186	1

注：** 表示达到 1% 极显著水平，* 表示达到 5% 显著水平。

2.4 东西坡土壤质量比较

根据实验所涉及的指标和研究地实际情况，选取反映土壤质量状况的主要肥力因子作为评价标准，对东西坡土壤质量进行比较。研究发现，各种土壤养分在土壤肥力质量中都起着不可替代的作用，且贡献不等，其中有机质、全氮、全磷所占权重较大，分别为 0.38、0.19、0.13，占土壤肥力质量的 70%[12]。

将东西坡主要养分因子均值进行比较发现，东坡的有机质、全氮、全磷均高于西坡，分别高出 3.96%、0.63%、14.68%，说明东坡土壤肥力质量较好，提供植物养分和生产生物物质的能力强，能满足植物对水、肥、气、热等的要求。

3 结论

东坡和西坡只在 pH 值、铵态氮、有效磷方面表现出较强的差异性，其余差异均不明显。

东坡的 pH 和铵态氮高于西坡，而有效磷则低于西坡。西坡和山谷在 pH 值、铵态氮、全磷上也存在差异显著，且西坡含量低于山谷。

在土壤剖面上，只有 pH 值随着 A~C 层逐渐增加，而土壤含水率、有机质、全氮、全磷、速效养分等指标表现出 A 层 > B 层 > C 层的趋势，且 AB、AC 层差异显著。森林土壤表层的全钾含量不及母质层多，而速效钾的剖面变化则与全钾相反，本次研究中也证明，速效钾含量为 A 层 > B 层 > C 层。

土壤各营养元素间的相关性表现为，pH 值与水解氮、有效磷、速效钾呈极显著的负相关；有机质、全氮、水解氮、有效磷、速效钾之间多表现为极显著的正相关；全磷与全氮、C/N 与有机质也表现为极显著的正相关。

东西坡土壤主要肥力因子显示，东坡的有机质、全氮、全磷均高于西坡，土壤质量优于西坡，能较好地满足植物生长对养分的需求。

参考文献

[1]熊顺贵. 基础土壤学[M]. 中国农业大学出版社，2001，3-10.
[2]张万儒. 中国森林土壤[M]. 科学出版社，1986，445-471.
[3]贾平，郝伟. 落叶松人工林土壤中磷的研究[J]. 东北林业大学学报，1998，26(1)：67-69.
[4]李志洪，赵兰坡，窦森. 土壤学[M]. 北京：化学工业出版社，2005，38-50.
[5]魏孝荣，邵明安. 黄土高原沟壑区小流域坡地土壤养分分布特征[J]. 江西农业大学学报，2007，27(2)：608-610.
[6]游秀花，蒋尔可. 不同森林类型土壤化学性质的比较研究[J]. 江西农业大学学报，2005，37(3)：357-359.
[7]万景利，王利兵，胡小龙，等. 不同人工林土壤养分变化的研究[J]. 内蒙古农业大学学报，2007，28(1)：186-188.
[8]刘鸿雁. 缙云山森林群落次生演替中土壤特性动态变化及其影响因素研究[D]. 西南农业大学农业资源利用，2005.
[9]于宁楼. 九龙山不同森林类型立地长期生产力研究[D]. 北京：中国林业科学研究院，2001.
[10]闫恩荣. 常绿阔叶林退化过程中土壤的养分库动态及植物的养分利用策略[D]. 华东师范大学资环学院环境科学系，2006.
[11]阿守珍，卜耀军，温仲明，等. 黄土丘陵区不同植被类型土壤养分效应研究——以安塞纸房沟流域为例[J]. 西北林学院学报，2006，21(6).
[12]张春. 四川盆中丘陵区成土母质和地形对土壤肥力质量的影响研究[D]. 四川农业大学土地资源管理，2006.

开化生态公益林主要森林类型
水土保持功能综合评价[①]

黄　进[1]　张晓勉[1,2]　张金池[1]

（1. 南京林业大学，江苏南京　210037；2. 浙江省林业科学研究院，浙江杭州　310023）

摘　要： 对浙江省开化县生态公益林中主要森林类型的水土保持功能进行评价。选取林冠截留率、灌草层盖度、枯落物覆盖度、枯落物厚度、枯落物最大持水量、土壤稳渗透速率、土壤非毛管空隙度、土壤可蚀性 k 值为评价指标，构建森林水土保持功能综合评价方法。结合实测数据，对研究区各森林类型水土保持功能进行评价。结果表明：水土保持功能为针阔混交林 > 麻栎林 > 毛竹林 > 马尾松林 > 杉木林；针阔混交林的水土保持功能属较强等级，毛竹林、麻栎、杉木林、马尾松林为中等。

关键词： 生态公益林；水土保持功能；森林类型；评价；开化

中国分类号： S157；S727.22　**文献标识码：** A　**文章编号：** 1005-3409（2010）03-0087-05

　　目前水力侵蚀是世界上分布最广、危害也是最为普遍的一种土壤侵蚀类型。地表土壤侵蚀主要是由降雨过程产生的雨滴击溅、径流冲刷引起，而森林作为一种具有复合功能的生态系统依靠其林冠层、林下灌草层、林地表富集的枯枝落叶层、土壤层对降雨的截持、削弱、蓄存，有效地发挥了其特有的水土保持功能。目前森林生态服务功能及森林生态补偿效益的研究开展得如火如荼，建立健全指标明确、操作实用的森林生态系统水土保持功能综合评价方法是很有必要和意义的。长期以来，我国植被水土保持功能评价研究主要以单一指标——植被覆盖度（森林为森林覆盖率）为主，随着植被水土保持机理研究的深入，近年来许多学者提出了多个指标体系进行综合评价[1]。以覆盖率为指标的评价方法在揭示区域森林植被水土保持功能上有一定的作用，但对特定森林类型水土保持功能的描述上则显得过于简单；同时诸多学者采用的多指标加以主成分分析的评价方法在比较同一研究区不同森林类型的水土保持功能时效果较好，但缺乏全国尺度水平上的对比，无法对其定性评价。

　　当前我国生态公益林建设蓬勃发展，在补偿问题、分类经营、体系建设等方面研究较多，但对生态公益林的水土保持功能以及公益林建设过程中适宜树种的选择研究较少。本文参考前人学者的研究结果，在构建指标明确、应用广泛的森林水土保持功能综合评价方法上作了一定的尝试，并以开化县生态公益林定位监测站为依托，对研究区主要森林类型的水土保持功能加以评价，以期为揭示该区域公益林生态服务功能以及营林建设过程中适宜林型的筛选提供一定的参考依据。

---

①　基金项目：国家"十一五"林业科技支撑项目（2006BAD03A16）。

1 研究区概况

研究区位于浙江省开化县生态公益林定位监测站内，开化县位于浙江省母亲河——钱塘江的源头，处于浙江西部的浙、皖、赣三省交界处，东经118°01′~118°37′，北纬28°54′~29°29′，全县年平均气温16.3℃，极端最高气温41.3℃，极端最低气温-14.2℃，年平均稳定通过10℃的持续天数为237.4d，≥10℃积温5152.4℃，无霜期260d，年平均降水量1762.1mm，年蒸发量1366.2mm，年平均相对湿度81%，年日照时数1785.2h。开化县野生生物资源极为丰富。其中，高等植物244科897属1991种。全县林业用地18.4万hm²，占84.6%。林木蓄积量589万m³，森林覆盖率79.2%，均位于浙江省前列。全县公益林面积10.5万hm²，其中省重点公益林5.6万hm²，占全县林业用地面积的30.1%。2001~2003年承担了国家森林生态效益补助试点公益林建设3.7万hm²、省重点公益林建设0.9万hm²。

2 研究方法

2.1 样地设置

选取毛竹林、针阔混交林(马尾松、木荷、香樟)、麻栎林、杉木林、马尾松林5种具有代表性的生态公益林类型，建立调查样地并进行常规调查，记录其坡向、冠层郁闭度等常规指标，各样地基本情况见表1。

表1 不同林分样地基本情况

森林类型	起源	林龄(a)	密度(株·hm⁻²)	胸径(cm)	树高(m)	郁闭度(%)	坡位	坡向
毛竹林	人工	4	2676	8.89	8.4	0.6	中下	SE
针阔混交林	天然	20	1050	13.2	10.3	0.5	中上	SE
麻栎林	天然	13	953	24.6	15.3	0.75	中下	N
杉木林	人工	8	2432	10.6	12.6	0.65	下	W
马尾松林	人工	6	2653	9.6	7.5	0.8	中下	SE

2.2 试验方法

2.2.1 林冠截留率测定

在样地外布设自动雨量计自动记录林外大气降雨量，林内穿透雨量与树干茎流量依据森林水文定位观测的常规方法测定，树冠截留量按水量平衡公式(1)计算。

$$P_c = P - P_s - P_t \tag{1}$$

式中：P_c为树冠截留量(mm)；P为大气降雨量(mm)；P_s为树干茎流量(mm)；P_t为穿透雨量(mm)。

根据大气降雨量和林冠截留量计算其林冠截留率。

2.2.2 枯落物最大持水量测定

在每块样地内随机布设面积1m²的样方10个。将新采集的枯落物迅速称其鲜质量后，放置于室内干燥通风处7d以上，直至用手触摸无潮湿感时，称其质量作为枯落物风干质量，同时推算枯落物的自然含水率和单位面积蓄积量；枯落物吸持水能力采用浸水法测定，将原状枯落物装入网袋，浸水24h，浸水后枯落物质量与浸水前质量的比值即为最大持水率。根据枯落物蓄积量和最大持水率计算其最大持水量。

2.2.3　土壤理化性质测定

采用甲种比重计法测定土壤机械组成；采用重铬酸钾外加热法测定土壤有机质含量。

2.2.4　土壤水分物理性质测定

采用环刀法测定土壤非毛管孔隙度、毛管孔隙度；采用环刀有压入渗法测定土壤的渗透性能。

2.3　森林水土保持功能综合评价方法构建

森林的水土保持功能是林冠层、灌草层、枯落物层、土壤层4个主要垂直层面截留削弱降雨、拦蓄滞缓径流等作用的综合体现，各层面对森林整体水土保持功能的发挥都有着重要作用，因此要客观定性评价森林水土保持功能的优劣，需要选取能够较好表征这4个层面的指标。

2.3.1　评价原理

目前用于特定对象定性评价的方法有很多，如层次分析法、模糊综合评价、灰色关联评价、神经网络评价等，各评价方法特点不一，但计算过程都较烦琐。本文从实用角度出发，选择使用最为普遍的一种评价方法，即加权综合法。该方法的实质是赋予方案每个指标（准则）权重后，对方案各评价指标下实测值的评分值求加权和。以数学公式表达为

$$U = \sum_{i=1}^{n} w_i V_i(x_{ji}) \qquad (2)$$

式中：U 为待评方案的综合评价值；x_{ji} 为第 j 个方案第 i 个指标的实测值；$V_i(x_{ji})$ 为 x_{ji} 的评分值；w_i 为评价体系中第 i 个指标的权重系数。

$V_i(x_{ji})$ 通过构造不同评价指标的线型评分函数计算得出，见式（2）和式（3）。由于其函数特性，评分值的大小在 [0，1] 中变化。

$$V_i(x)_{\min} = \begin{vmatrix} 1, & x \le a_1 \\ \dfrac{a_2 - x}{a_2 - a_1}, & a_1 < x \le a_2 \\ 0, & x > a_2 \end{vmatrix} \qquad (3)$$

式中：$V_i(x)_{\min}$ 为第 i 个指标偏小型评分函数，在 $(a_1, a_2]$ 中呈递减趋势，即 x 值越小，评分值 $V_i(x)_{\min}$ 越高（a_2、a_1 分别为指标 x 的上下限阀值）。

$$V_i(x)_{\max} = \begin{vmatrix} 0, & x \le a_1 \\ \dfrac{x - a_1}{a_2 - a_1}, & a_1 < x \le a_2 \\ 1, & x > a_2 \end{vmatrix} \qquad (4)$$

式中：$V_i(x)_{\max}$ 为第 i 个指标偏大型评分函数，在 $(a_1, a_2]$ 中呈递增趋势，即 x 值越大，评分值 $V_i(x)_{\max}$ 越高（a_2、a_1 分别为指标 x 的上下限阀值）。

2.3.2　评价指标选取

2.3.2.1　林冠层指标

森林冠层是森林对降雨特征和雨滴动能产生影响的第一个作用层，其对降水的截留作用是森林水文效应的一个重要方面，直接影响降水在森林生态系统中的整个循环过程，雨水通过林冠后，数量、大小及分布、能量等都会发生明显的变化。考虑到林冠层对降雨截留削弱作用的复杂性，选择林冠截留率 X_1 为评价林冠层水土保持功能的指标。

2.3.2.2　林下灌草层指标

林下灌草层作为森林群落层次的重要组成部分，其对林内的穿透雨也有一定的截留、削

弱作用。参考前人的研究成果[1]，选取林下灌草层盖度 X_2 作为评价其水土保持功能的指标。

2.3.2.3 枯落物层指标

枯落物层保持水土功能要表现为 3 个方面：枯落物层对林地表良好的覆盖保护，有效的削弱了降雨雨滴对土壤的打击动能，极大地降低了击溅侵蚀发生的风险；枯落物层的存在增强了林地地表粗糙度，滞缓了径流流速，降低了径流冲刷挟沙的能力；枯落物层具有一定的贮水持水能力，可以有效延长径流历时和增加土壤入渗。为全面评价枯落物层水土保持功能，选取林地地表枯落物覆盖度 X_3、枯落物厚度 X_4、枯落物最大持水量 X_5 为评价指标。

2.3.2.4 土壤层指标

土壤层保持水土功能主要表现在林地土壤入渗贮存降雨和土体自身抵抗水力侵蚀这 2 个方面。土壤水文功能主要以土壤稳渗速率、非毛管孔隙度为评价指标；土壤抗侵蚀性能主要以土壤抗冲性、抗剪切强度、崩解速率、土壤可蚀性 K 值等指标为主，其中土壤可蚀性 K 值研究最为深入，且意义明确、应用广泛、操作规范便捷；因而本文选取土壤稳渗速率 X_6、土壤非毛管空隙度 X_7、土壤可蚀性 K 值 X_8 为评价土壤层水土保持功能的指标。其中土壤可蚀性 K 值越低，则表明土壤抗侵蚀性能越强，K 值采用 EPIC（Erosion Productivity Impact Calculator）模型中的计算方法[21]，见下式：

$$K = \{0.2 + 0.3\exp[-0.0456Sa(1 - Sa/100)]\}\left[\frac{Si}{Cl + Si}\right]^{0.3}$$

$$\left[1 - \frac{0.25C}{C + \exp(3.718 - 2.947C)}\right]\left[1 - \frac{0.75Sn}{Sn + \exp(-5.509 + 22.899Sn)}\right] \quad (5)$$

式中：Sa 为砂粒（0.05~2mm）的重量百分数；Si 为粉粒（0.002~0.05mm）的重量百分数；Cl 为黏粒（<0.002mm）的重量百分数；C 为百分数表示的土壤有机碳含量。

用有机质含量除以 1.724 得到；$Sn = 1 - Sa/100$。这里 K 值计算出来的结果为美制单位 short ton·ac·h/（100ft·short ton·ac·in），将其乘以 0.1317 则可转变为国际制单位 （t·hm²·h）/（MJ·mm·hm²），本文在评价过程中采用国际单位制。

2.3.3 各评价指标阀值、权重的确定

现有的研究结果表明我国森林林冠截留率 X_1 一般在 10%~35%[2-4] 间变化；林下灌草层盖度 X_2 一般在 10%~90% 间变化；枯落物覆盖度 X_3、厚度 X_4、最大持水量 X_5 一般在 10%~90%、0.5~5cm、1~9mm[3-5] 间变化；土壤稳渗速率 X_6、非毛管空隙度 X_7、土壤可蚀性 K 值 X_8 一般分别在 1~8mm/min[6-15]、5%~25%[3,4,16]、0.01~0.09[17-25] 间变化。依据上述各指标实测值的变化范围，设定各评价指标的上下限阀值，同时采用专家打分法为各指标赋上权重，具体见表 2。

表 2 各评价指标阀值及权重系数

指标名称		上限阀值	下限阀值	权重系数
林冠层指标	林冠截留率 X_1/%	35	10	0.17
林下灌草层指标	林下灌草层盖度 X_2/%	90	10	0.13
枯落物层指标	枯落物覆盖度 X_3/%	90	10	0.12
	枯落物厚度 X_4/cm	5	0.5	0.1
	枯落物最大持水量 X_5/mm	9	1	0.1

(续)

指标名称		上限阀值	下限阀值	权重系数
土壤层指标	土壤稳渗速率 $X_6/(\mathrm{mm \cdot min^{-1}})$	8	1	0.12
	土壤非毛管空隙度 $X_7(\%)$	25	5	0.12
	土壤可蚀性 K 值 $X_8/(\mathrm{t \cdot hm^2 \cdot h \cdot MJ^{-1} \cdot mm^{-1} \cdot hm^{-2}})$	0.09	0.01	0.14

2.3.4　各指标评分值计算及功能等级划分

结合表 2 中各评价指标的阀值，各指标的线型评分函数 $V_i(x)$ 分别如下，利用这些公式可以分别计算各指标的评分值。

$$V_1(x_1)_{\max} = \begin{cases} 0, & x_1 \leqslant 10 \\ \dfrac{x_1 - 10}{35 - 10}, & 10 < x_1 \leqslant 35 \\ 1, & x_1 > 35 \end{cases} \qquad V_2(x_2)_{\max} = \begin{cases} 0, & x_2 \leqslant 10 \\ \dfrac{x_2 - 10}{90 - 10}, & 10 < x_2 \leqslant 90 \\ 1, & x_2 > 90 \end{cases}$$

$$V_3(x_3)_{\max} = \begin{cases} 0, & x_3 \leqslant 10 \\ \dfrac{x_3 - 10}{90 - 10}, & 10 < x_3 \leqslant 90 \\ 1, & x_3 > 90 \end{cases} \qquad V_4(x_4)_{\max} = \begin{cases} 0, & x_4 \leqslant 0.5 \\ \dfrac{x_4 - 0.5}{5 - 0.5}, & 0.5 < x_4 \leqslant 5 \\ 1, & x_4 > 5 \end{cases}$$

$$V_5(x_5)_{\max} = \begin{cases} 0, & x_5 \leqslant 1 \\ \dfrac{x_5 - 1}{9 - 1}, & 1 < x_5 \leqslant 9 \\ 1, & x_5 > a_2 \end{cases} \qquad V_6(x_6)_{\max} = \begin{cases} 0, & x_6 \leqslant 5 \\ \dfrac{x_6 - 5}{25 - 5}, & 5 < x_6 \leqslant 25 \\ 1, & x_6 > 25 \end{cases}$$

$$V_7(x_7)_{\max} = \begin{cases} 0, & x_7 \leqslant 1 \\ \dfrac{x_7 - 1}{8 - 1}, & 1 < x_7 \leqslant 8 \\ 1, & x_7 > 8 \end{cases} \qquad V_8(x_8)_{\min} = \begin{cases} 1, & x_8 \leqslant 0.01 \\ \dfrac{0.09 - x_8}{0.09 - 0.01}, & 0.01 < x_8 \leqslant 0.09 \\ 0, & x_8 > 0.09 \end{cases}$$

式中：$V_1(x_1)_{\max}$，$V_2(x_2)_{\max}$，$V_3(x_3)_{\max}$，$V_4(x_4)_{\max}$，$V_5(x_5)_{\max}$，$V_6(x_6)_{\max}$，$V_7(x_7)_{\max}$，$V_8(x_8)_{\min}$ 分别为评价指标林冠截留率 X_1、林下灌草层盖度 X_2、枯落物覆盖度 X_3、枯落物厚度 X_4、枯落物最大持水量 X_5、土壤稳渗速率 X_6、土壤非毛管空隙度 X_7、土壤可蚀性 K 值 X_8 的线型评分函数，x_1、x_2、…，x_8 分别为评价指标 X_1、X_2、…，X_8 的实测值。

依据森林水土保持功能综合评价值 U 的大小可以将待评森林水土保持功能定性划分为 5 个功能等级：强(0.8~1.0)、较强(0.6~0.8)、中等(0.4~0.6)、较弱(0.2~0.4)、弱(0~0.2)。

3　结果与分析

开化县生态公益林主要森林类型水土保持功能各评价指标的实测值见表 3(均为统计平均值)。

表 3　不同森林类型各评价指标实测值

森林类型	X_1 (%)	X_2 (%)	X_3 (%)	X_4 (cm)	X_5 (mm)	X_6 $(\mathrm{mm \cdot min^{-1}})$	X_7 (%)	X_8 $[(\mathrm{t \cdot hm^2 \cdot h})/(\mathrm{MJ^{-1} \cdot mm^{-1} \cdot hm^{-2}})]$
毛竹林	21.6	20	85	3.1	3.25	5.41	18.9	0.041
针阔混交林	27.1	55	80	4.8	5.32	5.36	16.7	0.040

（续）

森林类型	X_1 (%)	X_2 (%)	X_3 (%)	X_4 (cm)	X_5 (mm)	X_6 (mm·min^{-1})	X_7 (%)	X_8 [(t·hm^2·h)/(MJ^{-1}·mm^{-1}·hm^{-2})]
麻栎林	24.5	40	90	5.3	5.94	3.28	10.7	0.039
杉木林	17.5	35	65	3.4	2.16	3.71	15.5	0.032
马尾松林	19.9	60	60	1.8	1.17	5.06	16.4	0.035

运用构建的森林水土保持功能综合评价方法和表3中的数据，得到结果，见表4。根据各森林类型综合评价值 U 的大小，发现水土保持功能为针阔混交林(0.6764) > 麻栎林(0.5916) > 毛竹林(0.5383) > 马尾松林(0.4888) > 杉木林(0.4640)。

表4 各森林类型水土保持功能综合评价结果

森林类型	X_1	X_2	X_3	X_4	X_5	X_6	X_7	X_8	综合评价值 U	功能等级
毛竹林	0.4640	0.1250	0.9375	0.5778	0.2813	0.6300	0.6950	0.6125	0.5383	中等
针阔混交林	0.6840	0.5625	0.8750	0.9556	0.5400	0.6229	0.5850	0.6250	0.6764	较强
麻栎林	0.5800	0.3750	1.0000	1.0000	0.6175	0.3257	0.2850	0.6375	0.5916	中等
杉木林	0.3000	0.3125	0.6875	0.6444	0.1450	0.3871	0.5250	0.7250	0.4640	中等
马尾松林	0.3960	0.6250	0.6250	0.2889	0.0212	0.5800	0.5700	0.6875	0.4888	中等

4 结论

(1) 开化生态公益林主要森林类型在森林发挥水土保持功能的不同环节上存在着一定差异，林冠截留率由高至低依序为针阔混交林、麻栎林、毛竹林、马尾松林、杉木林；枯落物最大持水量高至低依序为麻栎林、针阔混交林、杉木林、毛竹林、马尾松林；土壤水文功能由高至低依序为毛竹林、针阔混交林、马尾松林、杉木林、麻栎林；土壤抗侵蚀性能由高至低依序为杉木林、马尾松林、麻栎林、针阔混交林、毛竹林。

(2) 开化生态公益林主要森林类型水土保持功能综合评价结果显示，针阔混交林 > 麻栎林 > 毛竹林 > 马尾松林 > 杉木林；针阔混交林的水土保持功能属较强等级，毛竹林、麻栎林、杉木林、马尾松林为中等等级。开化地区针阔混交林的水土保持功能最好，在该区域生态公益林管理发展过程中，应将针阔混交林作为重要营林类型加以建设。

参考文献

[1] 韦红波，李锐，杨勤科. 我国植被水土保持功能研究进展[J]. 植物生态学报，2002，26(4)：489 - 496.

[2] 程根伟. 山地森林生态系统水文循环与数学模拟[M]. 北京：城市科学出版社，2004，14 - 15.

[3] 刘世荣，孙鹏森，温远光. 中国主要森林生态系统水文功能的比较研究[J]. 植物生态学报，2003，27(1)：16 - 22.

[4] 温光远，刘世荣. 我国主要森林生态系统类型降雨截流规律的数量分析[J]. 林业科学，1995，31(4)：289 - 298.

[5] 王佑民. 中国林地枯落物持水保土作用研究概况[J]. 水土保持学报，2000，14(4)：108 - 113.

[6] 朱兵兵，张平仓，王一峰，等. 长江中上游地区土壤入渗规律研究[J]. 长江科学院院报，2006，28(4)：43 - 47.

[7] 王鹏程，肖文发，张守攻，等. 三峡库区主要森林植被类型土壤渗透性能研究[J]. 水土保持学报，

2007，(6)：51－54.

[8] 袁建平，张素丽，张春燕，等．黄土丘陵区小流域土壤稳定入渗速率空间变异[J]．土壤学报，
2001，38(4)：579－583.

[9] 刘少冲，段文标，陈立新．莲花湖库区几种主要林型水文功能的分析和评价[J]．水土保持学报，
2007，21(1)：79－83.

[10] 王云琦，王玉杰．缙云山典型林分森林土壤持水与入渗特性[J]．北京林业大学学报，2007，28
(3)：102－108.

[11] 吕刚，吴祥云，雷泽勇，等．辽西半干旱低山丘陵区人工林地表层土壤水文效应[J]．水土保持学
报，2008，22(5)：204－208.

[12] 杨海龙，朱金兆，毕利东．三峡库区森林流域生态系统土壤渗透性能的研究[J]．水土保持学报，
2003，17(3)：63－65.

[13] 潘紫文，刘强，佟得海．黑龙江省东部山区主要森林类型土壤水分的入渗速率[J]．东北林业大学
学报，2003，30(5)：24－26.

[14] 王月玲，蒋齐，蔡进军，等．半干旱黄土丘陵区土壤水分入渗速率的空间变异性[J]．水土保持通
报，2008，28(4)：52－55.

[15] 王伟，张洪江，李猛，等．重庆市四面山林地土壤水分入渗特性研究与评价[J]．水土保持学报，
2008，22(4)：95－98.

[16] 孙向阳．土壤学[M]．北京：中国林业出版社，2004，131－135.

[17] 张文太，于东升，史学正，等．中国亚热带土壤可蚀性 K 值预测的不确定性研究[J]．土壤学报，
2009，46(2)：185－191.

[18] 王小丹，钟祥浩，王建平．西藏高原土壤可蚀性及其空间分布规律初步研究[J]．干旱地区地理，
2004，27(3)：343－346.

[19] 张科利，蔡永明，刘宝元，等．黄土高原地区土壤可蚀性及其应用研究[J]．生态学报，2001，21
(10)：1687－1695.

[20] 刘吉峰，李世杰，秦宁生，等．青海湖流域可蚀性 K 值研究[J]．干旱区地理，2006，29(3)：
321－326.

[21] 刘宝元，张科利，焦菊英．土壤可蚀性及其在侵蚀预报中的应用[J]．自然资源学报，1999，14
(4)：345－349.

[22] 郝芳华，程红光，杨胜天．非点源污染模型——理论方法与应用[M]．北京：中国环境科学出版
社，2006，36－37.

[23] 牛德奎，郭晓敏．土壤可蚀性研究现状及趋势分析[J]．江西农业大学学报，2004，26(6)：
936－940.

[24] 卜兆宏，杨林章，卜宇行，等．太湖流域苏皖汇流区土壤可蚀性 K 值及其应用的研究[J]．土壤学
报，2002，39(2)：296－300.

[25] 宋阳，刘连友，严平，等．土壤可蚀性研究述评[J]．干旱区地理，2006，29(1)：124－131.

西天目山毛竹林土壤呼吸特征及其影响因子[①]

李雅红[1]　江　洪[1,2]　原焕英[2]　刘源月[3]　周国模[2]　余树全[2]

(1. 三峡库区生态环境教育部重点实验室, 西南大学生命科学学院　重庆　400715;

2. 浙江林学院国际空间生态与生态系统生态研究中心, 浙江杭州　311300;

3. 南京大学国际地球系统科学研究所, 江苏南京　210093)

摘　要: 毛竹(*Phyllostachys edulis*)是中国南方重要的森林资源, 在区域碳平衡中扮演重要的角色。研究毛竹林土壤呼吸特征及影响因子有助于了解其土壤 CO_2 释放过程的关键驱动因子, 为进一步揭示毛竹林土壤碳循环特点提供科学依据。以浙江省西天目山自然保护区毛竹林为研究对象, 利用 LI-Cor 8100 开路式土壤碳通量测量系统测定(2007 年 5、8、11 月, 2008 年 1、3 月)土壤呼吸速率及环境因子, 同时取 0~20 cm 土层土样测定土壤酶活性, 结果表明: ①毛竹林土壤呼吸具有典型的日动态和季节变化模式, 日动态变化较为平缓, 土壤呼吸的季节变化较为显著($p < 0.05$), 最大值($5.99\ \mu mol \cdot m^{-2} \cdot s^{-1}$)出现在 2007 年 8 月, 最小值($1.08\ \mu mol \cdot m^{-2} \cdot s^{-1}$)出现在 2008 年 1 月。②回归方程表明, 土壤呼吸与土壤 5 cm 温度呈极显著的指数相关关系($p < 0.001$), 与土壤体积含水量相关性较弱($p > 0.05$), 与近地面大气温度和 CO_2 浓度分别呈极显著的指数相关关系($p < 0.001$)和显著的线性相关关系($p < 0.05$)。③相关分析表明, 土壤脲酶、蔗糖酶、纤维素酶活性与土壤呼吸均呈正相关, 其中纤维素酶活性达到显著水平。综合分析表明毛竹林土壤温度是调控土壤呼吸季节变化的主要驱动因子, 近地面大气环境及土壤酶活性的变化也对其产生不容忽视的影响。

关键词: 毛竹; 土壤呼吸; 环境因子; 脲酶; 蔗糖酶; 纤维素酶

土壤呼吸是土壤碳库的主要输出途径和大气 CO_2 重要的源, 全球每年土壤呼吸释放的 CO_2 量高达 50~75GtC[1], 为化石燃料燃烧释放量的 10 倍以上[2], 因此即使是土壤呼吸的微小变化, 也将会对全球碳平衡及温室效应产生重大影响。森林是陆地生态系统的主体, 其土壤碳占全球土壤碳的 73%[3], 森林土壤呼吸亦是陆地生态系统土壤呼吸的重要组成部分, 因此研究森林土壤呼吸对探讨全球 CO_2 变化及其影响具有重要的意义。在土壤呼吸与气候变化、碳交易及环境政策紧密相关的背景下, 国内外, 掀起了研究土壤呼吸的热潮。目前对森林土壤呼吸的研究主要集中在对不同地带、不同森林类型的碳排放量以及影响土壤呼吸的环境因子方面[4-17], 为阐明森林土壤呼吸特点及在全球碳循环中的地位与作用做出了重要贡献。

毛竹在我国分布最广、面积最大, 达 400 万 hm^2, 以其生长快、周期短等特有的结构与功

① 基金项目: 科技部 973 项目(2005CB422207 & 2005CB422208); 国家自然科学基金项目(40671132); 科技部数据共享平台建设项目(2005DKA32306 和 2006DKA32308); 科技部国际合作项目(20073819); 科技部重大科技基础项目(2007FY110300); 浙江省科技厅重大项目(2006C12060 和 2008C13G2100010)资助。

能特性使其有别于其他类型的森林生态系统，在维护生态平衡方面发挥了重要作用[18-19]。当今全球森林面积急剧下降，而竹林面积却以每年3%左右的速度在递增，这意味着竹林将是一个不断增大的碳汇，但对毛竹林地土壤呼吸的研究尚少[20-22]，且集中在对毛竹林土壤呼吸与土壤温度和水分的关系的研究。本试验选取浙江西天目山天然毛竹林为研究对象，在不同月份，测定了土壤呼吸速率、土壤温度、土壤体积含水量、近地面大气温度、湿度、CO_2浓度及大气压强的日动态变化以及土壤(0~20cm)的酶活性。研究了我国亚热带毛竹林土壤呼吸的日动态变化规律，探讨影响土壤呼吸季节变化的主要驱动因子，为准确评估毛竹林生态系统碳收支提供科学依据和参考。

1 材料与方法

1.1 研究地概况

研究区域位于浙江省西天目山自然保护区内，天目山于1956年被国家林业部划为森林禁伐区，作为自然保护区加以保护。该地区处于中国东部亚热带季风区(30°18′~30°25′N，119°23′~119°29′E)。山麓年平均气温为14.8~15.6℃，最冷月平均温度为3.4℃，极端最低气温为－13.1℃，最热月平均气温为28.1℃，极端最高气温达38.2℃，无霜期为235d，年降水量为1390~1870mm，形成浙江西北部的多雨中心。冬季寒冷干燥，夏季炎热潮湿。

试验地设于海拔431m，较为平坦的毛竹林内，土壤为黄红壤，土壤容重在1.23~1.56g·cm^{-3}之间，土层厚度约100cm。毛竹的平均胸径是8.08cm，平均树高是17.67m，乔木层是毛竹，郁闭度0.9；林下灌木稀少，偶有山胡椒(*Lindera glauca*)，鸡爪槭(*Acer palmatum*)，南天竹(*Nandina damestica*)等，草本层有络石(*Trachelospermum jasminoides*)，爬山虎(*Parthenocissus tricuspidata*)，小野芝麻(*Galeobdolon chinense*)，栗褐苔草(*Carex brunnea*)等；枯枝落叶层厚度平均约为2.5 cm。土壤理化性质见表1。

表1 毛竹林主要土壤理化性质(0~20cm) mg·g^{-1}

pH 值	全氮	碱解氮	速效磷	速效钾	Ca	Na	Mg	Al	Fe	Zn
5.50	0.82	0.21	0.03	0.07	4.47	2.39	3.93	17.89	16.93	0.28

1.2 土壤呼吸测定

在毛竹林地内设有1个5m×20m的样地，在样地内随机选取6个2m×3m的小样方，每个小样方内随机嵌入1个PVC环，深度3~5cm。利用LI-Cor 8100开路式土壤碳通量测量系统(Li-cor Inc.，Lincoln，NE，USA)，于2007年5、7、11月和2008年1、3月，每周选择1d，时间从08：00~16：00，1次/2h测量土壤呼吸速率。土壤呼吸测定尽量选择晴天或雨后2d测定，尽量不破坏原来土壤物理结构，并分别剪除掉地表以上的植物活体部分。土壤温度和湿度由LI-Cor8100携带的探针进行同步测定，探针插入5cm处，分别测得土壤5cm处土壤和土壤体积含水量。每次呼吸室关闭会记录初始的大气压、相对湿度、大气温度及CO_2浓度，可以认为是周围近地面大气的气压、相对湿度、温度及CO_2浓度。

1.3 土壤酶活性测定

每天测量土壤呼吸的同时，在样地内(5m×20m)，按S型选取6点，每点采集0~20cm土壤，混合为1包土样，重复选S型3次(共选取18个点，共3包土样)，样品带回实验室，挑出土样中的石子、根系等杂质，经风干、过筛后，尽快测量。脲酶测定：苯酚钠-次氯酸钠比色法，脲酶活性以24h后1g土壤中NH_3-N的毫克数表示；蔗糖酶测定：3,5-二硝基水杨酸比色法，蔗糖酶活性以24h后1g土壤葡萄糖的毫克数表示；纤维素酶测定：3,5-二硝基水杨酸比色法，纤维素酶活性以72h后10g土壤生成葡萄糖毫克数表示[23]。

1.4 数据分析

统计分析基于SPSS13.0进行，采用指数和线性回归的方法分析土壤呼吸与环境因子的关系，One-Way ANOVA方差分析不同月份间土壤呼吸与酶活性的差异，并用LSD法进行多重比较，Pearson相关分析不同月份间土壤呼吸与土壤酶活性的相关程度。在数据分析前，对所有数据进行正态性与方差齐性检验。由Sigmplot10.0绘图。

2 结果

2.1 毛竹林土壤呼吸特征及与环境因子关系

2.1.1 土壤呼吸日动态及季节变化

毛竹林地土壤呼吸日变化表现出较为平缓的单峰曲线，不同月份土壤呼吸日动态变化特征不同（图1）。土壤呼吸的峰值主要出现在12:00或14:00，这与土壤温度的日变化基本一致。不同月份的土壤呼吸的日变幅差异较大，2007年8月土壤呼吸的日变幅最大（3.34~7.87μmol·m⁻²·s⁻¹），2008年1月变幅最小（0.84~1.35μmol·m⁻²·s⁻¹）。毛竹林土壤呼吸表现出明显的季节变异，月平均土壤呼吸变幅在1.08~5.99μmol·m⁻²·s⁻¹之间，不同月份的土壤呼吸均值间具有显著差异（图2），在最热的8月，土壤呼吸速率最高，随着土壤温度的下降，土壤呼吸也逐渐减小，在1月达到最小值。

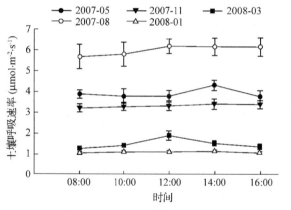

图1 毛竹林土壤呼吸日变化
（平均值±标准误）

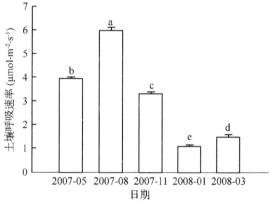

图2 毛竹林土壤呼吸季节变化
注：柱体上不同字母表示存在显著差异（p=0.05）

2.1.2 土壤呼吸与环境因子的关系

土壤5cm温度，土壤体积含水量，大气温度、湿度、CO_2浓度、大气压强都是导致土壤呼吸变化的重要环境因子。由于它们的日变幅较小，导致土壤呼吸日变化微弱，但环境因子在不同月份间差异较大，为揭示环境因子对土壤呼吸季节变化的影响，将各月份各时间点的土壤呼吸的均值与相应的各环境因子的均值用不同的回归方程反映它们之间的关系（图3）。其中，土壤呼吸与土壤5cm温度和空气温度的指数相关均达到极显著水平（$p<0.001$），其中土壤5cm温度可以解释毛竹林土壤呼吸变化的94.09%，说明土壤温度是毛竹土壤呼吸变化的决定性因子。土壤温度和大气温度变化规律表现较好的一致性，二者为正相关关系（$R^2=0.82$）。土壤呼吸随大气湿度和土壤体积含水量的增加而增加，但线性回归的相关性均不显著。土壤

呼吸与近地面 CO_2 浓度呈显著正相关关系（$p < 0.05$），与大气压强负相关，但相关性较弱。

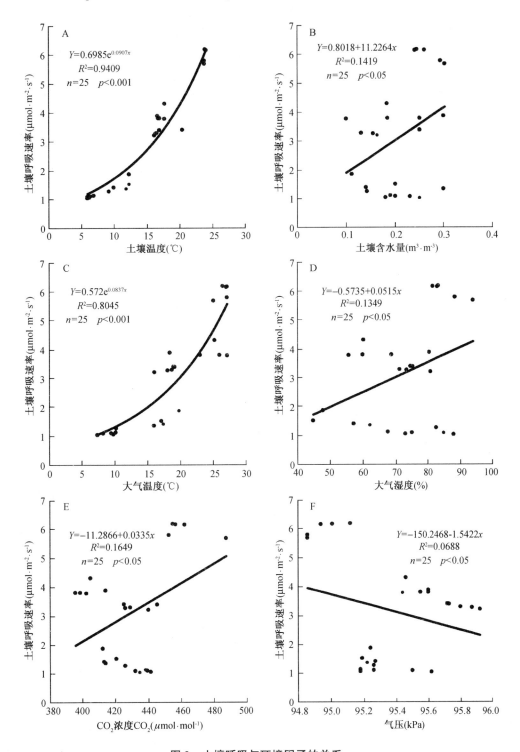

图3　土壤呼吸与环境因子的关系

A，B，C，D，E，F分别代表土壤5cm温度，土壤体积含水量，大气温度，大气湿度，
大气 CO_2 浓度和大气压强与土壤呼吸的关系

2.2 不同月份间土壤酶活性及与土壤呼吸的关系

土壤酶能够促进土壤有机质和某些矿质化合物间的转化，在营养元素的生物学循环中起着重要的作用。土壤脲酶是一种水解性酶，可以分解有机质生成氨和 CO_2，蔗糖酶广泛存在于各种土壤中，直接参与土壤有机质的代谢过程，纤维素酶分解纤维素形成腐殖质和释放碳素养分，这 3 种酶在土壤碳素代谢中起着极其重要的作用。结果表明，土壤脲酶活性的最大值是最小值的 5.01 倍，土壤蔗糖酶活性的最大值是最小值的 12.58 倍，土壤纤维素酶活性的最大值是最小值的 3.56 倍(图 4)。说明土壤蔗糖酶活性的季节变化最大，土壤纤维素酶的变化最小，土壤脲酶居中。土壤酶活性与土壤呼吸的季节变化基本一致，生长旺盛的季节较高，非生长季节相对较低。将土壤酶活性的月平均值与相应的土壤呼吸进行简单相关分析表明，土壤酶活性与土壤呼吸均呈正相关(如表 2)，但仅土壤纤维素酶活性与土壤呼吸的相关系数为 0.91，达到显著水平。

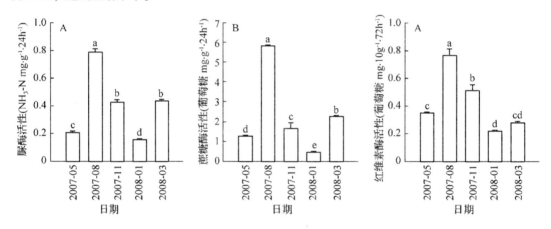

图 4　不同月份间土壤酶活性比较

A，B，C 分别代表不同月份间土壤脲酶，蔗糖酶及纤维素酶活性；柱体上的不同字母表示存在显著差异($p = 0.05$)

表 2　土壤呼吸与土壤酶活性的相关关系

	脲酶活性	蔗糖酶活性	纤维素酶活性
相关系数	0.71	0.79	0.91[*]

> * $p < 0.05$。

3　讨论

3.1　毛竹林土壤呼吸日动态特征及季节变异性

许多研究表明，土壤呼吸具有明显的日动态变化规律，但日变化动态却不尽相同。云南石林林地的土壤呼吸日变化呈双峰，高峰出现在 18：00 和 4：00[24]；六盘山天然次生林的土壤呼吸日变化呈单峰型，最大值出现 13：00~15：00[25]；长白山长白松林地内土壤呼吸速率日变化呈单峰型，峰值出现在 12：00~14：00[26]；塔里木河下游荒漠河岸林群落土壤呼吸的日动态变化呈单峰型，但不同月份最大值出现的时间不同，8 月最大值出现在 16：00，9 月出现在 12：00[27]；本研究表明，毛竹林土壤呼吸具有较为明显的日变化规律，基本上表现为单峰曲线，峰值出现在 12：00 或 14：00，与土壤温度的日变化相似，但土壤呼吸的日变幅较小，可能由于毛竹林郁闭度较高，在较短的时间内(1d)，林内小气候受外界环境因子的影响较少。

本研究表明，毛竹林地不同月份之间土壤呼吸存在显著差异（$p < 0.05$），2007 年 8 月土壤呼吸显著高于 2007 年 5 月、11 月、2008 年 3 月和 1 月，土壤呼吸具有明显的季节变异。肖复明[21]对湖南会同林区毛竹林土壤呼吸的季节变化规律的发现，毛竹林地土壤呼吸的季节变化曲线呈单峰型，8 月达到土壤呼吸的最大值，这与本研究的结果相一致。5 月为新竹生长旺季，每日可长 80~100mm，毛竹需从土壤中汲取大量的营养物质，供新竹生长需要，因此毛竹的根系呼吸会增强，产生大量的 ATP，为营养元素从根际运输到植物地上部分提供动力。8 月是本研究中土壤温度最高的月份，此期间雨水丰富，使得土壤呼吸达到全年最大值。此后土壤温度开始下降，可能导致土壤呼吸减缓。1 月是土壤温度最低的月份，也是土壤呼吸最小的月份。3 月初土温上升到 10℃以上，毛竹由芽生长发育成竹笋再长成新竹，此时是毛竹生长季的初期，根际呼吸开始加强，此时的土壤呼吸明显高于 1 月的土壤呼吸速率。

3.2　环境因子对毛竹林土壤呼吸的影响

土壤呼吸是指未经扰动的土壤中产生 CO_2 的所有代谢过程，主要包括根系呼吸（自养呼吸的一部分）以及土壤微生物和土壤动物的异养呼吸[28]，这些过程均受到环境因子的强烈影响。大多数研究表明，土壤温度与湿度是驱动土壤呼吸变化的主要环境因子[6-10]，二者的交互作用可以解释森林土壤呼吸变化的 67.5%~90.6%[29]。本研究中，土壤温度是主要环境因子。土壤呼吸与土壤温度呈极显著的指数关系，土壤温度可以解释土壤呼吸变化的 94.09%。土壤体积含水量与土壤呼吸不存在显著关系，土壤体积含水量仅可以解释土壤呼吸变化的 14.19%。这与黄承才等[20]、张连举等[22]在不同区域的毛竹林中，土壤呼吸与土壤温度呈正相关，而与土壤含水量不存在相关性的研究结果是一致的。土壤呼吸不仅受到土壤环境的影响，还与近地面大气环境因素密切相关，本研究发现，近地面气温、CO_2 浓度均与土壤呼吸呈显著正相关（$p < 0.05$）。有研究发现，大气 CO_2 浓度升高的施肥效应和抗蒸腾效应促进了植物根与叶对碳的同化作用，增强了根系呼吸，从而增大了土壤总呼吸[30-32]，本研究也支持这些观点。总之除土壤温度与湿度外，土壤呼吸还受近地面大气环境的影响，因此应加强对其精确、持续的观测，为揭示不同环境因子对土壤呼吸产生的不同影响及为建立更加精确的土壤碳释放模型提供科学依据。

3.3　土壤酶活性对毛竹林土壤呼吸的影响

土壤呼吸不仅受外界环境条件的影响，同时受土壤酶活性变化的影响。Lee 等[33]和 Borken 等[34]认为，20cm 以上土层包含了 90%以上或更大比例的根系和土壤微生物生物量，此深度的土壤对土壤碳释放的贡献远远大于深层土壤。土壤脲酶、蔗糖酶、纤维素酶是土壤碳素循环的主要酶类，参与土壤有机物质分解释放 CO_2 的反应。本研究对 0~20cm 土层土壤酶活性的研究发现，土壤呼吸随土壤酶活性的增加而增加。但本实验中土壤酶活性的测量是基于不同月份的土壤样品，土壤酶的测定采用生物化学常规方法，用在相同条件下测定土壤酶所消耗基质的多少来表征土壤酶的活性[23]，并没有对其含量进行定量测定。这仅能在一定程度上，揭示了土壤酶对土壤呼吸的影响，如深入研究土壤酶对土壤呼吸变化的机理，还需要对与碳循环相关酶类的深入研究。

总之，土壤呼吸的变化是多因子复杂交互作用的结果，既包括环境因子，也包括土壤本身的一些理化性质，而环境因子是通过调控土壤总呼吸的所有酶促反应的微环境而影响土壤呼吸的，因此，在揭示环境因子对土壤呼吸的过程中，应更多的关注引起土壤呼吸本质变化的土壤理化及生化性质等，对深入研究土壤碳释放机理提供理论依据。基于前人研究环境因子对土壤呼吸影响已经较为深入的前提下，本试验通过为期 1 年的研究发现，土壤温度是影响毛竹林土壤呼吸的主要环境因子，土壤酶活性对土壤呼吸的影响也较大，不容忽视。但因试验周期较短，涉及的影响因子还不够全面，应进行深入的、连续的观测，进而为竹类土壤碳释放的研究提供科学参考。

参考文献

[1] Falk M, Paw U K T, Wharton S, Schroeder M. Is soil respiration a major contributor to the carbon budget within a Pacific Northwest old-growth forest? Agricultural and Forest Meteorology, 2005, 135: 269 – 283.

[2] Schlesinger W H. Carbon balance in terrestrial detritus. Annual Review of Ecology and Systematics, 1977, 8: 51 – 81.

[3] Post W M, Emanuel W R, Zinke P J, Stangenberger A G. Soil carbon pool and world life zones. Nature, 1982, 298: 156 – 159.

[4] Risk D, Kellman L, Beltrami H. Carbon dioxide in soil profiles: production and temperature dependence. Geophysical Research Letters, 2002, 29(6): 11 – 14.

[5] Vanhala P. Seasonal variation in the soil respiration rate in coniferous forest soils. Soil Biology & Biochemistry, 2002, 34(9): 1375 – 1379.

[6] Bond-Lamberty B, Wang C K, Gower S T. Contribution of root respiration to soil surface CO_2 flux in a boreal black spruce. Tree Physiology, 2004, 24(12): 1387 – 1395.

[7] Conant R T, Dalla-Betta P, Klopatek C C, Klopatek J A. Controls on soil respiration in semiarid soil. Soil Biology & Biochemistry, 2004, 36: 945 – 951.

[8] Yang J Y, Wang C K. Effects of soil temperature and moisture on soil surface CO_2 flux of forests in northeastern China. Journal of Plant Ecology, 2006, 30(2): 286 – 294.

[9] Zhou H Y, Zhang Y D, Song H L, Wu S Y. Soil respiration in temperate secondary forest and Larix gmelinii plantation in Northeast China. Chinese Journal of Applied Ecology, 2007, 18(12): 2668 – 2674.

[10] Wang M, Ji L Z, Li Q R, Liu Y Q. Effects of temperature and moisture on soil respiration in different forest types in Changbai Mountain. Chinese Journal of Applied Ecology, 2003, 14(8): 1234 – 1238.

[11] Chang J G, Liu S R, Shi Z M, Chen B Y, Zhu X L. Soil respiration and its components partitioning in the typical forest ecosystems at the transitional area from the northern subtropics to warm temperate. China. Acta Ecologica Sinica, 2007, 27(5): 1791 – 1802.

[12] Yang Y S, Chen G S, Wang X G, Xie J S, Gao R, Li Z, Jin Z. Response of soil CO_2 efflux to forest conversion in subtropical zone of China. Acta Ecologica Sinica, 2005, 25(7): 1684 – 1690.

[13] Fang Q L, Sha L Q. Soil respiration in a tropical seasonal rain forest and rubber plantation in Xishuangbanna, Yunnan, SW China. Journal of Plant Ecology, 2006, 30(1): 97 – 103.

[14] Rodeghiero M, Cescatti A. Main determinants of forests soil respiration along an elevation/temperature gradient in the Italian Alps. Global Change Biology, 2005, 11: 1024 – 1041.

[15] Martin J G, Bolstad P V. Annual soil respiration in broadleaf forests of northern Wisconsin: influence of moisture and site biological, chemical, and physical characteristics. Biogeochemistry, 2005, 73: 149 – 182.

[16] Saiz G, Green C, Butterbach-Bahl K, Kiese R, Avitabile V. Seasonal and spatial variability of soil respiration in four Sitka spruce stands. Plant and Soil, 2006, 287(1/2): 161 – 176.

[17] Liu Q, Edwards N T, Post W M, Gu L, Ledford J, Lenhart S. Temperature-independent diel variation in soil respiration observed from a temperate deciduous forest. Global Change Biology, 2006, 12(11): 2136 – 2145.

[18] Wang Y, Wang B, Zhao G D, Guo H, Ding F J, Ma X Q. Study on carbon balance in *phyllostachys edulis* plantation ecosystem. China Forest Science and Technology, 2008, 22(4): 9 – 11.

［19］Wu J S, Hu M Y, Cai T F, Yu G J. The relationship between soil environment and the growth of *phyllostachys pubescens*. Journal of Bamboo Research, 2006, 25(2): 3-6.

［20］Huang C C, Ge Y, Chang J, Lu R, Xu Q S. Studies on the soil respiration of three woody plant communities in the eastmid subtropical zone, China. Acta Ecologica Sinica, 1999, 19(3): 324-328.

［21］Xiao F M, Fan S H, Wang S L, Xiao C Y, Shen Z Q. Soil carbon cycle of *Phllyostachy edulis* plantion in huitong region, Hunan province. Scientia Silvae Sinicae, 2009, 45(6): 11-15.

［22］Zhang L J, Wang B, Liu Y Q, Chen B, Ao J Y. Study on the hydrology dynamics of needle-broad mixed plantation and evergreen broad-leaved in Dagangshan. Acta Agriculturae Universitatis Jiangxiensis, 2007, 29(1): 72-84.

［23］Guan S Y. Soil enzymes and the research method. Beijing : Agriculture Press, 1986, 275-297.

［24］Cao J H, Song L H, Jiang G H, Xie Y Q, You S Y. Diurnal dynamics of soil respiration and carbon stable isotope in Lunan stone forest, Yunnan province. Carsologica Sinica, 2005, 24(1): 23-27.

［25］Wu J G, Zhang X Q, Xu D Y. The temporal variations of soil respiration under different land use in Liupan Mountain forest zone. Environmental Science, 2003, 24(6): 23-32.

［26］Liu Y, Han S J, Hu YL, Dai G H. Effects of soil temperature and humidity on soil respiration rate under Pinus sylvestriformis forest. Chinese Journal of Applied Ecology, 2005, 16(9): 1581-1585.

［27］Huang X, Li W H, Chen Y N, Ma J X. Soil respiration of desert riparian forests in the lower reaches of Tarim River as affected by air temperature at 10cm above the ground surface and soil water. Acta Ecologica Sinca, 2007, 27(5): 1951-1959.

［28］Fang J Y, Wang W. Soil respiration as a key belowground process: Issues and perspectives. Journal of Plant Ecology, 2007, 31(3): 345-347.

［29］Wang G J, Tian D L, Zhu F, Yan W D, Li S Z. Comparison of soil respiration and its controlling factors in sweetgum and Camphortree plantations in Hunan, China. Acta Ecologica Sinica, 2008, 28(9): 4107-4114.

［30］King J S, Hanson P J, Bernhardt E, DeAngeli P, Norby R J, Pregizer K S. A multiyear synthesis of soil respiration responses to elevated atmospheric CO_2 from four forest FACE experiments. Global Change Biology, 2004, 10(6): 1027-1042.

［31］Lin G H, Rygiewicz P T, Ehleringer J R, Johnson M G, Tingey D T. Time-dependent responses of CO_2 efflux components to elevated atmospheric [CO_2] and temperature in experimental forest mesocosms. Plant and Soil, 2001, 229: 259-270.

［32］Norby R J, Hanson P J, O'Neill E G, Tschaplinski T J, Weltzin J F, Hansen R A, Cheng W X, Wullschleger S D, Qunderson C A, Edwards N T, Johnson D W. Net primary productivity of a CO_2-enriched deciduous forest and the implication for carbon storage. Ecological Applications, 2002, 12(5): 1261-1266.

［33］Lee M S, Nakane K, Nakatsubo T, Koizumi H. Seasonal changes in the contribution of root respiration to total soil respiration in a cool-temperature deciduous forest. Plant and Soil, 2003, 255: 311-318.

［34］Borken W, Xu Y J, Davision E A, Beese E. Site and temporal variation of soil respiration in European beech, Norway spruce, and Scots pine forests. Global Change Biology, 2002, 8(12): 1205-1216.

模拟酸雨对毛竹凋落物分解的影响[①]

马元丹[1]　江　洪[1,2]　余树全[1]　周国模[1]

窦荣鹏[1]　郭培培[1]　王　彬[1]　宋新章[1]

(1. 浙江林学院国际空间生态与生态系统生态研究中心, 浙江杭州　311300;

2. 南京大学国际地球系统科学研究所, 江苏南京　210093)

摘　要：2006 年 9 月开始, 采用分解袋法, 在酸雨危害较为严重的浙江省临安市, 模拟研究了酸雨对毛竹叶凋落物分解的影响。实验设置中度(pH 值 4.0)和重度(pH 值 2.5)酸雨胁迫处理和对照实验(pH 值 5.6), 每种处理 3 次重复。结果表明, 在酸雨胁迫条件下, 凋落物分解速率受到不同程度的制约, 毛竹的分解速率随酸雨胁迫强度的增大而减小。毛竹凋落物在对照组中分解速率最高(0.69), 其次是在中度酸雨胁迫下的分解速率(0.57), 而重度酸雨胁迫下分解速率最低(0.33)。在重度和中度酸雨胁迫下以及对照处理中, 凋落物分解 95% 的时间分别为 9.08a, 5.26a 和 4.34a。随着酸雨胁迫强度的增强, 毛竹凋落物分解速率对酸雨胁迫的响应表现越敏感。

关键词：酸雨; 毛竹; 凋落物分解

中图分类号：S718.5　**文献标识码**：A　**文章编号**：0529-5479(2010)02-0095-05

酸雨或酸沉降是指 pH 值小于 5.6 的雨、雪、雾、雹等形式的酸性降水, 包括湿沉降(如酸雨、酸雪、酸雾、酸霰)和干沉降(如 SO_2、NO_X、HCl 等气体酸性物)[1]。我国酸雨主要分布在长江以南的广大地区, 浙江省处于华东沿海酸雨区(江、浙、沪、皖、赣等省、市部分或大部分地区)的东南部。在我国经济建设、工业化和城市化迅速发展中, 能源消耗量不断增加, 导致酸雨问题的解决变得越来越迫切。从"六五"到"八五"期间浙江省降水 pH 值年平均值从 5.0 以上降至 4.7 以下, 酸雨率从 35% 升至 63.3%, 全省酸雨覆盖率达 95%, 且酸雨污染开始从城市向农村蔓延[2,3]。

酸雨对生态系统造成巨大影响, 严重干扰了生态系统的物质循环与能量流动, 这方面已有大量的报道[4-8]。凋落物分解是生态系统物质循环的重要环节, 它连接着生物有机体的合成与分解, 其分解过程直接影响到碳在森林生态系统的积累和营养物质及其他化学组分向土壤的归还和土壤养分的有效性, 进而影响到森林生态系统的物质循环[9-15]。然而从 20 世纪 70 年代以来国内外大量开展的酸雨对森林生态系统影响研究主要集中在酸雨对植物形态结构和

① 基金项目：科技部"973"项目(2005CB422207); 国家自然科学基金项目(40671132); 科技部数据共享平台建设项目(2005DKA32306, 2006DKA32308); 科技部国际合作项目(20073819); 科技部重大科技基础项目(2007FY110300); 浙江省重大科技专项资助项目(2008C13G2100010); 浙江林学院科学发展基金和浙江省森林培育重中之重学科开放基金资助(200608)。

生理生化性质的影响以及酸雨对土壤理化性质的影响方面[16-19]，而在酸雨对凋落物分解过程影响方面关注还不多。酸雨对凋落物分解的影响与养分还原、生态系统碳循环和碳平衡、退化生态系统的恢复、生态系统对酸雨的临界负荷等方面具有密切联系[20-22]。特别是敏感区凋落物对酸雨胁迫的反应模式，可以为分析酸雨危害下生态系统的缓冲能力和可修复性等问题提供重要依据。

毛竹(*Phyllostachys pubescens*)是中国南方重要的森林资源，具有生长速度快、可以隔年连续采伐及永续利用等特点，经济用途非常广泛，是当地农民经济收入的重要来源[23]。中国亚热带区域广泛分布的毛竹林是我国碳平衡和碳收支非常重要的汇和库[24-25]。毛竹的凋落物数量较大，其凋落分解的工作已有一些报道[26-27]。但是，酸雨胁迫下，毛竹凋落分解的规律未见报道。在经济发展和全球变化的巨大压力下，研究酸雨对中国毛竹生态系统物质循环的影响，摸清其机理，找出防治措施，具有十分重要的理论和实用价值。本文通过研究酸雨对毛竹林凋落物分解过程的影响，揭示有关的机制，可为深入理解毛竹林生态系统功能，以及指导毛竹林地力恢复的实践提供重要的信息。

1 材料与方法

1.1 研究区概况

毛竹实验样品采自浙江省临安市天目山国家自然保护区内(30°18′30″~30°24′55″ N，119°23′47″~119°28′27″ E)，海拔600~800m。该区属亚热带气候，年均温度为8.8~14.8℃，年均降水为1390~1870mm，≥10℃积温为5100~2500℃，相对湿度为76%~81%。土壤为红壤、黄壤、黄红壤或棕黄壤，呈酸性，pH值(水浸)4.7~6.0。

1.2 样品收集及处理

2006年4月收集毛竹凋落叶。采用常规的分解袋方法，凋落物分解袋为15cm×15cm，由尼龙网制成，孔径为0.5mm×1mm。分解袋内装有10g左右的风干凋落物。凋落物采集后风干，充分混匀并取出子样品于60℃下烘干至恒质重，用于测定风干质重与烘干质量的转换系数。取混合样品测定其化学成分含量用于描述凋落物基质养分状况。

模拟酸雨胁迫实验大棚位于浙江省临安市浙江林学院的实验地内。根据浙江省酸性降水中的平均离子组成及通常模拟酸雨实验中所采用的配比，按H_2SO_4：HNO_3体积比8:1的比例配制母液，用水稀释成pH值分别为2.5和4.0的酸雨溶液。根据浙江临安地区多年月均降水量，每周每袋凋落物喷淋约400mL(与当地总的降水量持平)。同时设置对照(pH值5.6)。

实验设置中度(pH值4.0)和重度(pH值2.5)酸雨胁迫处理和对照实验，每种处理3次重复。于2006年9月将分解袋布置在模拟酸雨大棚中，每隔1个月同一时间取样，每种凋落物每个处理取3袋。至2008年3月末，共计9次取样数据。取样后将分解袋上的杂物剔除，于60℃下烘干至恒质重，称重。

凋落物基质化学成分的测定包括全碳(TC)、全氮(TN)、全磷(TP)、全钾(TK)、灰分和木质素含量的测定。TC用重铬酸钾氧化－外加热法(GB7857-87)，TN用半微量凯氏定氮法(GB7848-87)，TP用钼锑抗比色法(GB7852-87)，TK用火焰分光光度计法(GB7874-87)，灰分含量采用高温炉燃烧法(GB7885-87)，木质素含量采用体积分数72%硫酸法(GB2677.8-94)测定。

1.3 数据分析

采用拟合效果较好的指数衰减模型估算了分解速率：

$$X_t / X_0 = 100e^{-kt} \tag{1}$$

式中：X_t为凋落物在t时间的质量；X_0为初始质量；k为分解速率(a^{-1})；t为分解时间(a)。

凋落物剩余率 =(某一时间凋落物干质重/初始时间干质重)× 100%。

2 结果与分析

2.1 毛竹凋落物的基质化学成分组成

酸雨对凋落物基质质量的影响包括对凋落物表面性质、硬度和形态等的物理属性和构成凋落物组织的易分解成分(N、P 等)和难分解有机成分(木质素、纤维素和多酚类物质等)的含量等化学属性的改变。凋落物的基质质量是影响凋落物分解的内在因素,对凋落物分解速率和养分释放均有一定影响。毛竹凋落物的全碳含量为(43.07 ± 0.87)%(平均值 ± 标准差),木质素含量为(13.84 ± 0.11)%,C/N 和木质素/N 比值分别为 20.91 和 6.72。毛竹凋落物的全氮、全磷和全钾含量为(2.06 ± 0.05)%,(0.08 ± 0.001)% 和(0.32 ± 0.02)%。高志勤曾对浙江省富阳市 6 种不同类型的毛竹林凋落物的冬季和夏季的养分状况进行调查,其结果中毛竹凋落物全氮、全磷和全钾的含量变化范围为 0.039% ~ 1.989%,0.027% ~ 0.087% 和 0.119% ~ 0.33%[23]。本文结果与其养分测定数值是一致的。

2.2 毛竹凋落物分解速率

利用指数衰减模型,对不同酸雨处理的凋落物剩余干重率与时间进行拟合,毛竹凋落物的分解速率 k 值在 0.33 ~ 0.69 之间(表 1)。毛竹的分解速率 k 值随着酸雨胁迫强度的增强而减小。酸雨胁迫环境对毛竹的影响很大,中度和重度酸雨胁迫下,其分解速率分别小于对照组 0.12 和 0.36。李正才在对浙江富阳市毛竹凋落物分解过程进行负指数方程拟合时得到粗放经营的毛竹林凋落物分解速率为 0.85,而集约经营的毛竹林凋落物分解速率为 0.65[28]。本研究的对照组凋落物分解速率与其集约经营的毛竹林凋落物分解速率相近,可能是与本研究中收取凋落物的样地毛竹密度较高有关。

表 1 酸雨胁迫下毛竹叶凋落物分解 18 个月剩余干重率数据的指数衰减模型拟合结果

处理	k	r^2	$t_{0.5}$	$t_{0.95}$
pH 值 2.5	0.33	0.46	2.10	9.08
pH 值 4.0	0.57	0.92	1.22	5.26
对照	0.69	0.84	1.00	4.34

注:k 为指数衰减模型中自变量的系数,即分解速率;$t_{0.5}$ 为凋落物分解 50% 所需的时间(a),$t_{0.95}$ 为凋落物分解 95% 所需的时间(a)。

对照组中凋落物分解 50% 所需的时间为 1.00a,95% 被分解所需的时间为 4.34a,酸雨胁迫影响下凋落物分解 50% 所需的时间为 1.22 ~ 2.10a,分解 95% 所需的时间为 5.26 ~ 9.08a。可见酸雨胁迫导致了凋落物分解时间的延长。其中,重度酸雨胁迫下毛竹凋落物分解 95% 的时间比中度胁迫下约长 3.82a。

2.3 毛竹凋落物在不同酸雨胁迫强度下分解动态

由图 1 可见,中度和重度酸雨胁迫均对凋落物分解有不同程度的抑制作用,且酸雨胁迫越严重凋落物分解速率越慢。经过 18 个月的分解,酸雨处理和对照组的毛竹的残留率为 42.81% ~ 64.71%。毛竹凋落物在 18 个月中,失质量率皆为在对照 > 中度胁迫 > 重度胁迫。分解开始的前 2 个月,中度和重度酸雨胁迫下的失质量率与对照的差值在 18 个月中几乎为最小值,分别为 3.65% 和 14.44%。在分解的前 10 个月,毛竹凋落物在中度酸雨胁迫下的失质量率与对照的差值在 3.65% ~ 16.14% 之间,与重酸雨胁迫下失质量率的差值在 3.02% ~ 10.78% 之间,二者的差值范围比较接近。而 12 ~ 18 个月间,毛竹凋落物在中度酸雨胁迫下的失质量率小于对照组 3.22%~5.13%，但是中度和重度酸雨胁迫处理之间失质量率的差值在18.08%~20.95% 之间。可见，到了分解后期，酸雨强度对毛竹凋落物分解的影响更加明显。

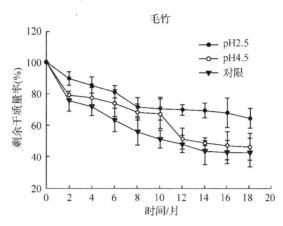

图1　毛竹叶凋落物在不同酸雨胁迫强度下分解动态

3　讨论

本文的研究结果发现酸雨会延缓毛竹叶凋落物分解的速率。受控试验表明毛竹叶凋落物在中度和重度酸雨胁迫下，与对照组相比，其分解速率分别小 0.12 和 0.36，95% 分解时间分别延长了 0.92a 和 4.74a，即酸雨胁迫导致了毛竹叶凋落物分解速率的减慢，并且随着胁迫的增强，分解速率愈加减慢。这与 Neuvone 等[29]、Wolters[30] 和 Scheu[31] 等模拟酸雨对凋落物分解影响的野外实验结果一致。Neuvone 等在芬兰进行为时 3a 的野外实验结果表明，模拟酸雨显著减缓了白桦叶凋落物的分解速率。Wolters 和 Scheu 等在德国观测了 1a 内模拟酸雨对山毛榉凋落物分解的影响，结果表明酸雨胁迫减缓了凋落物分解速率。

凋落物的分解过程十分复杂，通常由可溶成分的淋溶过程、难溶成分(如纤维素和木质素)的微生物降解过程以及生物与非生物作用的碎化过程 3 个子过程组成[32]。毛竹凋落物分解的初期阶段，酸雨胁迫对凋落物失质量率的影响与分解后期相比较小，这主要是由于凋落物分解的淋溶过程一般经历时间较短，表现为可溶成分的快速损失。这一阶段酸雨对凋落物分解的抑制作用尚未得到体现。

土壤的生物群落是决定特定森林生态系统中凋落物分解的关键生物因子，是决定凋落物分解速率的主要驱动力[33-36]。在我们的酸雨胁迫实验处理中，土壤温度、土壤湿度和通气状况是基本一致的。各种微生物都有最适宜的 pH 值范围，pH 值过低会对微生物活性产生抑制作用[32]。Garden 等的研究结果表明 pH 值 5.4 的降水条件下，微生物对凋落物的分解活性高于 pH 值 3.0 和 pH 值 4.0 的模拟酸雨胁迫下的活性[37]。周崇莲等的研究结果表明，酸雨减弱土壤微生物的氨化作用和硝化作用强度，而对固氮作用影响不明显[38]。由此可见，酸雨对土壤生物群落分解活性的抑制作用是导致分解速率减慢的主要原因。

由于土壤是酸雨的最大承受者，酸雨对生态系统的危害往往通过土壤间接体现，因此酸雨对土壤系统的影响备受关注。大量酸性物质输入土壤，土壤生态系统接受了更多的 H^+ 荷载，不可避免地引起土壤酸化(土壤酸化是指土壤中可交换盐基离子减少或交换性酸增加。凋落物层对于土壤酸化有一定的缓冲作用[39])汪思龙等[40]和陈堆全[41]的模拟酸雨淋溶实验结果表明，木荷凋落物可通过提高下渗液盐基含量和 pH 值以及土壤本身的盐基饱和度和有机质含量，降低土壤酸度和 Al/Ca 比值等途径来缓解土壤的酸化作用。此外凋落物层还可吸收降雨，通过保持水土来缓冲酸雨的对土壤系统的影响，从而减缓了森林土壤酸化的进程。

毛竹是我国南方重要的森林资源，并且近年来种植面积有不断增大的趋势[23]。然而毛竹的种植很大一部分分布在酸雨比较严重的区域，发挥凋落物层在酸雨对土壤生态系统的作用过程中的缓冲作用尤为重要。因毛竹轮伐期短，集约经营程度高，尤其是毛竹林连年垦翻的经营措施对凋落物层的缓冲作用产生深刻影响。虽然对毛竹林地进行垦翻可以改善土壤的水热通气状况，利于微生物对凋落物的分解[23]，但是由于多数土壤表层的凋落物被翻入土壤内，制约了凋落物通过拦截、淋溶等方式缓冲酸雨对土壤系统胁迫的作用，导致森林土壤遭受更严重的酸雨影响，最终对森林生态系统产生较大的危害。因此，在酸雨危害严重的区域经营时尽量减少翻耕频率，对于增加毛竹林生态系统对酸雨危害的抵御能力十分重要。

参考文献

[1] 冯宗炜. 中国酸雨对陆地生态系统的影响和防治对策[J]. 中国工程科学，2000，2(9)：5-11.

[2] 牟永铭，朱光良. 基于GIS技术的浙江省酸雨区分布研究[J]. 科技通报，2005，21(3)：356-359.

[3] 林丰妹，焦荔，盛侃，等. 杭州市酸雨污染现状及成因分析[J]. 环境监测管理与技术，2004，16(3)：17-20.

[4] WANG Y H, SOLBERG S, YU P T, et al. Assessments of tree crown condition of two Masson pine forests in the acid rain region in south China [J]. Forest Ecology and Management, 2007, 242(2/3): 530-540.

[5] SZYNKIEWICZ A, MODELSKA M, JEDRYSEK M O, et al. The effect of acid rain and altitude on concentration, delta S-14, and delta O-18 of sulfate in the water from Sudety Mountains, Poland [J]. Chemical Geology, 2008, 249(1/2): 36-51.

[6] SONG X D, JIANG H, YU S Q, et al. Detection of acid rain stress effect on plant using hyperspectral data in Three Gorges region, China [J]. Chinese Geographical Science, 2008, 18(3): 249-254.

[7] VAN BREEMEN N, WRIGHT R F. History and prospect of catchment biogeochemistry: A European perspective based on acid rain [J]. Ecology, 2004, 85(9): 2363-2368.

[8] SHEVTSOVA A, NEUVONEN S. Responses of ground vegetation to prolonged simulated acid rain in sub-arctic pine-birch forest [J]. New Phytologist, 1997, 136(4): 613-625.

[9] SANTIAGO L S. Extending the leaf economics spectrum to decomposition: Evidence from a tropical forest [J]. Ecology, 2007, 88(5): 1126-1131.

[10] MOORHEAD D, CURRIE W, RASTETTER E, et al. Climate and Litter Quality Controls on Decomposition: An Analysis of Modeling Approaches [J]. Global Biogeochemical Cycles, 1999, 13(2): 575-589.

[11] NGAO J, EPRON D, BRECHET C, et al. Estimating the contribution of leaf litter decomposition to soil CO_2 efflux in a beech forest using ^{13}C – depleted litter [J]. Global Change Biology, 2005, 11(10): 1768-1776.

[12] 邓小文，张岩，韩士杰，等. 外源氮输入对长白山红松凋落物早期分解的影响[J]. 北京林业大学学报，2007，29(6)：16-22.

[13] 樊后保，刘文飞，杨跃霖，等. 杉木人工林凋落物分解对氮沉降增加的响应[J]. 北京林业大学学报，2008，30(2)：8-13.

[14] 孙志高，刘景双，于君宝，等. 模拟湿地水分变化对小叶章枯落物分解及氮动态的影响[J]. 环境科学，2008，29(8)：2081-2093.

[15] 李国雷，刘勇，李瑞生，等. 油松叶凋落物分解速率、养分归还及组分间伐强度的响应[J]. 北京林业大学学报，2008，30(5)：52-57.

[16] SUOMELA J, NEUVONEN S. Effects of long-term simulated acid rain on suitability of mountain birch for Epirrita autumnata (Geometridae)[J]. Canadian Journal of Forest Research, 1997, 27(2): 248-256.

[17] THIRUKKUMARAN C M, MORRISON I K. Impact of simulated acid rain on microbial respiration, bio-

mass, and metabolic quotient in a mature sugar maple(Acer saccharum) forest floor[J]. Canadian Journal of Forest Research, 1996, 26(8): 1446 – 1453.

[18] MENON M, HERMLE S, GUNTHARDT – GOERG M S, et al. Effects of heavy metal soil pollution and acid rain on growth and water use efficiency of a young model forest ecosystem[J]. Plant And Soil, 2007, 297(1 – 2): 171 – 183.

[19] LIKENS G E, DRISCOLL C T, BUSO D C. Long – term effects of acid rain: Response and recovery of a forest ecosystem[J]. Science, 1996, 272(5259): 244 – 246.

[20] 陶福禄, 冯宗炜. 生态系统的酸沉降临界负荷及其研究进展[J]. 中国环境科学, 1999, 19(2): 123 – 126.

[21] 段雷, 郝吉明, 周中平, 等. 确定不同保证率下的中国酸沉降临界负荷[J]. 环境科学, 2002, 23(5): 25 – 28.

[22] 郝吉明, 段雷, 谢绍东. 中国土壤对酸沉降的相对敏感性区划[J]. 环境科学, 1999, 20(4): 1 – 5.

[23] 高志勤, 傅懋毅. 毛竹林凋落物养分状况的林型变异特征[J]. 林业科学, 2007, 43(S1): 95 – 100.

[24] 周国模, 吴家森, 姜培坤. 不同管理模式对毛竹林碳贮量的影响[J]. 北京林业大学学报, 2006, 28(6): 51 – 55.

[25] 周国模, 姜培坤. 毛竹林的碳密度和碳贮量及其空间分布[J]. 林业科学, 2004, 40(6): 20 – 24.

[26] 傅懋毅, 方敏瑜, 谢锦忠, 等. 竹林养分循环 I. 毛竹纯林的叶凋落物及其分解[J]. 林业科学研究, 1989, 2(3): 207 – 213.

[27] 王纪杰, 徐秋芳, 姜培坤. 毛竹凋落物对阔叶林土壤微生物群落功能多样性的影响[J]. 林业科学, 2008, 44(9): 146 – 151.

[28] 李正才, 徐德应, 杨校生, 等. 7种不同林农土地利用类型残体的有机碳储量[J]. 浙江林学院学报, 2007, 24(5): 581 – 586.

[29] NEUVONEN S, SUOMELA J. The effect of simulated acid-rain on pine needle and birch leaf litter decomposition[J]. Journal of Applied Ecology, 1990, 27(3): 857 – 872.

[30] WOLTERS V. Effects of acid-rain on leaf-litter decomposition in a beech forest on calcareous soil[J]. Biology and Fertility of Soils, 1991, 11(2): 151 – 156.

[31] SCHEU S, WOLTERS V. Buffering of the effect of acid – rain on decomposition of C – 14 – labeled beech leaf litter by saprophagous invertebrates[J]. Biology and Fertility of Soils, 1991, 11(4): 285 – 289.

[32] 蔡晓明. 生态系统生态学[M]. 北京: 科学出版社, 2000.

[33] 高志红, 张万里, 张庆费. 森林凋落物生态功能研究概况及展望[J]. 东北林业大学学报, 2004, 32(6): 79 – 80, 83.

[34] 郭剑芬, 杨玉盛, 陈光水, 等. 森林凋落物分解研究进展[J]. 林业科学, 2006, 42(4): 93 – 100.

[35] 林波, 刘庆, 吴彦, 等. 森林凋落物研究进展[J]. 生态学杂志, 2004, 23(1): 60 – 64.

[36] 彭少麟, 刘强. 森林凋落物动态及其对全球变暖的响应[J]. 生态学报, 2002, 22(9): 1534 – 1544.

[37] GARDEN A, DAVIES R W. Decomposition of leaf litter exposed to simulated acid-rain in a buffered lotic system[J]. Freshwater Biology, 1989, 22(1): 33 – 44.

[38] 周崇莲, 齐玉臣. 酸雨对土壤微生物活性的影响[J]. 生态学杂志, 1988, 7(2): 21 – 24.

[39] 张德强, 叶万辉, 余清发, 等. 鼎湖山演替系列中代表性森林凋落物研究[J]. 生态学报, 2000, 20(6): 938 – 944.

[40] 汪思龙, 陈楚莹. 森林凋落物对土壤酸化缓冲作用的初步研究[J]. 环境科学, 1992, 13(5): 25 – 30.

[41] 陈堆全. 木荷凋落物分解及对土壤作用规律的研究[J]. 福建林业科技, 2001, 28(2): 35 – 38.

不同高生长阶段毛竹器官含水率的测定①

姚兆斌[1]　江洪[1,2]　曹全[1]

(1. 浙江林学院国际生态研究中心, 浙江杭州　311300;

2. 南京大学国际地球系统科学研究所, 江苏南京　210093)

摘　要: 在天目山自然保护区对毛竹在 2008 和 2009 年的高生长及 2009 年的竹蔸、叶、秆、鞭和笋 5 个器官的含水率进行了测定。结果表明, 在大、小年的高生长(Pn)与出土生长时间(t)的关系均呈"S"形曲线; 竹蔸的含水率范围为 0.33~0.70, 竹叶为 0.32~0.63, 竹秆为 0.32~0.58, 竹鞭为 0.36~0.61, 竹笋为 0.46~0.90, 其中竹笋含水率最高, 变化也最大, 其次是竹蔸、叶、鞭和秆; 毛竹地下部分的含水率范围为 0.34~0.62, 地上部分为 0.33~0.57。

关键词: 毛竹; 含水率; 高生长; 天目山自然保护区

中图分类号: S795.7　**文献标识码**: A　**文章编号**: 0517-6611(2011)05-02778-03

毛竹(*Phyllostachys pubescens*)属单子叶植物禾本科(Bambusaceae)刚竹属(*Phyllostachys*)植物[1], 现今全国毛竹林面积达 270 万 hm², 占竹林总面积的 64.1%[2], 在我国森林资源中属于分布最广、面积最大、用途最多的竹种[3]。毛竹呈散生状, 由地上部分的竹杆、竹枝、竹叶和地下部分的竹蔸、地下鞭构成。它主要依靠地下鞭的生长, 由鞭芽分化萌发成竹笋, 再生长成竹株, 主要通过无性繁殖不断产生新个体而成竹株[4-5]。按植物学观点, 一个毛竹林就是若干"竹树"[6]。鉴于以毛竹为代表的散生竹在林分面积上的优势地位和社会经济发展中的作用, 关于毛竹的研究开展较早, 目前国内研究主要集中在造林培育[7-9]、生长规律[10-12]及光合生理生态[13-15]等方面。

水分是植物细胞内含物的重要溶剂, 在生长着的植物体中含量最大, 其含量变化对植物内含物及酶活性有很大影响, 从而影响植物的生命活动, 制约植物的生长速度。毛竹在笋芽分化膨大至出土并成竹这一时期, 水分供应是竹林笋芽分化、退笋数量和新竹质量的限制因子[16]。为此, 笔者在天目山自然保护区对毛竹在 2008 和 2009 年的高生长及 2009 年的竹蔸、叶、秆、鞭和笋 5 个器官的含水率进行了测定, 旨在为制定科学合理的竹林经营管理措施提供理论依据。

---

①　基金项目: 科技部 973 项目(2005CB422207, 2002CB111504, 2002CB410811, 2005CB422208); 国家自然科学基金项目(40671132); 科技部数据共享平台建设项目(2006DKA32300-08); 科技部国际合作项目(200073819); 科技基础性工作专项(2007FY110300-08)。

1　材料与方法

1.1　研究区概况

天目山国家级自然保护区位于浙江临安，现有面积为4284 hm²。属亚热带季风气候，年均气温8.9~15.8℃，最冷月气温2.6~3.4℃，最热月气温19.9~28℃，≥10℃积温2500~5100℃，无霜期209~235d；年降水量1390~1870mm，相对湿度76%~81%，年太阳总辐射3770~4460MJ/m²。土壤呈酸性，pH值为4.7~6.0。

该研究在保护区内的毛竹林(30°19′19.3″N，191°26′29.6″E)进行，坡向西偏北30°，海拔约389m。调查毛竹林样地面积20×20m²的生物多样性，灌木除毛竹外，以鸡爪枫、白马果、宝铎草等为主。

1.2　方法

从3月中旬起，毛竹林竹笋陆续出土。于3月25日至4月15日开始采样，每周1次，4月20日至6月14日(幼竹长成)一周2次，每次3个重复，每个样本为"竹树"系统的竹蔸、叶、秆、鞭和笋5个器官，共21次采样，共采集5×3×21=315个样本，分别贴上标签编号。其中，秆茎取毛竹的中部；鞭为笋的生长部位左右0.20~0.40m的长度；而笋在0.50m以内为整个植株，高于0.50m后分别取笋尖、中部和竹蔸来代表整株笋的重量。称样本(地下鞭、竹蔸用水冲洗去泥后，阴干)鲜重，然后放入烘箱于105℃烘干后称量干重。含水率计算公式如下：

$$W = (Gw - Gd) / Gw \times 100\%$$

式中：W表示含水率；Gw表示湿重量；Gd表示干重量。

2　结果与分析

2.1　高生长期的划分和曲线模型

竹类植物没有次生生长，其高度和粗度一经形成便不再生长，所以竹类植物的全高在出笋当年便生长完成。毛竹笋(笋芽)在土中生长阶段经过顶端分生组织不断进行细胞分裂和分化，形成了节与节、节隔、笋箨、侧芽和节间分生组织，至出土前全株节数已经定型，出土后不会再增加。竹笋出土前后的生长规律不一样。出土前，竹笋的横向生长速度加快，而高生长相对较慢；竹笋一旦出土(一般超过0.05m)横向生长便停止，而高生长速度加快。竹笋的生长几乎完全依赖于母竹和竹鞭的资源供应[17]。在试验地的毛竹林大、小年分明，2008年为大年，大量发笋长竹，2009年为小年，主要换叶生鞭。如图1所示，春笋的高生长持续约60d，毛竹林竹笋高生长(Pn)与出土时间(t)的关系呈"S"形曲线，且显著相关[18]。可用Logistic方程表示：$Pn = (1 + ae^{bt})^{-k}$[19]，即$Pn = [0.08 + 14.04 \times \exp(-0.16t)]^{-1}$，如令逻辑斯蒂方程的二阶导数为0，则竹笋在出土后的第3周高生长最快，与萧江华[20]的研究结果一致。

由图1可知，2008、2009年大小年毛竹的出笋时间均约20d。按笋—幼竹生长的速度可分为初期、上升期、盛期和末期。初期(从出土至第14d)为竹笋地下生长的继续，尽管笋尖露头，但笋体仍在土中，横向膨大生长较为显著，节间长度增大很少，高度生长非常缓慢；该期间，2008年每天均生长量不过0.04m，2009年为0.05m。上升期(从第14~21d)，竹笋地下部分各节间的拉长生长基本停止，竹蔸系逐渐生成，节间生长活动从地下推移到地上，生长速度由缓慢逐渐加快，生长量也相当大；该期间，2008、2009年每天均可伸长0.14m。盛期(从第21~49d)是竹笋生长最快的时期，高生长迅速而稳定，呈直线上升，上部枝条开始伸展，高度生长又由快变慢，竹笋逐渐过渡到幼竹阶段；该期间，2008年每天可伸长0.33m，而2009年为0.35m。末期(从第49~59d)，幼竹稍部弯曲，枝条伸展快，高生长速度显著下

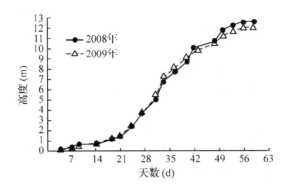

图1 2008和2009年毛竹笋-幼竹的高生长与时间的关系

降，最后停止；该期间，2008年每天可伸长0.16m，而2009年为0.18m。

2.2 毛竹各器官在笋-幼竹高生长期的含水率差异

2.2.1 竹蔸

竹蔸由秆基、竹根和秆柄组成，在笋-幼竹地上部分生长的同时，地下部分也相应生长。由图2可见，竹蔸含水率从出土的最小值(0.33)到4月20日的最大值(0.70)变化较大，后来在0.40~0.61范围内波动，并未随其自身长度、分布幅度和体积的迅速增加而变化。

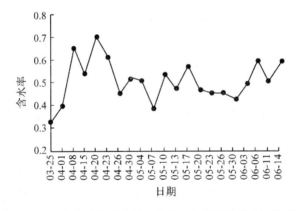

图2 2009年毛竹竹蔸在笋-幼竹高生长期的含水率变化

2.2.2 竹叶

由图3可见，竹叶含水率从出土时的0.51下降到4月8日的0.32后，又上升到4月23日的最大值0.63，及由6月6日出现的最大值0.63下降到6月11日的0.33，含水率在这2个期间变化较大；5月7~26日含水率呈上升趋势。

2.2.3 竹秆

竹秆是竹子的主体部分，秆茎是竹秆的地上部分。毛竹秆茎端直，高为10~20m，径粗0.08~0.16m，最粗可达0.20m以上。由图4可见，秆茎含水率除4月23日的0.56和4月30日的最大值0.58外，其余时间变化较小，后期也有上升趋势，其含水率最小值(0.32)出现在5月7日。

2.2.4 竹鞭

地下鞭是孕笋和林分扩展的重要器官，输导和存贮水分养分是其最重要功能之一，代谢较强，每节居间分生组织以同等速度进行分裂增殖，拉长竹鞭的节间长度，并适当加粗竹鞭

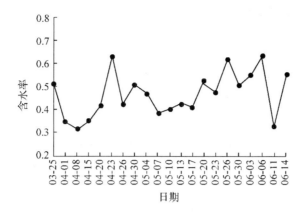

图3　2009年毛竹竹叶在笋－幼竹高生长期的含水率变化

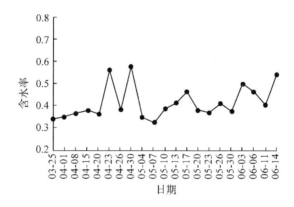

图4　2009年毛竹竹秆在笋－幼竹高生长期的含水率变化

的直径，推进向前横向生长。在鞭芽生长的初期，居间分生组织的细胞分裂、分化和伸长活动小。80%左右的地下鞭都集中分布在0~0.30m的土层内[21-23]。毛竹鞭梢生长速度在一年间按慢—快—慢的节律进行。大小年分明的毛竹林地下鞭梢的生长同出笋大小年节律相似，大年鞭梢生长期为7.12~8.16个月，而小年较大年少1~2个月[24]。3~5月竹林发笋长竹(慢)，5~10月生长最旺。2009年是大年，出笋多，鞭梢生长量小且活动开始较早。随地下鞭梢生长量的增加和鞭体的增粗，鞭竹苋系生长量也相应大幅增加[25]。由图5可见，其含水率在出土到快速生长期间有上升趋势，最大值(0.61)出现在4月23日，最小值(0.36)在3月25日；后期含水率较稳定，在0.45~0.58范围内变动。

2.2.5　竹笋

由图6可见，竹笋含水率不仅是5种器官中最高的，而且也是变化最大的。含水率从3月25日的最小值0.46到4月30日的最大值0.90。初出土的竹笋笋体组织幼嫩、含水量高，随出土后时间的延长及高生长的增加，笋体组织老化，竹笋水分含量显著减少，而发笋盛期，生理活动较为旺盛，需要的水分较多，故含水率呈现盛期高、两边低的变化趋势。

2.2.6　地上和地下部分

毛竹笋—幼竹生长过程中，地上和地下部分生长具有对应增长关系。由图7可见，地下部分的含水率大于地上部分，但二者的峰值与峰谷出现时间的变化趋势十分相似。二者最大值均出现在4月23日，地下部分为0.62，地上部分为0.57；对于最小值而言，地上部分出现

265

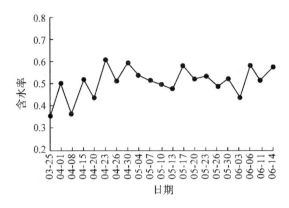

图 5   2009 年毛竹竹鞭在笋 – 幼竹高生长期的含水率变化

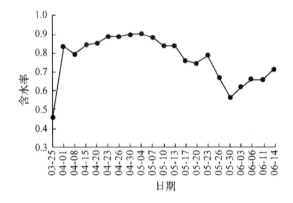

图 6   2009 年毛竹竹笋在笋 – 幼竹高生长期的含水率变化

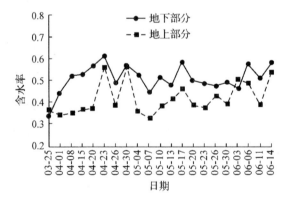

图 7   2009 年毛竹地上部分 (秆 + 叶) 和地下部分 (竹蔸 + 鞭)
在笋 – 幼竹高生长期的含水率变化

在 5 月 7 日，为 0. 33，而地下部分出现在 3 月 25 日，为 0. 34。

3   讨论

植物体的水分含量主要决定于植物的种类和品质，了解植物体营养元素含量对于掌握该植物营养状况从而科学合理地利用植物资源具有十分重要的意义。该研究表明，毛竹各器官含水率随笋 – 幼竹的高生长呈现不同的变化趋势：在竹蔸、叶、秆、鞭和笋 5 个器官中，笋的含水率不仅是最高的，而且也是变化最大的，而竹蔸、叶、秆、鞭的含水率变化较相似；地下部分的含水率明显大于地上部分，最大值可达 2.61 倍，最小也有 1.51 倍，但二者的变化趋势相似。

由于植物自身生理生态特性的不同，其对环境因子变化响应也不同。黄承才[26]指出，毛竹日光合量的季节变化为夏春秋冬，与光强和气温的季节变化较一致。该试验的不足之处在于缺少土壤和空气的温度、湿度、光照等环境因子的同步监测，而这些因子对毛竹的净光合速率、蒸腾速率等均有显著影响，因此有待进一步研究。目前，水资源匮乏是人类遇到的一个大难题。现代科学技术的发展和可持续发展的需求为竹类及竹林地下系统的研究开辟了广阔前景。

参考文献

[1] 郭起荣，杨光耀，杜天真，等 . 毛竹学名百年之争[J]. 世界竹藤通讯，2006，4(1)：18 - 20.

[2] 江泽慧 . 在第四届中国竹子之乡联谊会暨全国竹(藤)业经济发展研讨会开幕式上的讲话[J]. 竹子研究汇刊，2000，19(3)：2 - 3.

[3] 林福兴，林如青，林强 . 不同绿竹种源含水率与持水量研究[J]. 水土保持应用技术，2007，(2)：6 - 8.

[4] 熊国辉，张朝晖，楼浙辉，等 . 毛竹林鞭竹系统——"竹树"研究[J]. 江西林业科技，2007(4)：21 - 26.

[5] 刘力，林新春，金爱武，等 . 各器官营养元素分析[J]. 浙江林学院学报，2004，21(2)：172 - 175.

[6] 邱尔发，陈存及，梁一池，等 . 不同种源毛竹叶表叶绿素浓度动态[J]. 福建林学院学报，2002，22(4)：312 - 315.

[7] 陈兴福，广德，周庆华，等 . 竹笋丰产技术要点[J]. 安徽林业，1995，(1)：18.

[8] 周芳纯 . 世界竹子生产和利用[J]. 竹类研究，1982，(2)：2104 - 2107.

[9] 金爱武，方伟，邱永华，等 . 农户毛竹培育技术选择的影响因素分析——对浙江和福建三县(市)的实证分析[J]. 农业技术经济，2006，(2)：62 - 66.

[10] 范辉华 . 新造毛竹林竹鞭生长规律的研究[J]. 福建林学院学报，1999，(1)：30 - 32.

[11] 周本智，傅懋毅 . 竹林地下鞭根系统研究进展[J]. 林业科学研究，2004，(4)：533 - 540.

[12] 胡念平 . 毛竹冬、春笋发笋成竹对比试验[J]. 安徽林业科技，2006，(1)：15 - 16.

[13] 黄启民，沈允钢 . 不同条件下毛竹光合作用的研究[J]. 竹类研究，1989，2(8)：8 - 18.

[14] 施建敏，郭起荣，杨光耀 . 毛竹蒸腾动态研究[J]. 林业科学研究，2007，(1)：101 - 104.

[15] 林琼影，胡剑，温国胜，等 . 天目山毛竹叶冬季光合作用日变化规律[J]. 福建林学院学报，2008，(1)：61 - 64.

[16] 金爱武 . 现代毛竹培育技术及其传播：问题和方法[M]. 北京：中国农业出版社，2006.

[17] 南京林产工学院竹类研究室 . 竹林培育[M]. 北京：中国林业出版社，1974.

[18] 邱尔发，陈存及，邹秉章，等 . 毛竹种源春笋生长规律[J]. 福建林学院学报，2001，21(3)：228 - 232.

[19] 周芳纯 . 竹林培育和利用[R]. 南京：南京林业大学，1998.

[20] 萧江华 . 材用毛竹林的地下系统结构[J]. 竹类研究，1983，2(1)：114 - 119.

[21] 李睿，钟章成，M·J·A·维尔格 . 毛竹竹笋群动态的研究[J]. 植物生态学报，1997，21(1)：53 - 59.

[22] 周建夷，胡超宗，杨廉颇 . 笋用毛竹丰产林地下鞭调查[J]. 竹子研究汇刊，1985，4(1)：57 - 65.

[23] 吴炳生 . 毛竹林地下结构与产量分析[J]. 竹子研究汇刊，1984，3(1)：49 - 58.

[24] 萧江华，刘尧荣 . 新造毛竹林地下茎生长与更新的研究[J]. 竹类研究，1986，5(2)：9 - 21.

[25] 廖光庐 . 毛竹地下鞭梢年生长节律的研究[J]. 竹子研究汇刊，1984，3(1)：59 - 63.

[26] 黄承才，葛谨，常杰 . 中亚热带东部毛竹叶片光合呼吸的研究[J]. 浙江林业科技，2009，20(5)：14 - 16.

凤阳山自然保护区生物多样性现状及保护对策研究

李美琴[1]　郝　琦[2]　张晓利[2]　鲁小珍[2]

（1. 浙江凤阳山 – 百山祖国家级自然保护区凤阳山管理处，浙江龙泉　323700；
2. 南京林业大学森林资源与环境学院，江苏南京　210037）

摘　要：本研究依据现有的凤阳山国家级自然保护区相关科考资料和对自然保护区管理人员、游客及居民进行的问卷调查和访谈，同时使用沿路踏查的方法来辅助调查保护区山地植被类型随海拔垂直分布的情况，全面考察了社区居民生产活动、旅游、教学实习与科学考察等对保护区生物多样性的影响。结果表明，区内自然环境类型多样，物种资源丰富，但由于近几年来自然和人类的双重作用，生态环境逐渐退化，生物多样性种类数量减少。根据调查结果，文章分析了目前保护区生物多样性面临的主要威胁，提出了今后加强生物多样性保护的对策。

关键词：生物多样性；保护对策；凤阳山自然保护区

生物多样性是指一定范围内多种多样活的有机体有规律地结合所构成稳定的生态综合体，包括遗传多样性，物种多样性和生态系统多样性 3 个层次。它满足人类对食物、能源、材料等的基本需求，同时它的未知潜力也对人类的生存和发展有着重要价值。目前，由于生态环境的改变和人类活动的加剧，生物多样性受到严重破坏，越来越多的物种从地球上消失。研究认为就地保护即建立自然保护区是保护生物多样性的最好方法。本研究分析了凤阳山保护区生物多样性现状及面临的主要威胁，并据此提出了相应的保护对策。

1　研究地概况

凤阳山自然保护区位于浙江龙泉市南部，地理坐标介于东经 119°06′~ 119°15′、北纬 27°46′~ 27°58′。保护区管理范围 15171.4hm²，其中包括国有山林 4245.2hm²，集体山林 10926.2hm²。现有人口约 1.2 万人，人口密度 77 人·km⁻²。本区山体属洞宫山系，由福建戴云山脉向东伸展而成，基岩为侏罗纪火成岩，区内地质条件良好。黄茅尖海拔 1929m，是江浙第一高峰。山脉从西南向东北走向，西南坡高峻陡险；东北坡岭峦起伏较缓。主要土类为红壤和黄壤。红壤是地带性土壤，分布在海拔 800m 以下山坡。而黄壤是垂直带谱土壤，分布于 800m 以上的高海拔山坡地。保护区属于中亚热带温暖湿润气候区，同时受季风影响明显。四季分明，温暖湿润，雨量充沛，基本呈垂直分布，年降水量在 2000mm 以上，年平均气温 11.8℃，最冷月 1 月平均气温 2.4℃。但该区域气候资源年内和年际变化较大，甚至出现洪涝、严重冰冻、暴雪等气象灾害。区域内地表水系发达，大小河流呈树枝状分布，无外来水流，河流均属瓯江水系。

2　生物多样性及其特征

2.1　生物多样性

2.1.1　生态系统多样性

　　复杂多变的环境是生态系统多样性的基础。凤阳山面积广阔，山体高大，沟谷纵横。景观复杂多变，生态系统类型多样。森林是凤阳山生态系统的主体，是物种多样性的依托。根据《中国植被》和《浙江森林》的划分原则和分类系统进行植被类型划分，结果表明，凤阳山森林植被类型相对丰富，有针叶林、针阔叶混交林、阔叶林、竹林、灌丛、草丛等6个植被型组，11个植被型，21个群系组和27个群系。其中有代表性森林植被类型(包括植被型组和植被型)主要有5个和8个典型的群系或群系组，如表1所示。

表1　凤阳山主要森林植被类型及分布特点

主要森林植被类型	典型群系或群系组	优势种和次优势种	分布
针叶林	黄山松林 福建柏林	黄山松 福建柏	海拔800~1600m之间的山脊及其周围
针阔叶混交林	黄山松阔叶混交林 福建柏阔叶混交林	黄山松、福建柏、木荷、亮叶青冈	海拔1200~1750m之间的山坡中部和中下部
常绿落叶阔叶混交林	亮叶桦常绿阔叶混交林	亮叶桦、木荷、短尾柯、多脉青冈、硬斗石栎	海拔1200~1650m之间的沟谷地带
常绿阔叶林	亮叶青冈林 木荷林	褐叶青冈、多脉青冈、木荷	海拔1300~1700m之间的山坡中部和中下部
山顶矮曲林	猴头杜鹃林	猴头杜鹃	海拔1400m以上的山体或悬崖峭壁顶部

2.1.2　植物物种多样性

　　由于凤阳山自然保护区处于热带—暖温带(海洋性)群落交错区，地形复杂，自然条件优越，因而植物资源异常丰富，是浙江省内植物种类最丰富的地区之一。

　　根据现有的资料和标本，保护区有苔藓植物66科170属368种，种和属数量最多是细鳞苔科，共有11属40种，其他优势科依次为灰藓科，蔓藓科，曲尾藓科，锦藓科，丛藓科，青藓科，羽藓科，金发藓科，真藓科。以上10科共计79属，204种，占凤阳山苔藓植物属的46.5%，种的55.0%，基本代表了该保护区苔藓植物的主体。

　　据多次考察调查保护区有蕨类植物36科73属203种，其中含10种以上的大科有鳞毛蕨科、水龙骨科、金星蕨科、蹄盖蕨科、铁角蕨科、卷柏科、膜蕨科，共计7科35属136种，分别占凤阳山蕨类植物科、属、种总数的19%、47.3%和67%，是区系的基本组成成分，为优势科。

　　种子植物164科666属1333种13亚种，112变种和6变型(共计1464个分类群)。

　　按吴征镒《中国种子植物属的分布区类型》(1991，1993)的划分标准，凤阳山种子植物666属可划分为15个分布区类型，即中国的所有类型在凤阳山都有其代表，如表2所示。

表2 凤阳山种子植物属的分布区类型

分布区类型	属数	百分比(%)	分布区类型	属数	百分比(%)
1. 世界分布	55	—	9. 东亚与北美间断分布	57	9.3
2. 泛热带分布	124	20.3	10. 旧世界温带分布	33	5.4
3. 热带亚洲与热带美洲间断分布	9	1.5	11. 温带亚洲分布	5	0.8
4. 旧世界热带分布	38	6.2	12. 地中海、西亚至中亚分布	1	0.2
5. 热带亚洲至热带大洋洲分布	24	3.9	13. 中亚分布	1	0.2
6. 热带亚洲至热带非洲分布	24	3.9	14. 东亚分布	107	17.5
7. 热带亚洲分布	59	9.7	15. 中国特有分布	20	3.3
8. 北温带分布	109	18.0	合计	666	100.0

2.1.3 动物物种多样性

保护区森林生态系统保存良好，气候温暖，水源充足，食物丰富，为动物的生存、繁衍提供了良好的环境，拥有丰富的动物资源。虽然今年因为旅游开发等人类活动受到一定影响，但通过对当地的走访了解到，大部分区域动物出没情况并无明显变化。

历次考察记录表明本区有昆虫25目239科1161属1690种，包含4个中国新记录属和7个中国新记录种，113个浙江新记录种。鱼类44种，隶属于4目10科36属；两栖类32种，隶2目7科19属，占全省总数43种的74.4%，是本省两栖类物种最丰富的地区之一。爬行类49种，隶3目9科32属，占全省总数82种的59.7%。鸟类121种，分隶于10目35科，兽类62种，隶8目23科，占全省总数99种的62.6%。

2.2 生物多样性特征

2.2.1 生态系统典型，结构复杂

龙泉地区未受第四纪山岳冰川的影响，长期处在相对稳定的亚热带气候控制下，加上地形比较复杂，使得一些古老的植物得以生存和发展。因而形成了本区动植物区系成分复杂，在系统演化上位置较为古老的情况。保护区内的常绿阔叶林从外貌、结构和种类组成上看，均具有我国中亚热带典型常绿阔叶林的基本特征；其丰富的植被类型涵盖针叶林、落叶常绿阔叶混交林、常绿阔叶林、高山矮曲林等具有代表性的植被类型，具有垂直分布趋势但分布带不明显。同时凤阳山的植物群落内部结构也较为复杂。首先由于小生境复杂多变，群落内植物种类丰富。其次群落的水平结构镶嵌性显著，群落由小斑块镶嵌组成。垂直结构成层现象明显，层次多样。乔木层、灌木层和草本层内部又都有不同的层次，各层之间区别显著，个别地方有交叉。各个物种之间营养关系复杂。

2.2.2 植物区系起源古老，子遗种、特有种丰富

植物区系上，保护区位于热带—暖温带(海洋性)群落交错的特殊地带，在东亚植物区系中具有代表性。由于本区地史古老，保存了一大批原始古老的生物种群。以植物为例，凤阳山人迹罕至的偏僻地区保存了大片原生或半原生状态的森林植被。保存了白豆杉(*Pseudotaxus chienii*)、福建柏(*Fokienia hodginsii*)、穗花杉(*Amentotaxus argotaeoia*)、华东黄杉(*Pseudotsuga sinensis*)、江南油杉(*Keteleeria cyclolepis*)、金钱松(*Pseudolarix amabilis*)、南方红豆杉(*Taxus wallichiana* var. *mairei*)、长叶榧(*Torreya jackii*)、榧树(*Torreya grandis*)、粗榧(*Tephalotaxus sinensis*)等针叶树和木兰科、八角科、桦木科、胡桃科、榆科、壳斗科、金缕梅科等植物组成的古老植物群，为研究森林植物群落的起源、演替提供了重要参考。凤阳山的中国特有种共686种，占总种数的46.9%，如舟柄铁线莲、显脉野木瓜、浙江虎耳草、浙江石楠、温州冬

青、毛花假水晶兰、浙江过路黄、云和假糙苏、浙南苔草等。

2.2.3　珍稀物种丰富

凤阳山保护区保存着一批珍稀濒危野生动植物。根据《中国物种红色名录》等相关名录的记载凤阳山共有稀有或濒危植物81种，隶属于69属、39科。包括苔藓和蕨类植物各3科3属3种，裸子植物4科10属12种，被子植物29科53属63种。其中国家一级保护植物3种，包括伯乐树(钟萼木)、红豆杉、南方红豆杉，国家二级保护植物19种，是凤阳山保护区重要的保护对象，也是最易受到威胁的物种。国家级重点保护动物36种，其中昆虫1种、两栖类1种、鸟类19种、兽类15种；同时，凤阳山地区有10种动物被列入了世界受胁物种红色名录。

3　凤阳山生物多样性保护面临的威胁

虽然凤阳山国家级自然保护已经设立多年，但通过调查研究发现其目前仍然面临着许多威胁。这些威胁制约着保护区未来的发展，因而必须给予足够的重视。

3.1　自然灾害

在各种自然灾害中森林火灾的危害最为严重，可以在短时间内对生物多样性造成毁灭性打击。首先森林火灾最直观的危害是烧死或烧伤林木，一方面使森林蓄积下降，另一方面也使森林生长受到严重影响。森林是生长周期较长的再生资源，遭受火灾后，其恢复需要很长的时间，特别是高强度大面积森林火灾之后，森林很难恢复原貌，常常被低价林或灌丛取而代之。其次森林火灾能烧毁林下蕴藏的珍贵的野生植物，或者由于火干扰后，改变其生存环境，使其数量显著减少，甚至使某些种类灭绝。再次森林遭受火灾后，会破坏野生动物赖以生存的环境。有时甚至直接烧死、烧伤野生动物。当森林火灾过后，森林的功能会显著减弱，严重时甚至会消失。因此，严重的森林火灾不仅能引起水土流失，还会引起山洪暴发、泥石流等自然灾害。

塌方滑坡泥石流是南部森林的通害，经常相伴发生，凤阳山地区由于气候与地质等条件的限制，发生此类灾害的概率较高。笔者在保护区调研期间就曾发生严重的滑坡事件。此类灾害常常具有暴发突然、来势凶猛、迅速之特点，很难预防。滑坡泥石流会直接毁坏动植物的生存环境，毁灭动植物个体。

3.2　社区居民非持续的生产经营活动

保护区内共有人口12 599人，涉及3个乡镇27个行政村，当地居民的生活污水、垃圾对保护区生态环境造成了严重污染。生态系统受到强烈干扰，污染后的生态系统很难修复，且其生态功能降低。而且长期以来，盗伐、盗采、偷猎、砍薪等人为活动对凤阳山保护区的资源构成严重威胁。据调查，当地农民集体盗伐、滥伐树木事件经常发生。非法盗采药材、珍稀花卉的现象严重。另外当地有着制作根雕与种植食用菌的悠久历史，但是根雕材料、食用菌种植材料基本无人管理。盗挖植物根桩使原有的生物群落及其保存的大量物种资源遭到破坏。

3.3　旅游开发及实习考察

凤阳山自然保护区环境优美，气候宜人，吸引了大量游客，目前每年游客量约5万人。

但在旅游业发展过程中，由于缺乏科学的规划和严格的管理，加之区内的旅游基础设施比较落后，致使游人可随意进入自然保护区，并深入到保护区的缓冲区甚至是核心区。游客在保护区内露宿、随意用火、乱扔垃圾、攀折花木、偷猎盗伐、偷采偷挖，使凤阳山生态环境受到污染，环境质量不断下降，破坏了动植物的栖息环境，生物多样性受到严重威胁。

保护区丰富的生物资源也吸引了大量的科考人员，考察活动一般要采集大量的动植物标本，这对保护区的生物多样性造成了一定的影响。

4 凤阳山生物多样性保护的对策

本文根据相关研究结果以及在凤阳山的实地考察，提出了关于凤阳山生物多样性保护的对策，以期为保护区可持续发展提供参考。

4.1 加强管理建设，提高保护水平

自然保护区建设既是一项社会公益性事业，也是一项重要的政府行为。加强保护区的管理建设需要上级主管部门适度增加保护生物多样性的财政投入。保护区方面则须制定实施人才战略、培养技术骨干。引进一定数量的高级管理人才和高级专业技术人才，完善促进人才成长的教育、学习、培训制度与运行机制，提高员工的业务素质，以改善保护区现有缺乏科技人才的现状，促进保护区科研水平的提高。保护区还应建立完善与当地政府、各相关职能部门及乡村组织间的有效协调机制，加强沟通与联系，调动政府、职能部门、乡村居民参与保护工作的积极性，促进社区共管的实现，使生物多样性得到更好的保护。

4.2 协助社区发展，实现利益共享

凤阳山保护区内集体林所占比例较大、保护区与社区存在矛盾，除了增加补偿金额，加强对生物多样性保护及相关法律、法规的宣传和执行力度，改善宣传教育方式之外更重要的是要帮助保护区内及周边的居民调整产业结构。可以鼓励引导周边居民发展以农家乐为主的生态旅游服务以及发展不抵触保护区保护目的生产经营活动，从而提高社区居民的生活水平。实施建立保护区与农民的利益共享机制的措施，使农民可以在自然保护区进行生态旅游开发、生态产业发展等经营活动中获取一定比例的收益。政府也可以根据农民的实际需要开展有针对性的培训，帮助他们掌握一技之长，解决其收入来源和工作问题。同时鼓励居民迁出，使迁出居民的生活条件得到改善，同时减小保护区内的人口对环境的压力。实现保护区域与周围社区的共同发展要求。在发展经济的过程中坚持保护与开发并重，制定长期、可行的发展规划，保证可持续发展的真正实现，最终实现资源保护与社区经济发展双赢的目的。

4.3 建立健全生物多样性信息管理系统和监测网络

应当建立健全森林多样性监测网络体系和生物多样性信息管理系统，具体即对生态环境、生物动态变化进行长期系统科学的监测，在保护区内不同的生态系统，重点动植物栖息地设立监测站点，将数据信息及时录入数据库，并合理分析。以及时掌控保护区内生物多样性变化的情况，为灾害的预防和控制决策提供信息，应对各类生物多样性保护的威胁，将威胁的影响控制在允许水平之下，增强生态系统的稳定性。

4.4 恢复受损区域

通过调查，凤阳山生物多样性被破坏的区域主要是：①历史砍伐造成的人工林，保护区内因为历史上的木材砍伐造成大片人工杉木林和毛竹林，林内生物多样性较低；②道路两旁水土流失区域，道路旁因为山区公路往往破坏部分山体修建而成，导致路旁多陡坡，植物覆盖差。水土流失严重，经常发生滑坡、塌方事故；③旅游设施建设区域，旅游设施占地改变了原来的土地利用方式，会对周围区域产生较大影响，废弃的建筑材料也会影响原有地面的植被和生态系统。这三类人为干扰使得原生植被遭到破坏，导致生物多样性降低和生态系统稳定性变差。对于这些受损区域可以采取植物修复措施以恢复其原始面貌。对于人工林可以间伐，利用群落演替现象使其自然恢复原貌。而道路两旁较缓的坡面可以采用种植灌木、喷洒草种等技术措施进行生态修复，达到稳固山体的目的。较为陡峭的坡面一般要设置防护网以防落石。旅游设施如果位置不合法则必须拆除。

4.5 严格控制旅游及实习考察

生态旅游要求旅游区所有的开发活动无危害、无损毁，生态上可持续。但是目前凤阳山的旅游活动却对保护区的生物多样性保护和环境造成了负面的影响。

保护区管理处必须按照有关法律规定，对保护区内的旅游设施与旅游活动进行环境影响评价，要求景区开发商建立与旅游设施配套的污水和废弃物处理设施，改善保护区内污染状况。同时保护区必须将生态旅游限制在实验区范围内，以防止旅游开发对保护区生物多样性造成破坏性的影响。

参考文献

[1] 马敬能，孟沙，张佩珊，等．中国生物多样性保护综述[M]．北京：中国林业出版社，1998，2－34．

[2] 洪起平，丁平，丁炳扬．凤阳山自然资源考察与研究[M]．北京：中国林业出版社，2007．

[3] 刘思慧，刘季科，王应祥．中国的生物多样性保护与自然保护区[J]．世界林业研究，2002，15(04)：47－53．

[4] 范允行．浙江省自然保护区建设中农民权益保障问题研究[D]．杭州：浙江林学院，2008．

图书在版编目（CIP）数据

公益林定位研究网络 / 李土生等主编. —北京：中国林业出版社，2012.8

（"浙江省公益林建设与管理"丛书）

ISBN 978-7-5038-6721-7

Ⅰ. ①公…　Ⅱ. ①李…　Ⅲ. ①公益林 – 定位系统 – 研究 – 浙江省　Ⅳ. ①S727.9

中国版本图书馆 CIP 数据核字（2012）第 198055 号

出版　中国林业出版社（100009　北京西城区德内大街刘海胡同 7 号）

　　　E-mail：cfphz@ public. bta. net. cn　电话：(010) 83224477 – 2028

　　　网址：http://lycb. forestry. gov. cn

发行　新华书店北京发行所

印刷　北京中科印刷有限公司

版次　2012 年 10 月第 1 版

印次　2012 年 10 月第 1 次

开本　787mm × 1092mm　1/16

印张　17.75

印数　1～1500 册

字数　438 千字

定价　99.00 元